7-4制作产品宣传页面

7-6制作产品展示页面

8-5制作医疗健康网站页面

8-7制作宠物用品网站页面

9-5-1设置表单元素的边框

9-7设置表单元素的背景颜色

10-5-2制作游戏类网站页面

10-7制作音乐列表

11-4定义超链接样式　　　13-7-1制作新闻页面　　　15-1制作野生动物园网站　16-7制作社区类网站页面
　　　　　　　　　　　　　　　　　　　　　　　　　　　页面

11-6制作页面的文本链接　　　12-5制作动态菜单效果　　　13-5-1制作动态网站相册

14-5-1制作教育类网站页面　　14-7-1制作电子产品购物网站页面　　16-1制作餐饮类网站页面

12-7制作可以折叠的相册　　　　　　　15-7制作图像页面

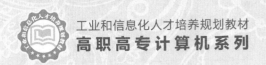

工业和信息化人才培养规划教材

高职高专计算机系列

◎ 张晓景 胡克 主编

HTML5+CSS3
网站设计教程

人民邮电出版社

北　京

图书在版编目（CIP）数据

HTML5+CSS3网站设计教程 / 张晓景，胡克主编． --
北京：人民邮电出版社，2015.4（2018.1重印）
工业和信息化人才培养规划教材． 高职高专计算机系
列
ISBN 978-7-115-38314-3

Ⅰ．①H… Ⅱ．①张… ②胡… Ⅲ．①超文本标记语言
－程序设计－高等职业教育－教材②网页制作工具－高等
职业教育－教材 Ⅳ．①TP312②TP393.092

中国版本图书馆CIP数据核字(2015)第036347号

内 容 提 要

本书以基础知识结合实例为主，提供了大量网页设计与制作的设计细节流程，介绍了 Web 标准以及目前流行的 DIV+CSS 布局方式，并结合多个案例讲解了采用 CSS+DIV 布局制作页面的方法。

本书力求以最简单的方法介绍根据 Web 标准进行网页设计的方法，逐步帮助读者了解什么是 Web 标准、什么是表现与内容分离以及 CSS 布局。希望本书的内容能够帮助读者改变传统的网站设计思维，进入基于 Web 标准的网页设计领域。

本书系统地讲解了 CSS 的基础理论和实际运用技术，并结合多个实例讲解了采用 CSS 与层布局相结合制作网页的方法，在详细讲解各个实例的制作中，不仅介绍了 CSS 样式设计的各方面知识，更重要的是结合实际网页制作中可能遇到的问题提供了解决问题的思路、方法、技巧。即使是初学者，也可以轻松掌握 DIV+CSS 布局方式，制作出精美的网页，并搭建功能强大的网站。

本书内容丰富，结构清晰，注重思维方法与实践应用，可作为高职高专院校网页设计教材，也适合初、中级网页设计爱好者和希望学习 Web 标准对原有网页进行重构的设计者。

- ◆ 主　编　张晓景　胡　克
　　责任编辑　刘盛平
　　执行编辑　刘　佳
　　责任印制　杨林杰
- ◆ 人民邮电出版社出版发行　　北京市丰台区成寿寺路 11 号
　　邮编　100164　电子邮件　315@ptpress.com.cn
　　网址　http://www.ptpress.com.cn
　　北京鑫正大印刷有限公司印刷
- ◆ 开本：787×1092　1/16　　　彩插：1
　　印张：19.5　　　　　　　　2015 年 4 月第 1 版
　　字数：470 千字　　　　　　2018 年 1 月北京第 4 次印刷

定价：49.80 元（附光盘）

读者服务热线：(010)81055256　印装质量热线：(010)81055316
反盗版热线：(010)81055315
广告经营许可证：京东工商广登字 20170147 号

前　言

随着 Web 标准在国内的逐渐普及以及业内人士的大力推行,很多网站已经开始重构。Web 标准的重要性越来越受到网页设计人员重视。

DIV+CSS 是一种网页的布局方法,而这种网页布局方法有别于传统的表格(table)布局,真正做到了 W3C 内容与表现相分离,使站点的访问及维护更加容易。所以 DIV+CSS 成了专业设计人员的必修课。

本书从基础开始介绍使用 CSS 布局所需要的 XHTML 与 CSS 的基础知识。虽然许多设计人员对 HTML 和 CSS 都有一定的了解,但是在 Web 标准时代,他们需要更全面地去了解 XHTML 和 CSS 的更多信息。希望本书的内容能够帮助大家改变传统的网站设计思维,进入基于 Web 标准的网页设计领域。

本书的特点与内容安排

本书讲解由浅入深,全面展现了运用 DIV+CSS 进行网页设计布局的方法,详细的讲解步骤配合图示使得每个步骤清晰易懂,操作步骤一目了然。书中应用了大量案例,对重点难点进行了详细讲解,并且结合了作者长期的网页设计与教学经验,使读者真正做到学以致用。

本书共包括 16 章,每章的主要内容如下。

第 1 章 "网页和网站的基础知识",介绍了网页的基本类型、网页的基本构成元素、网页设计的基本要求及网站整体的制作流程。

第 2 章 "使用 Web 标准设计和制作网页",介绍了 Web 标准以及 Web 标准的优势、为什么要建立网站标准、运用网站标准的优缺点、理解 Web 标准及 Web 标准的误区。

第 3 章 "HTML 和 XHTML 基础",介绍了 HTML、XHTML 的基础用法,为什么要转换到 XHTML 以及和 HTML 的比较。

第 4 章 "CSS 样式基础",介绍了 CSS 的特点、类型、基本语法,以及 CSS 的样式分类和文档结构、单位和值。

第 5 章 "DIV+CSS 布局入门",介绍了什么是 DIV 以及 DIV 的应用、可视化模型、相对定位、绝对定位及浮动定位的使用、CSS 布局方式、居中的布局设计和浮动的布局设计,并通过实例对所有知识点进行巩固。

第 6 章 "设置页面背景图像",介绍了背景控制原则、背景控制属性、背景颜色的控制和背景图片的控制,又增加了 CSS 3.0 中背景的新增属性的讲解。

第 7 章 "设置页面中的图像",介绍了图像样式控制中的边框、定位、缩放对齐方式以及图文混排和 CSS 3.0 中有关边框的新增属性。

第 8 章 "CSS 文本内容排版",介绍了使用 DIV+CSS 对页面中的内容进行排版的制作方法,以及文字排版实现方法,并通过实例对所有知识点进行巩固。

第 9 章 "设置表单样式",介绍了表单的分类及表单的设计原则,并通过实例对所有知识点进行巩固。

第 10 章 "设置列表样式",介绍了列表标签的使用和控制原则,并通过实例对所有知识点进行巩固。

第 11 章 "设置页面超链接样式"，介绍了如何使用 CSS 样式对文字链接进行控制，如何使用 CSS 样式实现按钮式超链接，以及一些基本的链接方式，并通过实例巩固所有知识点。

第 12 章 "使用 JavaScript 搭建动态效果"，介绍了 JavaScript 的概念以及如何使用 JavaScript 实现动态效果。

第 13 章 "CSS 与 XML 和 Ajax 的综合使用"，介绍了 XML 和 Ajax 的基础知识，以及 CSS 与 XML 的应用。

第 14 章 "HTML 5.0 与 CSS 高级运用"，介绍了 HTML 5.0 的基础知识，然后向读者讲解了 id 与 class、DIV 与 span 的概念与使用。

第 15 章 "制作野生动物园网站页面"，以制作实例的形式向读者讲述了一个完整网站页面的制作过程。

第 16 章 "制作餐饮类网站页面"，与第 15 章结构相似，同样以实际操作制作网站页面的形式向读者讲述了一个完整网站页面的制作流程。

本书作者有着多年的网页教学以及网页设计制作工作经验，先后在多家网络公司从事网页设计制作工作，积累了大量网页设计制作方面的经验，精通网页布局和美化等多种技巧。本书基于 Dreamweaver CC 等常用网页设计制作软件，按照从简单到复杂、从入门到精通的写作思路，结合了由简单到复杂的多个典型的网站案例，便于读者快速掌握目前流行的 DIV+CSS 网页布局与美化技能。

如何阅读本书

本书采用了全新的图文结合的方式，全面展现了网页设计与制作过程中的细节，尤其是通过大量的提示和小技巧为读者化解阅读和学习上的障碍，使得读者可以快速和高效地提升自己的网页制作技能。

本书配套光盘中提供了书中所有案例的素材，以及实例相关的视频教程，方便读者制作出与案例同样精美的效果。为方便教学，读者可登录人民邮电出版社教学服务与资源网（www.ptpedu.com.cn），免费下载相关教学资源。

本书由张晓景、胡克任主编，另外，王延楠、于海波、肖阁、郑竣天、唐彬彬、孔祥玲、孔祥华、张智英、范明、王明、刘钊、魏华、孟权国、张国勇、贾勇、梁革、邹志连、贺春香、周宝平等也参与了部分编写工作。由于时间仓促，书中难免有不妥和疏漏之处，希望广大读者朋友批评指正。

编　者

目 录 CONTENTS

第6章　设置页面背景图像　94

第7章　设置页面中的图像　110

第11章 设置页面超链接样式 195

第12章 使用JavaScript搭建动态效果 210

第13章 CSS与XML和Ajax的综合使用 226

第14章　HTML5.0和CSS高级运用　251

第15章　制作野生动物园网站页面　273

第16章　制作餐饮类网站页面　286

7

PART 1

第 1 章
网页和网站的基础知识

本章简介：

随着互联网的日益成熟，越来越多的个人和企业制作了自己的网站。网站作为一种全新的形象展示方式，已经被广大用户所接受。要想制作出精美的网站，用户不仅需要熟练地掌握网站建设相关软件，还需要了解网页和网站开发的相关基础知识。只有对网页和网站的相关基础知识进行深入的学习，才能够快速掌握网页的设计技巧和方法。本章主要介绍网页设计制作的基本知识，包括网页基本构成元素、网页设计要点和网站制作流程等内容。

学习重点：

- 认识网页和网站
- 网页基本类型
- 网页的基本构成元素
- 网页设计的要点
- 网站整体制作流程

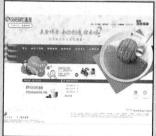

1.1　认识网页

网页是互联网展示信息的一种形式。一般网页上都会有文本和图像信息，复杂一些的网页上还会有声音、视频、动画等多媒体。

1.1.1　网页和网站

进入网站，浏览者首先看到的是网站的主页，主页集成了指向二级页面及其他网站的链接，浏览者进入主页后可以浏览最新的信息，找到感兴趣的主题，通过单击超链接跳转到其他网页，如图1-1所示。

当浏览者输入一个网址或者单击了某个链接后，在浏览器中看到的文字、图像、动画、视频、音频等内容，能够承载这些内容的页面被称为网页。浏览网页是互联网应用最广的功能，网页是网站的基本组成部分。

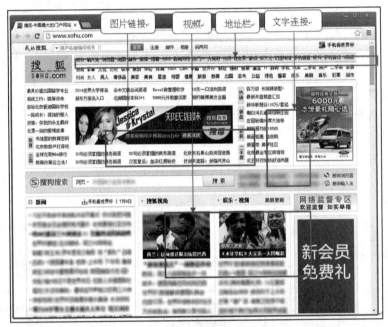

图1-1　网页在浏览器中的效果

网站则是各种内容网页的集合，按照其功能和大小来分，目前主要有门户类网站和公司网站两种。门户类网站内容庞大而又复杂，例如新浪、搜狐、网易等门户网站。公司网站一般只有几个页面，例如小型公司的网站，但都是由最基本的网页元素组合到一起的。

在这些网站中，有一个特殊的页面，它是浏览者输入某个网站的网址后首先看到的页面，因此这样的一个页面通常被称为"主页"（Homepage），也称为"首页"。首页中承载了一个网站中所有的主要内容，访问者可按照首页中的分类来精确、快速地找到自己想要的信息内容。

1.1.2　网页的类型

通常我们看到的网页，都是以.htm或.html为扩展名的文件，俗称HTML文件，网页上还会用到一些其他类型文件。下面就对各种类型的文件进行简单的讲解，如表1-1所示。

表 1-1　　　　　　　　　　　　　　　网页类型简介

3

第 1 章　网页和网站的基础知识

CGI	CGI 是一种编程标准，它规定了 Web 服务器调用其他可执行程序的接口协议标准。CGI 程序通过读取使用者的输入请求从而产生 HTML 网页。它可以用任何程序设计语言编写，目前最为流行的是 Perl
ASP	ASP 是一种应用程序环境，可以利用 VBScript 或 JavaScript 语言来设计，主要用于网络数据库的查询与管理。其工作原理是当浏览者发出浏览请求的时候，服务器会自动将 ASP 的程序代码解释为标准 HTML 格式的网页内容，再发送到浏览者的浏览器上显示出来。也可以将 ASP 理解为一种特殊的 CGI。利用 ASP 生成的网页，与 HTML 相比具有更大的灵活性。只要结构合理，一个 ASP 页面就可以取代成千上万个网页。尽管 ASP 在工作效率方面较一些新技术要差，但胜在简单、直观、易学，是涉足网络编程的一条捷径
PHP	PHP 是一种 HTML 内嵌式的语言，它与微软的 ASP 颇有几分相似，都是一种在服务器端执行的嵌入 HTML 文档的脚本语言，风格类似于 C 语言。PHP 独特的语法混合了 C、Java、Perl 以及 PHP 自创的语法。它可以比 CGI 或者 Perl 更快速地执行动态网页。其优势在于其运行效率比一般的 CGI 程序要高，PHP 在大多数 UNIX 平台、GUN/Linux 和微软的 Windows 平台上均可以运行
JSP	JSP 是由 Sun Microsystems 公司倡导、许多公司参与一起建立的一种动态网页技术标准。JSP 与 ASP 非常相似。不同之处在于 ASP 的编程语言是 VBScript 之类的脚本语言，而 JSP 使用的是 Java 语言。此外，ASP 与 JSP 还有一个更为本质的区别：两种语言引擎用完全不同的方式处理页面中嵌入的程序代码。在 ASP 下，VBScript 代码被 ASP 引擎解释执行；在 JSP 下，代码被编译成 Servlet 并由 Java 虚拟机执行
VRML	VRML 是虚拟实境描述模型语言，是描述三维的物体及其连接的网页格式。浏览 VRML 的网页需要安装相应的插件，利用经典的三维动画制作软件 3ds Max，可以简单而快速地制作出 VRML

1.1.3　静态网页与动态网页

静态网页是与动态网页相对应的，静态网页 URL 的后缀以.htm、.html、.shtml、.xml 等常见形式出现，而动态网页 URL 的后缀则是以.asp、.jsp、.php、.perl、.cgi 等形式出现的，并且在动态网页网址中有一个标志性的符号——"？"，如图 1-2 所示。

动态网页可以是纯文本内容的，也可以是包含各种动画内容的，这些只是网页具体内容的表现形式。无论网页是否具有动态效果，采用动态网站技术生成的网页都称为动态网页。

图 1-2　动态网页网址

从网站浏览者的角度来看，无论是动态网页还是静态网页，都可以展示基本的文字和图片信息，但从网站开发、管理、维护的角度来看就有很大的差别。

静态网页的一般特点简要归纳如下。

● 静态网页的每个网页都有一个固定的 URL，且不含有"？"。

● 网页内容一经发布到网站服务器上，无论是否有用户访问，每个静态网页的内容都保存在网站服务器上，也就是说，静态网页是实实在在保存在服务器上的文件，每个网页都是一个独立的文件。

● 静态网页的内容相对稳定，因此容易被搜索引擎检索。

- 静态网页没有数据库的支持，在网站制作和维护方面工作量较大，因此当网站信息量很大时，完全依靠静态网页制作方式比较困难。

- 静态网页的交互性较差，在功能方面有较大的限制。

动态网页的一般特点简要归纳如下。

- 动态网页以数据库技术为基础，可以大大降低网站维护的工作量。

- 采用动态网页技术的网站可以实现更多的功能，如用户注册、用户登录、在线调查、用户管理、订单管理等。

- 动态网页实际上并不是独立存在于服务器上的网页文件，只有当用户请求时，服务器才返回一个完整的网页。

- 动态网页地址中的"？"对搜索引擎检索存在一定的问题，搜索引擎一般不可能从一个网站的数据库中访问全部网页，或者出于技术方面的考虑，搜索引擎不会去抓取网址"？"后面的内容，因此采用动态网页的网站在进行搜索引擎推广时需要做一定的技术处理。

1.1.4　网页的基本构成元素

网页由网址（URL）来识别与存取，当访问者在浏览器的地址栏中输入网址后，通过一段复杂而又快速的程序，网页文件会被传送到访问者的计算机内，然后浏览器把这些 HTML 代码"翻译"成图文并茂的网页，如图 1-3 所示。

图 1-3　网页的基本构成

虽然网页的形式与内容不相同，但是组成网页的基本元素是大体相同的，一般包含视频、音频、表单、动画、超链接、图像和文本等内容。

1．音频/视频

随着网络技术的不断发展，网站上已经不再是单调的图像和文字内容，越来越多的设计人员会在网页中加入视频、背景音乐等，让网站更加富有个性、时尚和魅力。

2．表单

表单是一种可在访问者和服务器之间进行信息交互的技术，使用表单可以完成搜索、登录、发送邮件等交互功能。

3．动画

网页中的动画也可以分为 GIF 动画和 Flash 动画两种。动态的内容总是要比静止的内容能够吸引人们的注意力，因此精彩的动画能够让网页更加丰富。

4．超链接

网页中的链接又可分为文字链接和图像链接两种，只要访问者用鼠标单击带有链接的文字或者图像，就可自动链接到对应的其他文件，这样才让网页能够链接成为一个整体。超链接也是整个网络的基础。

5．文本和图像

文本和图像是网页中两个基本构成元素，目前所有网页中都有它们的身影。

1.2 如何设计网页

网页作为上网的主要依托，由于人们频繁地使用网络而变得越来越重要，这使得网页设计也得到快速发展。如何设计网站页面，对于每一个网站来说都变得至关重要。网页设计中最重要的东西，并非在软件的应用上，而是在于网页设计的理解以及设计制作的水平，在与自身的美感以及页面方向上的把握。

1.2.1 网页设计的基本原则

建立网站的目的是给浏览者提供所需的信息，这样浏览者才会愿意光顾，网站才有真正的意义。以下是网页设计的几条基本原则。

1．明确主题

一个优秀的网站要有一个明确的主题，整个网站设计要围绕这个主题进行制作，也就是说，在网页设计之前要明确网站目的，所有页面都是围绕着这个内容来制作的。

2．首页很重要

首页设计得好坏是整个网站成功与否的关键，反映整个网站给人的整体感觉。能否吸引访问者，全在于首页的设计效果。首页最好要有清楚、人性化的类别选项，让访问者可以快速地找到自己想要浏览的内容。

3．分类

网站内容的分类也十分重要，可以按主题分类、按性质分类、按组织结构分类，或者按人们的思考方式分类等。不论是哪一种分类的方法，都要让访问者很容易找到目标。

4．互动性

互联网的另一个特色就是互动性了。好的网站首页必须与访问者有良好的互动关系，包括整个设计的呈现、使用界面引导等，都应掌握互动的原则，让访问者感觉他的每一步都确实得到了恰当的回应。

5．图像应用技巧

图像是在网站中的特色之一，它具备醒目、吸引人以及传达信息的功能，好的图像应用可给网页增色，同样，不恰当的图像应用则会适得其反。运用图像时一定要注意图像下载时间的问题。在图像运用上，尽可能采用一般浏览器均支持的压缩格式，如果需要放置大型图像文件，最好将图像文件与网页分隔开，在页面中先显示一个具备链接的缩略图像或说明文字，然后加上该图像的大小说明，这样不但可加快网页的传输速度，而且可以让浏览者判断是否继续打开放大后的图片。

6．避免滥用技术

技术是让人着迷的东西，许多网页设计者喜欢使用各种各样的网页制作设计技术。好的技术运用到页面上会栩栩如生，给访问者一种全新的感觉，但不恰当地使用技术则反而会让访问者失去对网页的兴趣。

7．及时更新和维护

访问者希望看到新鲜的东西，没有人会对过时的信息感兴趣，因此网站的信息一定要注意及时性，时刻保持着新鲜感是很重要的。

1.2.2　网页设计的成功要素

下列几条基本因素对网站的成功与否有着重要影响。

1．整体布局

网页设计作为一种视觉语言，特别讲究编排和布局。一般来说，好的网站应该干净整洁、条理清楚、布局清晰，过多的闪烁、色彩、图片等只能会让访问者无所适从。

2．信息

无论是商业站点还是个人主页，必须提供有一定价值的内容才能吸引访问者，这些"有价值的内容"可以是信息、娱乐、对一些问题的帮助、提供志趣相投者联络的机会、链接到相关的网页等。

3．下载速度

页面下载速度是网站吸引访问者的关键因素，如果 20～30s 还不能打开一个网页，一般人就会没有耐心。至少应该确保主页速度尽可能快，图像是影响网页下载速度的重要因素，图像大小应该在 6kb～8kb 之间为宜，每增加 2kb 会延长 1 秒钟的下载时间。

4．图像和版面设计

图像和版面设计关系到首页给人的第一印象，图像应集中反映主页所传达的主要信息内容。

5．文字的可读性

能够提高文字可读性的因素主要是选择的字体，通用的字体(Arial, Times New Roman, Garamond 和 Courier)最易阅读，特殊字体用于标题效果较好，但是不适用于正文。

文字的颜色也很重要，不同的浏览器有不同的显示效果，有些已经设置好的字体颜色在某些浏览器上可能就无法显示。

6．多媒体功能的运用

要吸引浏览者的注意力，页面可以巧妙地运用三维动画、Flash 动画等来表现。但由于网络宽带的限制，在使用多媒体的形式表现网页的内容时，需要考虑网络传输速度。

7．导航清晰

导航设计使用超文本链接或图片链接，使浏览者能够在网站上自由前进或后退，而不用让浏览者使用浏览器上的前进或后退按钮。

由于人们习惯于从左到右、从上到下阅读，所以主要的导航条应放置在页面左边。对于较长的页面来说，在最底部设置一个简单导航也很有必要。

确定一种满意的模式之后，将这种模式应用到同一网站的每个页面，这样，浏览者就知道如何寻找信息了。

在制作网站的时候，一定要细心、仔细，不要因为对某些步骤的疏忽而影响网站的整体效果。

1.2.3　网页设计的风格及色彩搭配

1．确定网站的整体风格

风格（style）是抽象的，是指站点的整体形象给浏览者的综合感受。这个"整体形象"包括站点的 CI（标志、色彩、字体、标语）、版面布局、浏览方式、交互性、文字、语气、内容价值、存在意义、站点荣誉等诸多因素。

2．网页色彩的搭配

无论是平面设计还是网页设计，色彩永远是最重要的一环。当距离显示屏较远的时候，看到的不是优美的版面也不是美丽的图片，而是网页的色彩。

➤ 用一种色彩：先选定一种色彩，然后调整透明度或者饱和度，这样的页面看起来色彩统一，有层次感。

➤ 用两种色彩：先选定一种色彩，然后选择它的对比色。

➤ 用一个色系：简单地说就是用同一个感觉的色彩，例如淡蓝、淡黄、淡绿；或者土黄、土灰、土蓝。

 在网页配色中，还要切记一些误区，例如不要用到所有颜色，尽量控制在5种色彩以内；背景和前文的对比要尽量大（绝对不要用花纹繁复的图案做背景），以便突出主要文字内容。

1.2.4 网页设计的实现

网页设计的实现可以通过两种方式：一种是传统的表格布局方式，另一种是 CSS 布局方式。传统的表格布局方式实际上是利用了 HTML 中的表格元素（table）具有的无边框特性。由于表格元素可以在显示时将单元格的边框和间距设置为 0，所以可以将网页中的各个元素按版式划分放入表格的各单元格中，从而实现复杂的排版组合。如图 1-4 所示是使用表格布局的页面。

该表格布局页面的源代码如图 1-5 所示。

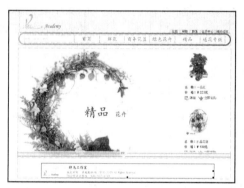

图 1-4 表格布局页面

图 1-5 表格布局源代码

表格布局的核心在于设计一个能满足版式要求的表格结构，将内容装入每个单元格中，间距及定格则通过插入图像进行占位来实现，最终的结构是一个复杂的表格，不利于设计与修改。

表格布局的代码最常见的是在 HTML 标签<>之间加入一些设计代码，如 height="85"、width="24"、border="0"等。表格布局的混合代码就是这样编写的，大量的样式设计代码混杂在表格、单元格中，使得可读性大大降低，维护起来成本也相当高。尽管现在有像 Dreamweaver 这样优秀的网页制作软件，能帮助设计师可视化地进行这些代码的编写，但是 Dreamweaver 永远不会智能地帮助缩减代码或是重复代码。

但是，DIV 的使用就可以不需要像表格一样通

图 1-6 CSS 布局页面

过其内部的单元格来组织版式，通过 CSS 强大的样式定义功能可以做到比表格更简单更自由地控制页面版式及样式。如图 1-6 所示是使用 CSS 布局的页面。

该 CSS 布局页面的源代码如图 1-1 所示。CSS 样式表源代码如图 1-8 所示。

图 1-7　CSS 布局源代码　　　　　　　图 1-8　CSS 样式表源代码

基于 Web 标准的网站设计的核心在于如何使用众多 Web 标准中的各项技术来达到表现与内容的分离，即网站的结构、表现、行为三者的分离。只有真正实现了结构分离的网页设计，才是真正意义符合 Web 标准的网页设计。推荐使用 XHTML 以更严谨的语言编写结构，并使用 CSS 来完成网页的布局表现，因此掌握基于 CSS 的网页布局方式是实现 Web 标准的基础环节。

复杂的表格设计使得设计极为困难，修改更加烦琐，最后生成的网页代码除了表格本身的代码外，还有许多没有意义的图像占位符及其他元素，文件量庞大，最终导致浏览器下载解析速度变慢。

而使用 CSS 布局则可以从根本上改变这种情况。CSS 布局的重点不再放在表格元素的设计中，取而代之的是 HTML 中的另一个元素 "DIV"。DIV 可以理解为 "图层" 或是一个 "块"，是一种比表格简单的元素，语法上只有从<DIV>开始和</DIV>结束，DIV 的功能仅仅是将一段信息标记出来，以便用于后期的样式定义。

　这里的信息标记，就是网页的结构部分，通过 DIV 的使用，可以将网页中的各个元素划分到各个 DIV 中，成为网页中的结构主体，而样式表现则由 CSS 来完成。

1.3　网页设计的要点

网页作为传播信息的一种载体，也要遵循一些设计的要点。但是由于表现形式、运行方式和社会功能的不同，网页设计又有其自身的特殊规律。网页设计是技术与艺术的结合，内容与形式的统一，它要求设计者必须清楚以下几个要点。

1.3.1　为用户考虑

为用户考虑的原则实际上就是要求设计者时刻站在浏览者的角度来考虑，主要体现在以下几个方面。

1．使用者优先观念

无论什么时候，不管是在着手准备设计页面之前、正在设计之中，还是已经设计完毕，都应该有一个最高行为准则，那就是使用者优先。使用者想要什么，设计者就要去做什么。

如果没有浏览者光顾，再好看的页面都是没有意义的。

2．考虑用户浏览器

考虑用户使用的浏览器，如果想让所有的用户都可以毫无障碍地浏览页面，那么最好使用所有浏览器都可以阅读的格式，而不要使用只有部分浏览器支持的 HTML 格式或程序。如果想展现自己的高超技术，又不想放弃一些潜在的用户，可以考虑在主页中设置几种不同浏览模式的选项（例如纯文字模式、Frame 模式和 Java 模式等），供浏览者自行选择。

3．考虑用户的网络连接

另外，还需要考虑用户的网络连接。用户所使用的网络连接是不同的，有可能使用 ADSL、高速专线、小区光纤等，所以，在进行网页设计时必须考虑这种情况，不要放置一些文件容量很大、下载时间很长的内容。在网页设计制作完成之后，最好能够亲自测试一下。

1.3.2 主题突出

视觉设计表达的是一定的意图和要求，有明确的主题，并按照视觉心理规律和形式将主题主动地传达给观赏者，以使主题在适当的环境里被人们及时地理解和接受，从而满足其需求。这就要求视觉设计不但要单纯、简练、清晰和精确，而且在强调艺术性的同时，更应该注重通过独特的风格和强烈的视觉冲击力来鲜明地突出设计主题，如图 1-9 所示。

图 1-9 突出设计主题

根据认知心理学的理论，多数人在短期记忆中只能同时把握 4~7 条分类的信息，而对多于 7 条的分类信息或者不分类的信息，则容易产生记忆上的模糊或遗忘，概括起来就是，较小且分类的信息要比较长且不分类的信息更加有效和容易浏览。这个规律蕴含在人们寻找信息和使用信息的实践活动中，它要求视觉设计者的设计活动必须自觉地掌握和遵从。如图 1-10 所示，页面上的每一类分类信息都在 7 条以内。

图 1-10 页面上的分类信息

网页艺术设计属于视觉设计范畴的一种，其最终目的是达到最佳的主题诉求效果。这种效果的取得，一方面通过对网页主题思想运用逻辑规律进行条理性处理，使之符合浏览者获取信息的心理需求和逻辑方式，让浏览者快速地理解和吸收；另一方面还要通过对网页构成元素运用艺术的形式美法则进行条理性处理，以更好地营造符合设计目的的视觉环境，突出主题，增强浏览者对网页的注意力，增进对网页内容的理解。只有这两个方面有机地统一，才能实现最佳的主题诉求效果。

优秀的网页设计必然服务于网站的主题，也就是说，什么样的网站应该有什么样的设计。例如，设计类的个人站点与商业站点的性质不同，目的也不同，所以评论的标准也不同。网页艺术设计与网站主题的关系应该是这样的：首先，设计是为主题服务的；其次，设计是艺术和技术结合的产物，也就是说，既要"美"，又要实现"功能"；最后，"美"和"功能"都是为了更好地表达主题。当然，在某些情况下，"功能"就是主题，"美"就是主题。例如，百度作为一个搜索引擎，首先要实现"搜索"的功能，它的主题就是它的功能，如图 1-11 所示。而一个个人网站，可以只体现作者的设计思想，或者仅以设计"美"的网页为目的，它的主题只有美，如图 1-12 所示。

图 1-11　百度网站的主题是"功能"　　　　图 1-12　个人网站的主题是"美"

只注重主题思想的条理性而忽视网页构成元素之间的组合，或者只重视网页形式上的条理而淡化主题思想的逻辑，都将削弱网页主题的最佳诉求效果，难以吸引浏览者的注意力，从而不可避免地出现平庸的网页设计或者使网页设计以失败而告终。

一般来说，用户可以通过对网页的空间层次、主从关系、视觉秩序和彼此间逻辑性的把握运用，来达到使网页从形式上获得良好的诱导力，并鲜明地突出诉求主题的目的。

1.3.3　整体原则

网页的整体性包括内容和形式上的整体性，在此主要讨论设计形式上的整体性。

网页作为传播信息的载体，它要表达的是一定的内容、主题和观念，在适当的时间和空间环境里为人们所理解和接受，以满足人们的需求和实用为目标。设计强调其整体性，可以使浏览者更快捷、更准确地认识它、掌握它，并给人一种内部联系紧密、外部和谐完整的美感。整体性也是体现一个站点独特风格的重要手段之一。

网页的结构形式是由各种视听要素组成的。在设计网页时，强调页面各组成部分的共性因素或者使各个部分共同含有某种形式特征，是形成整体的常用方法。这主要从版式、色彩、风格等方面入手。例如，在版式上，对页面中各视觉要素做全盘考虑，以周密的组织和精确的定位来获得页面的条理感，即使运用"散"的结构，也要经过深思熟虑之后才决定；一个站点通常只使用 2~3 种标准色，并注意色彩搭配的和谐；对于分屏的长页面，不能设计完第一屏再去考虑下一屏。同样，对于整个网页内部的页面，都应该使用统一规划、统一风格，让浏览者体会到设计者完整的设计思想。

从某种意义上讲，强调网页结构形式的视觉整体性必然会牺牲灵活性和多变性，因此在强调网页整体性设计的同时，必须注意对于强调整体性可能会使网页呆板、沉闷，以致影响浏览者的兴趣和继续浏览的欲望。因此，"整体"是"多变"基础上的整体。

1.3.4 内容与形式相统一

任何设计都有一定的内容和形式。设计内容是指主题、形象、题材等要素的总和，形式是其结构、风格与设计语言等表现方式。一个优秀的设计必定是形式对内容的完美表现。

一方面，网页设计所追求的形式美必须适合主题的需要，这就是网页设计的前提。只追求花哨的表现形式及过于强调"独特的设计风格"而脱离内容，或者只求内容而缺乏艺术的表现，都会让网页设计变得空洞无力。设计者只有将这两者有机地统一起来，深入领会主题的精髓，再融合自己的思想感情，找到一个完美的表现形式，才能体现网页设计独具的分量和特有的价值。另一方面，要确保网页上的每一个元素都有存在的必要，不要为了炫耀而使用冗余的技术，那样得到的效果可能会适得其反。只有通过认真的设计和充分的考虑来实现全面的功能并体现美感，才能实现形式与内容的统一。

假设某个网页为了丰富其艺术性或追赶时尚而大量使用图像或其他多媒体元素，虽然达到了其静态形式美的效果，却造成多达几十、几百 KB 甚至更大的网页数据，这样就会使浏览者必须等待很长的时间才能看到整个网页的内容。这样的网页不是一个优秀的网页，因为它不符合网页传播信息的突出特性——快捷性，使浏览者不能很快地打开网页内容，从而影响了访问的效果和质量，打击了访问者的兴趣和积极性。这种技术要素影响了传达信息的效果，因此不是形式与内容的完美统一。

网页具有多屏、分页、嵌套等特性，设计者可以对其在形式上进行适当变化，以达到多变的处理效果，丰富整个网页的形式美。这就要求设计者在注意单个页面形式与内容统一的同时，不能忽视同一主题下多个分页面组成的整体网站的形式与整体内容的统一。因此，在网页设计中必须注意形式与内容的高度统一，如图 1-13 所示。

图 1-13　内容与形式统一

1.3.5 更新和维护

适时对网页进行内容或形式上的更新是保持网站鲜活力的重要手段，长期没有更新的网站是不会再有人去浏览的。如果想要经营一个带有即时性质的网站，除了注重内容外，还要每日更新资料，这就需要考虑网站的维护管理问题。建设一个站点可能比较简单，但维护管理就比较烦琐了。这项工作往往重复而死板，但用户又不能不做，因为维护管理也是网站后期的重要工作之一。

1.4 网站整体制作流程

在开始建设网站之前，应该有一个整体的规划和目标，规划好网页的大概结构后，就可以着手设计了。下面介绍网站建设的基本流程。

1.4.1 前期策划

网站的前期策划对于网站的运作至关重要。规划一个网站时，可以用树状结构先把每个页面的内容大纲列出来，如图 1-14 所示。尤其当要制作一个很大的网站时，不仅要规划好，还要考虑到以后的扩展性，以免制作好后再更改整个网站的结构。

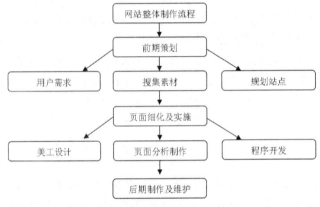

图 1-14　网站规划结构

1. 明确建立网站的目标和用户需求

制作网站必须有明确的目标。要明确网页使用的语言与页面所要体现出来的站点主题，运用一切的手段充分表现出网站的特点和个性，这样才能给访问者留下深刻的印象。

2. 搜集素材

明确了网站的主题之后，就要围绕主题搜集素材。如果想要网站栩栩如生，能够吸引更多的访问者，就要搜集精美的素材，包括图片、文字、音频、视频以及动画等。

3. 规划站点

一个网站设计成功与否，很大程度上取决于设计者的规划水平。网站的规划包括的内容很多，例如网站的结构、颜色的搭配、版面的布局、文字以及图片的运用等。只有在制作网页之前把这些方面都考虑到了，制作出的网页才能够具有特点和吸引力。

4. 网页设计总体方案主题鲜明

在目标明确的基础上，完成网站的构思创意，即总体设计方案。对网站的整体风格和特色做出定位，规划网站的组织结构。

5. 导向清晰

网页设计中的导航使用超文本链接或图片链接，使浏览者能够在网站中自由前进或后退，而不用浏览器上的前进或后退按钮。在所有的图片上使用"ALT"标识符注明图片名称或解释，以便那些不愿意自动加载图片的观众能够了解图片的含义。

6. 短暂的下载时间

进入的网站时等待的时间过长，会使浏览者对网站失去兴趣。在互联网上，30 秒的等待时间与我们平常 10 分钟等待时间的感觉相同。因此，建议在网页设计中尽量避免使用过多的图片及体积过大的图片，将主页的容量控制在 50KB 以内，平均 30KB 左右，确保普通浏览者浏览页面的等待时间不超过 10 秒。

7．网站测试和改进

网站测试实际上是模拟用户访问网站的过程，用以发现问题并改进网站设计。

8．内容更新

网站建立完成后，需要不断更新网页内容。站点信息的不断更新，可以让浏览者有新鲜感，保持网站的更新速度。

1.4.2 页面细划及实施

网页设计和制作是一个复杂而细致的过程，一定要按照先大后小、先简单后复杂的顺序来进行。所谓的先大后小，就是说在制作网页时，先把大的结构设计好，然后再把小的部分逐渐完善设计出来。所谓先简单后复杂，就是说先设计出简单的内容，然后再将复杂的内容设计出来并完善，这样方便出现问题时进行修改。如果有一个好的网站策划与分工，后台程序可以和美工设计同时开始。

1．网页美工设计

美工设计人员应该在网站策划阶段就与客户充分接触，了解客户对网站设计的需求，以便在设计过程中有一个基调，从而提高设计稿的被认可率。

美工首先要对网站有一个整体的定位，然后再根据此定位分别做出首页、二级栏目及内容页的设计稿。

一般要设计 1~3 套不同风格的设计稿由客户讨论，再按需求设计出页面的设计图。

2．静态页面制作

美工在设计好各个页面的效果图后，就需要制作成 HTML 页面，以供后台人员将程序整合。静态页面的制作可分为以下几个步骤。

（1）观察。首先要对设计图页面的布局、配色有一个整体的认识，而在对设计图达成一个初步的了解之后，就会对如何在 HTML 页面中进行布局有一个规划，根据规划对设计图进行分割输出，以免匆匆切分后又发现在 HTML 里面无法实现或者效果不好而返工。

（2）拆分。当对于如何拆分设计图和组成 HTML 页面有了规划后，就可以将图纸拆分成需要的"素材"，以便在组装页面时使用。一般来说，要从设计图中拆分提取的内容有以下几点。

● 分离颜色。其中包括 3 部分配色：页面主辅颜色搭配和基本配色、普通超链接配色和导航栏超链接配色。

● 提取尺寸。按照设计图的尺寸来搭建网页。

● 分离背景图片及特殊边框。背景图可能是大面积重复的图案，也可以是一张图片，一般和内容没有关系的装饰性图片都可以考虑制作成背景图。边框的使用方法和背景图片类似，不过根据情况往往需要单独输出。

● 分离图片。与内容相关的图片。

（3）组装。组装就是把分离出来的元素按照一定的方法组合成与设计图效果类似的页面。使用 CSS 布局方式制作网页一般分为：

- 构建层结构；
- 插入内容；
- 美化样式表；
- 处理细节；
- 优化样式表。

 很多时候，设计图的实际情况会和之前的规划有小的差别，因此应多注意尺寸的设定。

3．程序开发

程序开发人员可以先行开发功能模块，然后再整合到 HTML 页面内，也可以用制作好的页面进行程序开发，但是为了程序有很好的一致性和亲和力，还是推荐先开发功能模块，然后再整合到页面的方法。

1.4.3 后期维护

每一个站点都应该由专业人员定期更新维护。互联网的最大优势就是信息的实时性，只有快速地反映、准确地报道，才能吸引更多的浏览者。

后期的维护主要又以下几点：

- 服务器及相关软硬件的维护，对可能出现的问题进行评估，制定相应措施；
- 数据库维护，有效地利用数据是网站维护的重要内容，因此数据库的维护要受到重视；
- 内容的更新、调整等；
- 制定相关网站维护的规定，将网站维护制度化、规范化。

很多网站的人气很旺，这肯定是和网站内容的定期更新分不开的。也有很多网站由于种种原因数月才更新一次，这样就违背了网站最基本的商业目的。网站不是只销售一件商品，随着时间的推移而贬值陈旧，只有不断地融入新的内容，推陈出新，才会具有创造力，发挥网站的商业潜能。

1.5 课堂讨论

通过本章的学习，相信同学们应该对网页的基础知识、网页设计与网页制作的区别以及网页的基本构成元素有一个初步的了解，还初步了解了网页设计的基本原则和成功要素，以及网站设计制作的整体流程等内容，接下来回答两个常见的问题。

1.5.1 问题 1——什么是 CSS 样式和 CSS 样式的作用是什么

CSS 是 Cascading Style Sheets（层叠样式表）的缩写，它是一种对 Web 文档添加样式的简单机制，是一种表现 HTML 或 XML 等文件外观样式的计算机语言。CSS 用来作为网页的排版与布局设计，在网页设计和制作中无疑是非常重要的一环。

CSS 是由 W3C 发布的，用来取代基于表格布局、框架布局以及其他非标准的表现方法。CSS 是一组格式设置规则，用于控制 Web 页面的外观。通过使用 CSS 样式设置页面的格式，可以将页面的内容与表现形式分离。页面内容存放在 HTML 文档中，而用于定义表现形式的 CSS 样式则存放在另一个文件中。将内容与表现形式分离，不仅可以使维护站点的外观更加容易，而且还可以使 HTML 文档的代码更加简练，缩短浏览器的加载时间。

CSS 样式主要用于定义网页中的各部分及元素的样式，例如背景效果、文字大小和颜色、元素的位置、元素的边框等。

1.5.2 问题 2——网页的版式与布局主要有几个方面的内容

1. 页面尺寸

由于页面尺寸和显示器大小及分辨率有关系，网页的局限性就在于无法突破显示器的范围，而且因为浏览器也会占去不少空间，所以留给页面的空间会更小。在网页设计过程中，向下拖动页面是唯一给网页增加更多内容的方法。但有必要提醒大家，除非能够肯定网站的内容能吸引大家拖动，否则不要让访问者拖动页面超过三屏。如果需要在同一页面显示超过三屏的内容，那么最好在页面上创建内部链接，方便访问者浏览。

2. 整体造型

造型就是创造出来的物体形象。这里的造型是指页面的整体形象，这种形象应该是一个整体，图形与文本的结合应该是层叠有序的。虽然显示器和浏览器都是矩形的，但对于页面的造型，可以充分运用自然界中的其他形状以及一些基本形状的组合，如矩形、圆形、三角形、菱形等。

3. 网页布局方法

网页的布局方法有两种，第一种为纸上布局，第二种为软件布局。

许多网页制作者不喜欢先画出页面布局的草图，而是直接在网页设计软件中边设计布局边添加内容。这种不打草稿的方法很难设计出优秀的网页来，所以在开始制作网页前，要先在纸上画出页面的布局草图，这就是纸上布局法。

如果制作者不喜欢用纸来画出布局图，那么还可以利用软件来完成这些工作，例如可以使用 Photoshop，它所具有的对图像的编辑功能正适合设计网页布局，这就是软件布局法。利用 Photoshop 可以方便地使用颜色、图形，并且可以利用层的功能设计出用纸张无法实现的布局概念。

1.6 课后练习——制作简单的 HTML 页面

根据本章对网页和网站基础知识的了解与学习，现在我们要独自完成一个简单的 HTML 页面，以达到对知识的巩固。

源文件地址：光盘\素材\第 1 章\1-6.html
视频地址：光盘\视频\第 1 章\1-6.swf

（1）使用记事本软件新建文档。	（2）在新建文档中输入图所示的代码。

（3）保存为 HTML 格式的文件，并将编码选择为 UTF-8。

（4）打开保存的文件进行预览。

PART 2

第2章
使用 Web 标准设计和
制作网页

本章简介:

Web 标准掀起了国内网页制作的革命,网页设计与制作人员开始重新审视自己过去的网页作品,并且惊讶地发现那些充满了嵌套表格的 HTML 代码臃肿而且难以修改,于是一场清理 HTML 的行动开始了。本章将主要讲解使用 Web 标准设计和制作网页的原理和优点,通过学习,读者可以充分理解使用 XML 替换 HTML 的理由。

学习重点:

- 表格布局的特点及方式
- 什么是 Web 标准以及其优势
- 为什么要建立网站标准
- 采用网站标准的优缺点

- Web 标准三剑客
- Web 标准的争论与思考
- Web 标准的误区

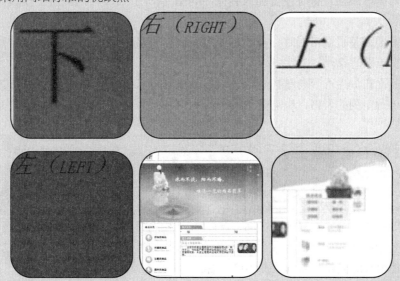

2.1 表格布局

表格布局已经有很多年历史了。在 HTML 和浏览器还不很完善的时候,要想让页面内的元素能有一个比较好的格局几乎是不可能实现的,由于表格不仅可以控制单元格的宽度和高度,而且可以互相嵌套,所以为了让各个网页元素能够放在预设的位置,表格就成为网页制作中不可缺少的工具。

2.1.1　表格布局的特点

目前仍有很多的网站在使用表格布局。表格布局使用简单，制作者只要将内容按照行和列拆分，用表格组装起来即可实现版面布局。

由于对网站外观"美化"要求的不断提高，设计者开始用各种图片来装饰网页。由于大的图片下载速度缓慢，一般制作者会将大图片切分成若干个小图片，这样浏览器会同时下载这些小图片，这样就可以在浏览器上尽快地将大图片打开。因此，表格就成了把这些小图片组装成一张完整图片的有力工具，如图 2-1 所示。

图 2-1　预览效果与表格布局

2.1.2　混乱的逻辑结构和冗余的嵌套表格

采用表格布局的页面内，为了实现设计的布局，制作者往往在单元格标签<td>内设置高度、宽度和对齐等属性，有时还要加入装饰性的图片，图片和内容混杂在一起，使代码视图显得非常臃肿。

因此当需要调整页面布局时，往往都要重新制作表格，尤其当有很多页面需要修改时，工作量将变得难以想象。

表格在版面布局上很容易掌控，通过表格的嵌套可以很轻易地实现各种版式布局，但是即使是一个 1 行 1 列的表格，也需要<table>、<tr>和<td>这 3 个标签，最简单的表格代码如下所示：

```
<table>
  <tr>
      <td>这里是内容</td>
  </tr>
</table>
```

如果需要完成一个比较复杂的页面，HTML 文档内将充满了<tr>和<td>标签。同时，由于浏览器需要把整个表格下载完成后才会显示，因此如果一个表格过长、内容过多的话，访问者往往要等很长时间才能看到页面中的内容。

同时，由于浏览器对于 HTML 的兼容，因此就算是嵌套错误甚至不完整的标签也能显示出来。有时仅仅为了实现一条细线而插入一个表格，表格充斥着文档，使得 HTML 文档的字节数直线上升。对于使用宽带或专线来浏览页面的访问者来说，这些字节也许不算什么，但是当访问者使用手持设备（如手机）浏览网页时，这些代码往往会浪费很多的流量和等待时间。

 冗余代码对于服务器端来说是一个不小的压力，也许一个只有几个页面、每天只有十几个人访问的个人站点来说，这点流量不会太在意，但是对于一个每天都有几千人甚至上万人在线的大型网站来说，服务器的流量就是一个必须关注的问题了。

一方面，浏览器各自开发属于自己的标签和标准，使得制作者常常要针对不同的浏览器而开发不同的版本，这无疑就增加了开发的难度和成本。

另一方面，在不支持图片的浏览设备（如屏幕阅读机）上，这种表格布局的页面将变得一团糟。正是由于上述的种种弊端，使得网页制作者开始关注 Web 标准。

2.2　了解 Web 标准

Web 标准似乎是近十年来在国内出现的一个名词。大概从 2003 年开始，有关 Web 标准的各类文章与讨论便伴随着网络上大大小小的设计与技术论坛开始展开，也掀起了一股学习 Web 标准的热潮，此后，众多网站设计爱好者的网站开始打上了"符合 Web 标准"的字样。

2.2.1　Web 标准的基础概念

Web 标准即网站标准。目前通常所说的 Web 标准一般指进行网站建设所采用的基于 XHTML 语言的网站设计语言。Web 标准中典型的应用模式是 DIV+CSS。实际上，Web 标准并不是某一个标准，而是一系列标准的集合。

Web 标准由一系列的规范组成。由于 Web 设计越来越趋向于整体与结构化，对于网页设计和制作者来说，理解 Web 标准首先要理解结构和表现分离的意义。刚开始的时候，理解结构和表现的不同之处可能很困难，特别是对于不习惯思考文档的语义结构的人来说。但是，理解这点是很重要的，因为，当结构和表现分离后，用 CSS 样式表来控制表现就是很容易的一件事了。

2.2.2　认识 W3C

W3C 组织是制定网络标准的一个非营利组织，W3C 是 World Wide Web Consortium（万维网联盟）的缩写，像 HTML、XHTML、CSS、XML 的标准就是由 W3C 来制定的。W3C 创建于 1994 年，研究 Web 规范和指导方针，致力于推动 Web 发展，保证各种 Web 技术能很好地协同工作。大约 500 名会员组织加入这个团体。

根据 W3C 官方网站的介绍，W3C 会员包括生产技术产品及服务的厂商、内容供应商、团体用户、研究实验室、标准制定机构和政府部门，一起协同工作，致力于在万维网发展方向上达成共识。自 1998 年开始，"Web 标准组织"将 W3C 的"推荐"重新定义为"Web 标准"，这是一种商业手法，目的是让制造商重视并重新定位规范，在新的浏览器和网络设备中完全地支持那些规范。

2.2.3　W3C 发布的标准

网页主要由 3 部分组成：结构（Structure）、表现（Presentation）和行为（Behavior）。对应的网站标准也分为以下 3 方面：
● 结构化标准语言，主要包括 HTML、XHTML 和 XML。
● 表现标准语言，主要包括 CSS。
● 行为标准，主要包括文档对象模型（如 W3C DOM）、ECMAScript 等。

这些标准大部分由 W3C 组织起草和发布，也有一些是其他标准组织制定的标准，比如 ECMA（European Computer Manufacturers Association）的 ECMAScript 标准。下面对它们进行详细介绍。

1. HTML

HyperText Markup Language（HTML，超文本标记语言）广泛用于现在的网页，目的是为文档增加结构信息，例如表示标题、表示段落。浏览器可以解析这些文档的结构，并用相应的表现形式表现出来。例如，浏览器会将与之间的内容用倾斜体显示。而且，设计师也可以通过 CSS（Cascading Style Sheets）来定义某种结构以什么形式表现出来。

HTML 元素构成了 HTML 文件，这些元素是由 HTML 标签（tags）所定义的。HTML 文件是一种包含了很多标签的纯文本文件，标签告诉浏览器如何显示页面。

> 从结构上讲，HTML 文件由元素（element）组成。组成 HTML 文件的元素有许多种，用于组织文件的内容和指导文件的输出格式。绝大多数元素有起始标记和结束标记，在起始标记和结束标记之间的部分称为元素体，例如<body>…</body>。每一个元素都有名称和可选择的属性，元素的名称和属性都在起始标记内标明。HTML 的标记有两种：一般标记和空标记。

2. XML

XML 是 eXtensible Markup Language（可扩展标识语言）的简写。XML 类似于 HTML，也是标记语言，但 XML 是一种能定义其他语言的语言。XML 最初设计的目的是弥补 HTML 的不足，以强大的可扩展性满足网络信息发布的需要，后来逐渐用于网络数据的转换和描述。下面看一个 XML 的例子：

```
<addressbook>
  <entry>
     <name>AJIE</name><email>ajie33@hotmail.com</email>
  </entry>
  <entry>
     <name>ALLAN</name>
     <email>neo_n@21cn.com</email>
  </entry>
  <entry>
     <name>YAHOO</name>
     <email>tingpeng@msn.com</email>
  </entry>
</addressbook>
```

一些 XML 的应用，例如 XHTML 和 MathML，已经成为 W3C 推荐规范。用户同样可以通过样式规范（CSS 和 XSL）来定义 XML 标记的表现形式。XML 文档目前还不能直接用浏览器显示，页面展现依然采用 HTML 或者 XHTML，大多用于服务器与服务器（系统与系统）之间的数据交换。

3. XHTML

XHTML 实际上就是将 HTML 根据 XML 规范重新定义一遍。它的标记与 HTML 4.0 一致，而格式则严格遵循 XML 规范。因此，虽然 XHTML 与 HTML 在浏览器中一样显示，但如果需要转换成 PDF，那么 XHTML 会容易得多。

> XHTML 有 3 种 DTD 定义：严格的（Strict）、过渡的（Transitional）和框架的（Frameset）。DTD 是 Document Type Definition（文档类型定义）的缩写，它写在 XHTML 文件的最开始，告诉浏览器这个文档符合什么规范，用什么规范来解析。

4．CSS

CSS 是 Cascading Style Sheets（层叠样式表）的缩写，是用于（增强）控制网页样式并允许将样式信息与网页内容分离的一种标记性语言。W3C 推荐使用 CSS 布局方法，使得 Web 更加简单，结构更加清晰。

用户可以用以下 3 种方式将样式表加入网页，而最接近目标的样式定义优先权越高。高优先权样式将继承低优先权样式的未重叠定义但覆盖重叠的定义。

（1）链入外部样式表文件　（Linking to a Style Sheet）

用户首先建立外部样式表文件（.css），然后使用 HTML 的 link 对象，示例如下：

```
<head>
  <title>title of article</title>
  <link rel=stylesheet href="http://www.dhtmlet.com/rainer.css" type="text/css">
</head>
```

而在 XML 中，用户应该在声明区中加入如下代码：

```
<? xml-stylesheet type="text/css" href="http://www.dhtmlet.com/rainer.css" ?>
```

（2）定义内部样式块对象　（Embedding a Style Block）

用户可以在用户的 HTML 文档的\<html\>和\<body\>标记之间插入一个\<style\>...\</style\>块对象。定义方式请参阅样式表语法，示例如下：

```
<html>
  <style type="text/css">
  <!--
  body {font: 10pt "Arial"}
  h1 {font: 15pt/17pt "Arial"; font-weight: bold; color: maroon}
  h2 {font: 13pt/15pt "Arial"; font-weight: bold; color: blue}
  p {font: 10pt/12pt "Arial"; color: black}
  -->
  </style>
<body>
```

提示　这里将 style 对象的 type 属性设置为"text/css"，是允许不支持这类型的浏览器忽略样式表单。

（3）内联定义　（Inline Styles）

内联定义即是在对象的标记内使用对象的 style 属性定义适用其的样式表属性，示例如下：

```
<p style="margin-left: 0.5in; margin-right:0.5in">这一行被增加了左右的外补丁<p>
```

5．DOM

DOM 是 Document Object Model（文档对象模型）的缩写，它给了脚本语言（类似 ECMAScript）无限发挥的能力，使脚本语言很容易访问到整个文档的结构、内容和表现。

DOM 是 HTML 和 XML 文档的编程基础，它定义了处理执行文档的途径。编程者可以使用 DOM 增加文档、定位文档结构、增加修改删除文档元素。W3C 的重要目标是利用 DOM 提供一个使用于多个平台的编程接口。W3C DOM 被设计成适合多个平台，可使用任意编程语言实现的方法。

6．ECMAScript

ECMA（European Computer Manufactures Association，欧洲计算机制造联合会）是 1961 年成立的，旨在建立统一的计算机操作格式标准——包括程序语言和输入/输出的组织。

ECMA 位于日内瓦，和 ISO（国际标准组织）以及 IEC（国际电工标准化机构）总部相邻，主要任务是研究信息和通信技术方面的标准并发布有关技术报告。ECMA 并不是官方机构，而是由主流厂商组成的，他们经常与其他国际组织进行合作。

ECMAScript 也是一种基于对象的语言，通过 DOM 可以操作网页上的任何对象，可以增加、删除、移动或者改变对象，使得网页的交互性大大提高。

2.2.4　Web 标准的优势

Web 标准是由 W3C（World Web Consortium）和其他标准化组织制定的一套规范集合，包括一系列标准，包含我们所熟悉的 HTML、XHTML、JavaScript 以及 CSS 等。Web 标准的目的在于创建一个统一的用于 Web 表现层的技术标准，以便于通过不同浏览器或终端设备向最终用户展示信息内容。相对于目前的网页制作方法，使用 Web 标准的优势有以下几点。

1．加速开发

在 20 世纪 90 年代后期，当互联网和 Web 逐渐成为主流时，Web 浏览器的开发商还没有完全地支持 CSS（层叠式样式表，对于 Web 开发人员来说，他们可以用 CSS 来控制 HTML 文档的表现）。考虑到 CSS 1 是在 1996 年制定的，而 CSS 2 是在 1998 年才制定的，所以这种对 CSS 支持的不足也是可以理解的。

由于浏览器对 CSS 的支持不够，再加上一些设计师的需求，导致他们为了控制网页的美观性而滥用 HTML。一个典型的例子就是，当设计师可以用 border=" 0 " 来隐藏表格的边框时，用隐藏表格来控制布局的方法同样被使用。另一个例子是对 transparent（透明）的使用，同样是不可见，设计者却使用空白的 GIF 图片来控制布局。

虽然 HTML 页面的简单大大促进了 Web 发展，但是它也为将来 Web 的发展留下了隐患。因为它们对代码格式非常的"宽容"，助长了一些浏览器"私有"代码的发展，这些"私有"代码造成无数用户无法得到最佳体验。由于 HTML 从来就没被用来控制一个文档的表现，导致大量的乱码、非法代码、浏览器的专用代码和属性被随意地使用了。"校验"这个词也无人问津。

新版本 Web 浏览器的发布，使得对 CSS 的支持得到了加强与扩展，但是并没有达到它应有的水平。尽管浏览器的开发商对 CSS 支持的步伐很缓慢，但是现在已经有许多浏览器选择了支持 CSS，此时，不应该再有任何理由像以前那样使用 HTML 了，应该让它恢复本来的面貌——去描述文档的结构，而不是它的表现。

Web 标准强制用户进行错误校验。简单地声明用户的 HTML 是什么版本，校验程序将按用户声明的标准来校验用户的页面。校验器将严格校验并详细地告诉用户有哪些错误，这样缩短了开发者花费在质量上的时间，并保证用户的站点在不同浏览器上保持高度的一致性。

2．易于维护，增加机会

多年以来，Web 标准团队一直推荐"保持视觉设计和内容相分离"的优点，这意味着 HTML 变得非常简单，大部分的 XHTML 页面只有一些富语义的 <div> 和 <p> 标记，以及一个指向强大的 CSS 文件的链接。这种完全的分离使得你的页面开发和维护变得简单，开发团队之间能够更好地协调，例如编辑和设计师可以分开工作。

3．拓展访问渠道

干净的代码带来更多的利益。不支持 CSS 的浏览器现在可以简单地忽略样式表，换句话说，有语义的 XHTML 表示可以被任何浏览器呈现，包括非传统的客户端，例如手机、PDAs、语音阅读器和屏幕阅读器等，任何支持这些简单标记的设备都可以。

一个符合 Web 标准的站点可以支持移动访问，支持 Section 508 易用性标准，并兼容以前老版本的浏览器。用户可以获得所有好处而且更加容易开发和维护，甚至在这个过程中能节省一些硬件成本。

4．节约带宽成本

当我们从页面上剥离了 font、table 标记和一些用于装饰的图片时，可将页面尺寸从 20.9KB 缩减到 9.2KB。目前，这些缩减看起来微不足道，但是当所有页面访问聚集起来，就会使得站点的流量不堪重负。

普通的站点一天大约有几千的页面访问量，可以节约 56%的带宽，而大型商业站点可能一两分钟内就达到这样的访问量，热门站点常常一天就达到几百几千万的页面访问量。如果每页都能节约 30~40KB，加上缓存的样式表不需要再次下载，每月能为这些站点节约近万元。

5．提高用户体验

在 Web 初期，巨大的图形界面设计使得拨号上网的用户忍受缓慢的访问速度，随着宽带的普及，这种情况有所好转。但是，出差的商业人士仍然可能会通过旅馆的电话拨号上网成为你的新用户，采用干净、标准化的代码可以帮助你的用户快捷、方便地在网站上达到他们的目的。

2.3　网站设计的标准时代

网络技术的更新从来没有停止过，当我们觉得网站设计技术已经非常简单和熟悉的时候，国外网站设计标准化的概念早已悄悄地形成和迅速蔓延。自 2000 年起，大部分新发行的浏览器版本都开始支持网站标准。主流的网页编辑工具也开始全面支持网站标准，甚至一些软件几乎完全由 XML 文件组成，例如 Dreamweaver。一些著名的大型商业网站开始采用网站标准来重新构建，还有一些网站则拒绝非标准浏览器浏览它们的网站。众多的设计网站和个人网站更是标准推广的先行者，纷纷转向采用 XHTML+CSS 来建立。自从 2004 年 2 月 4 日 XML 1.1 推荐标准正式发布以来，网站设计已经进入标准时代。

2.3.1　建立网站标准的意义

每当主流浏览器版本升级，用户刚建立的网站就可能变得过时，就需要升级或者重新建造一遍网站。例如 1996—1999 年典型的"浏览器大战"，为了兼容 Netscape 和 IE，网站不得不为这两种浏览器写不同的代码。同样，每当新的网络技术和交互设备出现，用户也需要制作一个新版本来支持这种新技术或新设备，例如支持手机上网的 WAP 技术。类似的问题举不胜举：网站代码臃肿、繁杂浪费了大量的带宽；针对某种浏览器的 DHTML 特效屏蔽了部分潜在的客户；不易用的代码使得大批用户无法浏览网站等。这是一种恶性循环，是一种巨大的资源浪费。

如何解决这些问题呢？有识之士早已开始思考，需要建立一种普遍认同的标准来结束这种无序和混乱的现状。商业公司(Netscape、Microsoft 等)也终于认识到统一标准的好处，因此在 W3C 的组织下，网站标准开始被建立，并在网站标准组织（webstandards.org）的督促下推广执行。

> 对于网站设计和开发人员来说，遵循网站标准就是使用标准；对于网站的用户来说，网站标准就是最佳体验。

2.3.2 遵循标准的网站与传统网站的区别

传统网站只是印刷媒体的延伸，设计目标是保证在 4~6 个主流浏览器版本中看起来一致。通常的特征是：

- 以表格为基础的布局；
- 内容与表现方式混杂在一起，典型的例子是<font>标记；
- 垃圾代码（非标准代码）；
- 不易用的代码；
- 语义不正确的代码，比如<b>不解释的话，用户根本不明白这是字体加粗的意思。

而采用网站标准建立的网站是一个能够接受各种用户和各种设备的广泛的交流沟通工具。一般特征是：

- 语义正确的标识，即使用能够表达含义的标签，保证代码可以在文本浏览器、PDAs、搜索引擎中被正确理解；
- 正确有效的代码，通过 W3C 代码校验的就是正确代码；
- 对人、机都易用的代码，能够接受广泛的用户和设备的访问。

用 CSS 分离表现层和内容，使代码更简洁，下载速度更快，批量修改和定制表现形式更容易。

2.3.3 采用网站标准的优势与劣势

综上所述，使用 Web 标准的优势有很多。总结归纳一下，主要可以从以下 3 点来体现（见表 2-1）。

1. 对于访问者

- 文件下载与页面显示速度更快。
- 内容能被更多的用户所访问（包括失明、视弱、色盲等残疾人士）。
- 内容能被更广泛的设备所访问（包括屏幕阅读机、手持设备、搜索机器人、打印机、电冰箱等）。
- 用户能够通过样式选择定制自己的表现界面。
- 所有页面都能提供适用于打印的版本。

2. 对于网站所有者

- 更少的代码和组件，容易维护。
- 带宽要求降低（代码更简洁），成本降低，例如，当 ESPN.com 使用 CSS 改版后，每天节约超过 2Mbit/s 的带宽。
- 更容易被搜寻引擎搜索到。
- 改版方便，不需要变动页面内容。
- 提供打印版本而不需要复制内容。
- 提高网站的易用性。在美国，有严格的法律条款（Section 508）来约束政府网站必须达到一定的易用性，其他国家也有类似的要求。

3．兼容性

由于实现向后兼容，所以当浏览器版本更新或者出现新的网络交互设备时，所有应用能够被继续正确执行。

使用 Web 的缺点有：

- 需要花费更多时间来学习标准；
- 依然需要注意浏览器的兼容问题；
- 用 CSS 来实现某些表现反而比表格更为麻烦。

2.4　Web 标准三剑客

Web 标准是由一系列规范组成的，由于 Web 设计越来越趋向于整体与结构化，此前的 Web 标准也逐步成为由三大部分组成的标准集：结构（Structure）、表现（Presentation）和行为（Behavior）。对应的网站标准也分 3 个方面：结构化标准语言、表现标准语言（主要包括 CSS）和行为标准。

2.4.1　内容、结构、表现和行为的定义

1．内容

"内容"就是制作者放在页面内真正想要访问者浏览的信息，可以包含数据、文档或者图片等。注意，这里强调的"真正"，是指纯粹的数据信息本身，而不包含辅助的信息，如导航菜单、装饰性图片等。内容是网页的基础，在网页中具有重要的地位。

2．结构

（1）XML——可扩展标记语言

XML（eXtensible Markup Language）目前遵循的是 W3C 于 2000 年 10 月发布的 XML 1.0。与 HTML 一样，XML 同样来源于（Standard Generalized Markup Language，标准通用标记语言），但 XML 是一种能定义其他语言的语言。

（2）XHTML——可扩展超文本标记语言

XML 虽然数据转换能力强大，但完全可以替代为时过早。因此，在 HTML 的基础上，用 XML 的规则对其进行扩展，得到了 XHTML。简单而言，建立 XHTML 的目的就是实现 HTML 向 XML 的过渡。

2000 年年底，国际 W3C 组织公开发行了 XHTML 1.0 版本，这是一种在 HTML 基础上优化和改进的新语言，目的是基于 XML 应用。

3．表现

CSS（Cascading Style Sheets，层叠样式表）目前遵循的标准是 W3C 于 1998 年 5 月 12 日发布的 CSS 2。W3C 创建 CSS 标准的目的是以 CSS 取代 HTML 表格布局、帧和其他表现的语言。纯 CSS 布局与结构 XHTML 相结合，能帮助设计师分离外观与结构，使站点的访问及维护更加容易。

4．行为

（1）DOM——文档对象模型

DOM（Document Object Model）是一种 W3C 颁布的标准，用于对结构化文档建立对象

模型，从而使得用户可以通过程序语言（包括脚本）来控制其内部结构。简单地理解，DOM解决了 Netscape 的 JavaScript 和 Microsoft 的 JScript 之间的冲突，给予 Web 设计师和开发者一个标准的方法，让他们来访问他们站点中的数据、脚本和表现对象。

（2）ECMAScript

ECMAScript 是 ECMA（European Computer Manufacturers Association）制定的标准脚本语言（JavaScript），目前遵循的是 ECMAScript 262 标准。

2.4.2　DIV 与 CSS 结合的优势

传统的 HTML 标签里既有控制结构的标签，如<p>；又有控制表现的标签，如<font>；还有本意用于结构后来被滥用于控制表现的标签，如<table>。结构标签与表现标签混杂在一起。使用传统方法制作网页的制作者往往会遇到如下问题。

● 改版问题：例如需要把标题文字替换成红色，下边线变成 1px 灰色的虚线，那么制作者可能就要一页一页地修改，既增加了工作量，又增大了出错的可能性。CSS 的出现一开始似乎就是用来解决"批量修改表现"的问题，最广泛被制作者接受的 CSS 属性，例如，控制字体的大小颜色、超链接的效果、表格的背景色等。

● 数据的利用问题：本质上讲，所有页面信息都是数据，例如，CSS 所有属性的解释就可以建立一个数据库，数据就会存在数据查询、处理和交换的问题。由于结构和表现混杂在一起，装饰图片、内容被层层嵌套的表格拆分。用 CSS 制作的话就只需要修改 CSS，而不用修改 HTML 文档，使结构清晰化，将内容、结构与表现共享。

2.4.3　现有网站的改善

目前大部分的网页设计师依旧在采用传统的表格布局、表现与结构混杂在一起的方式来建立网站。学习使用 XHTML+CSS 的方法需要一个过程，因此现有网站符合网站标准也不可能一步到位。最好的方法是循序渐进，分阶段来逐步达到完全符合网站标准的目标。如果你是新手，或者对代码不是很熟悉，也可以采用遵循标准的编辑工具，例如 Dreamweaver，它是目前支持 CSS 标准最完善的工具。

Web 标准的目标是实现网页结构、表现、行为的分离，达到最佳架构，提高网络可用性与用户体验。Web 标准中包括了众多技术标准，包括相似的 HTML 与 XHTML 等。以目前Web 标准的技术框架看，用以下几个标准及方法进行网站构建是目前最为理想的选择。

1．从 HTML 转向 XHTML

面向结构的 XHTML 设计语言在面向结构的设计思想上能带给用户超越 HTML 的实质性内容，面向结构的设计能够帮助页面适应更多终端的需要，对于不同的应用终端，如 PC、PDA、手机及其他产品，只要这些设备能接受结构语言 XHTML，那就能对信息进行再设计并重新发布，以适用不同的终端需要。

2．发挥 CSS 的作用

CSS 样式的设计意味着用户需要重新考虑对网站整体风格的把握，为了从视觉设计上达到最大限度的重用与合理的结构，需要统一的字体字号及排版形式，这些统一性的设计都有助于视觉设计上可用性的提升。对于网站上的细节表现，如链接改变提示、链接区域、导航的操作感等，也是 CSS 在可用性上设计的目标，最终目的都是希望通过良好的设计创造更好的交互式网站，以方便用户使用，为网站及用户创造价值。

对于现有的网站，要认真理解并履行以上两点要求，将编程习惯改为 XHTML，工作中能使用 CSS 控制的部分就不要使用其他方法。这对于整个站点的重构有很大的帮助。

2.5 Web 标准的思考与争论

要将 Web 标准普及也不是件容易的事情。目前在互联网上有将近 99%的页面是采用 HTML 或者更老规范建立的网页需要转换到 XHTML，并且每天依然有大量的新页面采用不符合 Web 标准的技术在发布。目前主流浏览器 IE 对 Web 标准的支持还不太完善，再加上众多设计师还不理解 Web 标准，依然在观望甚至反对。这些问题使得 Web 标准的推广工作任重而道远。

2.5.1 Web 标准的好处

首先，最为明显的就是用 Web 标准制作的页面代码量小，可以节省带宽。这只是 Web 标准附带的好处，因为 DIV 的结构本身就比表格简单，表格布局的层层嵌套造成代码臃肿，文件占用空间膨胀。通常情况下，相同表现的页面用 DIV+CSS 比用表格布局节省 2/3 的代码，这是 Web 标准直接的好处。

一些测试表明，通过使用内容和设计分离的结构进行页面设计，使浏览器对网页的解析速度大大提高。相对老式的内容和设计混合编码而言，浏览器在解析过程中可以更好地分析结构元素和设计元素，良好的网页浏览速度使来访者更容易接受。

节省带宽的意义并不主要针对普通用户，而主要针对网站经营者，特别是中大型网站，类似新浪、网易这样的站点。一个新闻首页从 500KB 缩小到 170KB，假设一天的页面访问量是 3000 万（保守数字），那么节省的服务器流量就是 330KB × 30000000=9440GB，这个成本的降低是可观的。

在很多西方国家，由于 Web 标准页面的结构清晰、语义完整，利用一些相关设备能很容易地正确提取信息给残疾人士。因此，方便盲人阅读信息也成为 Web 标准的好处之一。

2.5.2 布局

页面使用表格布局是现在最常见的制作方法。由于表格布局将表现和内容混杂在一起，结构不清晰、内容不完整，不利于内容的重用，虽然用表格布局改版也很快，但这不是长远之计，透过现象看本质，Web 标准将内容与表现相剥离，所有样式、风格、布局等表现的东西独立出来，由 CSS 或者 XSLT 来单独控制，这样剥离后，改版才是真正的方便。而且"改版"并不仅仅是浏览器上的改版，同样的页面如果需要发布到手机上，符合 Web 标准的页面就只需要修改样式文件，而表格布局的则需要完全重做，未来如果还需要再发布到网络电视上或者其他新设备上呢？CSS 的效率一定比表格高。

由于一开始研究和推广 Web 标准的人士做的页面都比较"朴素"，因此引起大家的误解，以为 Web 标准的页面就是简洁、轻图形、轻视觉效果的。实际上，用表格布局能够实现的页面效果，用 CSS 也基本上能实现。这个问题不需要多解释，看看国内外新建立的 Web 标准站点就清楚了。

2.5.3 浏览器兼容

Web 的目标是使用统一的技术与模式进行网站设计，从而提升网站可用性、改善网站结构、降低网站成本，使用统一的标准为未来的兼容打下基础。但是，并非事事一帆风顺，Web 标准是 2000 年以后提出的新方法与模式，W3C 希望以此标准改善网络表现层的面貌。标准的提出结束了 Netscape 与 IE 的争端，使它们在后来的版本中都开始使用统一的 Web 标准进行网页的表现，一直到现在，所有新推出的浏览器产品，包括 Opera、Chrome、Safari 及 IE6/IE 7 等无所不用 Web 标准作为浏览器的开发基础，但是也暴露了很多隐藏的问题。

首先是旧版本兼容问题。IE 浏览器大概从 IE 5 开始才对 CSS 2 有了较好的支持，但是并非绝对完美，对于 CSS 中的盒模型原理、浮动模式等标准的定义并非严格执行，并且部分 CSS 2 的属性在 IE 5 中完全没有效果。IE 5.5 时已经修复了一些问题，但直到 IE 6 才得到明显改善。

还有一个问题就是不同浏览器的表现，例如目前较流行的浏览器 IE 与 Chrome，二者由两家公司分别开发，在浏览器的核心架构上有着明显的区别。它们虽然都是以 Web 标准作为开发基础的，但是由于架构及开发方式的不同，在最终对 Web 标准的展现上难免会有部分区别，这也导致了一小部分 CSS 设计方式在两个浏览器中的表现有所不同。这些问题都使得一些设计师对 Web 标准产生质疑，并造成了学习上的困难。不过随着时间的推移，一些问题已经开始得到改善，毕竟由浏览器带来的问题只是极少数，这些问题并不能掩盖住 Web 标准开发带来的优势。

现在，大部分网站已经将内容和设计分开，不用再担心未来的技术变革，无论是结构还是设计，都可随时替换和修改，不需要在混杂的信息和设计的代码中进行修改。

2.6　关于 Web 标准的误区

Web 标准看上去很诱人，但是对于刚刚接触 Web 的设计师来说却是很容易犯错误的，最后导致自己的学习进度停滞不前。一般的困难有以下几点。

2.6.1　不用传统表格思想来套 DIV

"CSS 布局就是将原来用表格的地方用 DIV 来替代，原来是表格嵌套，现在是 DIV 嵌套。" 这种观点是错误的。

请跳出原来表格布局的禁锢，抛弃一个<td>接一个<td>放置图片和内容的思维方式。我们上面说过，Web 标准的目的是分离内容和表现，你可以这样思考，页面里有的仅仅是内容，没有修饰的情况下，它看上去就是一张白纸，纸上有一些文字和图片（这个图片是指内容中的图片，是有真实意义的图片）。这些文字和图片仅仅是依次罗列下来，只有结构，没有任何样式。然后加入表现，将所有修饰的图片作为背景，用 CSS 来定义每一块内容的位置、字体、颜色等。

这样制作的页面才是内容与表现分离的，就是说，当你抽掉 CSS 文件，剩下的就是干净的内容，这样才能在文本浏览器中阅读，才能在手机、PDA 中阅读，用户才能随时修改 CSS 实现改版。

2.6.2　XHTML 标签的正确使用

XHTML 的标签是用来定义结构的，不是用来做"表现"的。因此，建立良好的文档结构对不同的内容使用正确的 XHTML 标签是很重要的。使用<p>等标签要合理，这样不仅仅便于用户理解文档内容，而且对 CSS 编写也很重要。

XHTML 里有很多标签，但是经常用到的也就是那么几个，一般用户只要掌握这几个就可以了，如表 2-1 所示。

表 2-1　　　　　　　　　　　　　　XHTML 中标签使用说明

div	没有什么特性的意义，可以使用在很多地方，也就是说它可以装不同的东西。它的正确的写法是<div></div>，必须要有封口。一般用作布局之用，也有用作存放文章形成段落，实际上，这个做法并不是很好，因为作为文章的分段，自然有一个特定的标签来用。那就是下面要讲的标签，不过用 div 来整体地包住所有的段落，这是非常实用的
p	这是一个有特定语义的标签，用来区分段落。大部分的浏览器中对 p 都有一个上下的边距，但是没有行首缩进，因为行首缩进只是表示段落的方式但不是必需的。所以在用 p 标签的时候，如果需要，可以针对 p 设定行首缩进
span	这也是一个非常常用的标签，它与 div 很像，没有什么特定的意义，但它是一个级联元素，不是块级元素。这个标签与 div 正好互补
ul、li	这是一个列表，在列表中，除了 ul 还 li，ul 通过 CSS 定义一样可以有 ol 的数字排序效果，所以一般不推荐使用 ol。ul 是块级标签，它的子级 li 也是块级标签，正确的写法是<ul><li></li></ ul>。li 标签是被 ul 标签包裹的，在 ul 标签里可以有无数个 li 标签，li 标签不能独立使用，并且 li 标签一定要封口，这不光是美观问题，对于后期的维护也很有好处。ul 列表的用处主要是列举出一维的、同一类型的数据，比如使用在菜单上，文章中列数的一些条例等。在列表中有一种特别的形式与 ul 是不一样的，那就是下面的 dl
dl、dt、dd	这是一个很特别的 3 个标签的组合。这里的 dt 是指标题，dd 是指内容，dl 是包裹它们的容器。正确的写法是<dl><dt></dt><dd></dd></dl>。在 dl 里可以有很多组的 dt、dd，当出现很多组的时候，尽量一个 dt 配一个 dd。如果 dd 中的内容很多，可以在 dd 里加 p 标签配合使用。dl 列表是一个非常好的列表形式，可以多加利用
a	这表示链接，是一个特定属性的，也是网页中最为神奇的标签，因为它才让无数的网页都连在了一起。正确的写法是：<a href="" title="">。其中的 href 表示目标地址，title 是鼠标悬停提示文字，这是可有可无的
img	这是图片标签，也是个特定属性的标签。正常写法是：< " img src= " " alt= " " title= " /> 这里的 src 是目标地址，alt 与 title 是替换文字，alt 是 IE 特定的，title 是其他浏览器通用的。不过记得后面的反斜线一定要有
h	这是一个标题系列的标签，从 h1~h6，一共 6 个，主要是用来存放标题，也有一些朋友用来做他用，但是建议只使用这个标签控制标题
strong	这个意思是着重，是有语义的，作用也很简单。至于样式，是加粗着重，还是用色彩表明着重，那可以自行选择。正确的写法是<strong></strong>
em	这个与 strong 很像，表示强调。一般浏览器的默认值是斜体。使用方式与 strong 一样，写法是：<em></em>

2.6.3　善于利用 CSS

灵活地运用 CSS 不同的选择器来进行 CSS 定义，将通用的样式写在外部 CSS 文件中，然后在页面内调用，同时还可以将不同的 CSS 定义分在几个文件中。

对于需要多次引用的样式，可以用 class 来定义，不需要每个元素都定义 id；也不是一定要用<div>，有的内容完全可以用<p>来代替，同样都是块级元素，一样有盒模型的 7 个参数，<div>仅仅方便浮动。

2.6.4 "通过验证"并不是最终目的

Web 标准的本意是实现内容（结构）和表现分离，就是将样式剥离出来放在单独的 CCS 文件中，这样做的好处是可以分别处理内容和表现，也方便搜索和内容的再利用。

W3C 校验仅仅是帮助你检查 XHTML 代码的书写是否规范，CCS 的属性是否都在 CCS 2 的规范内。代码的标准化仅仅是第一步，不是说通过校验的网页就标准化了。我们的目的是为了使自己的网页设计工作更有效率，为了缩小网页占用空间，为了能够在任何浏览器和网络设备中正常浏览。

请大家静下心来，仔细研究和理解 Web 标准的内涵。

2.7 课堂讨论

通过本章的学习，读者了解到使用 Web 标准制作页面的理由和特点，使用表格布局和使用 Web 标准布局的不同和联系，为什么使用 Web 标准，使用 Web 标准制作页面的必要性和使用 Web 标准的优点和缺点，以及目前使用 Web 标准时会遇到的问题等。下面我们来回答两个常见的问题。

2.7.1 问题 1——网站标准的目的是什么

提供最大的利益给尽量多的网站用户；确保任何网站文档都能够长期有效；简化代码、降低建设成本；让网站更容易使用，能适应更多用户和更多网络设备；当浏览器版本更新或者出现新的网络交互设备时，确保所有应用能够继续正确地执行。

2.7.2 问题 2——对 Web 技术做概述性的总结

根据本章节的学习，我们已经了解到 Web 技术已经被广泛地使用，为了更好地了解和掌握 Web 技术，我们对其做出了表 2-2 所示的总结性归纳。

表 2-2　　　　　　　　　　　　Web 技术总结

Web 技术	
HTML	XHTML、HTML 5、CSS、TCP/IP
XML	XML、XSL、XSLT、XSL-FO、XPath、XPointer、XLink、DTD、XML Schema、DOM、XForms、SOAP、WSDL、RDF、RSS、WAP、Web Services
Web 脚本	JavaScript、HTML DOM、DHTML、VBScript、AJAX、jQuery、JSON、E4X、WMLScript
Servlet 脚本	SQL、ASP、ADO、PHP
.NET	Microsoft.NET、.NET Mobile
多媒体	SMIL、SVG

2.8 课后练习——使用 DIV+CSS 制作简单页面

本章节向读者讲述了 Web 标准和设计制作，本节我们就利用这些知识来完成这个案例吧。

源文件地址：光盘\素材\第 2 章\2-8.html
视频地址：光盘\视频\第 2 章\2-8.swf

（1）新建 HTML 文件，并在其中插入 DIV。

（2）在弹出的"插入 DIV"提示对话框中单击"确定"按钮。

（3）在设计视图下会显示出所插入的 DIV 标签。

（4）在代码视图中输入图所示的代码。

（5）继续在 <head> 标签内输入代码" <style type="text/css"> </style>"，并在其内部输入图所示的 CSS 代码。

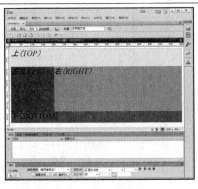

（6）在设计视图中可以浏览到图所示的最终效果。

PART 3

第 3 章
HTML 和 XHTML 基础

本章简介：

在了解了网页设计的相关基础知识后，要想专业地进行网页的设计和编辑，最好还要具备一定的 HTML、XHTML 和 XML 语言知识。虽然现在有很多可视化的网页设计和和制作软件，但网页的本质都是由 HTML、XHTML 或 XML 构成的，可以说要想精通网页制作，必须要对 HTML、XHTML 和 XML 语言有相当的了解。

学习重点：

- HTML 基础
- HTML 标签
- 了解 XHTML
- 简单掌握 XHTML 的代码规范
- 掌握 XHTML 与 HTML 的区别

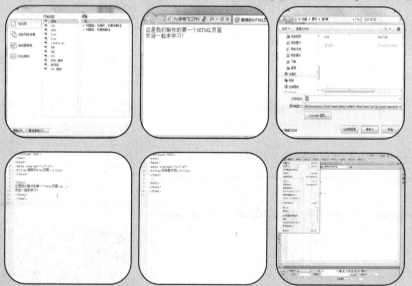

3.1　HTML 基础

在使用排版语言制作文本时，需要加一些控制标记，来控制输出的字形、字号等，以获得所需的输出效果。与此类似，编制 HTML 文本时也需加一些标记，说明段落、标题、图像、字体等。当读者通过浏览器阅读 HTML 文件时，浏览器负责解释插入到 HTML 文本中的各种标记，并以此为依据显示文本的内容。

3.1.1　HTML 概述

HTML 是用于描述网页文档的一种标记语言。把用 HTML 语言编写的文件称为 HTML 文本。

HTML 既是一种规范，也是一种标准，它通过标记符号来标记要显示网页中的各个部分。网页文件本身是一种文本文件，通过在文本文件中添加标记符，可以告诉浏览器如何显示其中的内容（如文字如何处理，画面如何安排，图片如何显示等）。浏览器按顺序阅读网页文件，然后根据标记符解释和显示其标记的内容，对书写出错的标记将不指出其错误，且不停止其解释执行过程，编制者只能通过显示效果来分析出错原因和出错部位。但需要注意的是，不同的浏览器对同一标记符可能会有不完全相同的解释，因而可能会有不同的显示效果。

HTML 之所以被称为超文本标记语言，是因为文本中包含了"超级链接"点。所谓超级链接，就是一种 URL 指针，通过激活（单击）它，可使浏览器方便地获取新的网页。这也是 HTML 获得广泛应用的最重要的原因之一。

由此可见，网页的本质就是 HTML，通过结合使用其他 Web 技术（如脚本语言、CGI、组件等），可以创造出功能强大的网页。因而，HTML 是 Web 编程的基础，也就是说万维网是建立在超文本基础之上的。

3.1.2　HTML 文件的基本结构

编写 HTML 文件的时候，HTML 的语法规则是必须遵循的。一个完整的 HTML 文件由标题、段落、列表、表格、单词和嵌入的各种对象所组成。这些逻辑上统一的对象统称为元素，这些元素被 HTML 使用标签来分割并描述。实际上，元素与标签组成了整个 HTML 文件。

HTML 文件基本结构如下：

```
<html> HTML 文件开始
<head> HTML 文件的头部开始
</head> HTML 文件的头部结束
<body> HTML 文件的主体开始
</body> HTML 文件的主体结束
</html> HTML 文件结束
```

可以看到，代码分为 3 部分。

● 　< html >…</ html >：告诉浏览器 HTML 文件开始和结束，其中包含< head >和< body >标记。HTML 文档中，所有的内容都应该在两个标记之间。一个 HTML 文档总是以< html >开始，以</ html >结束的。

● 　< head >…</ head >：HTML 文件的头部标记。

● 　< body >…</ body >：HTML 文件的主体标记，大部分内容都放置在这个区域中。通常，它在</ head >标记之后，在</ html >标记之前。

3.1.3　HTML 的主要功能

HTML 作为一种网页编辑语言，易学易懂，能够制作出精美的网页效果，其主要功能如下。

● 　HTML 语言可以建立超链接。通过超链接检索在线的信息，只需用鼠标单击，就可以链接到任何一处。

● 　利用 HTML 语言格式化文本，例如设置标题、字体、字号、颜色；设置文本的段落、对齐方式等。

● 　HTML 语言可以创建列表，把信息用一种易读的方式表现出来。

- 利用 HTML 语言可以建立表格。表格为浏览者提供了快速找到需要信息的显示方式，还可以用表格来设定整个网页的布局。
- 利用 HTML 语言可以在页面中插入图像，使网页图文并茂，还可以设置图像的各种属性，例如大小、边框、布局等。
- 利用 HTML 语言可以实现交互式窗体、计数器等；为获取远程服务而设计窗体，可用于检索信息、订购产品等。
- 利用 HTML 语言可以在页面中加入多媒体，可以在网页中加入音频、视频、动画，还能设定播放的时间和次数。

 HTML 是最基本的网页制作语言，其他的专业网页编辑软件，如 Dream weaver 等，都是以 HTML 为基础的。

3.1.4　HTML 的基本语法

大部分元素都有起始标签和结束标签，在起始标签和结束标签之间的部分被称为元素体，例如<body>…</body>。元素的名称和属性都在起始标签内标明。

1．一般标签

一般标签是由一个起始标签和一个结束标签所组成的，其语法为：

```
<x>控制文字</x>
```

其中，x 代表标记名称。<x>和</x>就如同一组开关：起始标签<x>为开启某种功能，而结束标签</x>（通常为起始标签前加上一个斜线 / ）为关闭功能，受控制的文字信息便放在两个标签之间，例如：

```
<i>斜体字</i>
```

标签之中还可以附加一些属性，用来实现或完成某些特殊效果或功能，例如：

```
<x a₁="v₁", a₂="v₂", …aₙ="vₙ">控制文字</x>
```

其中，a_1, a_1, …, a_n 为属性名称，而 v, v_2, …, v_n 则是其所对应的属性值。属性值加不加引号，目前所使用的浏览器都可接受，但根据 W3C 的新标准，属性值是要加引号的，所以最好养成加引号的习惯。

2．空标签

虽然大部分的标签都是成对出现的，但也有一些是单独存在的，这些单独存在的标签称为空标签，其语法为：

```
<x>
```

同样，空标签也可以附加一些属性，用来完成某些特殊效果或功能，例如：

```
<x a₁="v₁", a₂="v₂", …, aₙ="vₙ">
```

W3C 定义的新标准（XHTML 1.0/HTML 4.0）建议：空标签应以/结尾，即<x/>。

如果附加属性，则为：

```
<x a₁="v₁", a₂="v₂", …, aₙ="vₙ" />
```

例如：

```
<hr color="#0000FF" />
```

目前所使用的浏览器对于空标签后面是否要加/并没有严格要求，即在空标签最后加/和不加/不影响其功能，但是如果希望文件能满足最新标准，最好加上/。

3.2 HTML 标签

HTML 标签是 HTML 语言中最基本的单位，是 HTML 标准通用标记语言下的一个应用最重要的组成部分。

3.2.1 基本标签

HMTL 常用标签的认识和使用如下。

- <html>…</html>：表示 HTML 文件的起始和终止
- <head>…</ head>：表示出文件标题区
- <body>…</body>：表示出文件主体区

标签的应用实例如图 3-1 所示。

```
<html>
<head>
<meta http-equiv="Content-Type" content="text/html; charset=utf-8" />
<title>Div+CSS商业案例精粹</title>
</head>
<body>
内容部分
</body>
</html>
```

图 3-1　标签应用实例（一）

- <title>…</title>：网页标题。
- <hi>…</hi>：i=1，2，…，6，网页中的文本标题。
- <hr>：产生水平线。
- <pre>…</pre>：以原始格式显示。
- <address>…</address>：标注联络人姓名、电话、地址等信息。

标签的应用实例如图 3-2 所示。

```
<html>
<head>
<meta http-equiv="Content-Type" content="text/html; charset=utf-8" />
<title>Div+CSS商业案例精粹</title>
</head>
<body>
你好<br />
<hr width="100%" size="1" color="#ffff00" />
<p>
内容部分
</p>
</body>
</html>
```

图 3-2　标签应用实例（二）

- …：粗体字。
- <i>…</i>：斜体字。
- <font>…</font>：改变字体设置。
- <center>…</center>：居中对齐。
- <blink>…</blink>：文字闪烁。
- <big>…</big>：加大字号。
- <small>…</small>：缩小字号。
- <cite>…</cite>：参照。

标签的应用实例如图 3-1 所示。

```
<html>
<head>
<meta http-equiv="Content-Type" content="text/html; charset=utf-8" />
<title>Div+CSS商业案例精粹</title>
</head>
<body>
<center><font color="#ffff00"><b>Div+CSS商业案例精粹</b></font></center><br /><br />
<i>欢迎阅读本书</i><br /><br />
<big>欢迎阅读本书</big><br/><br/>
</body>
</html>
```

图 3-3　标签应用实例（三）

- <a>…</a>：建立超级链接。

标签的应用实例如图 3-4 所示。

```
<tr>
  <td align="left">
  <ul>
    <li><a href="help_game.html#01" target="_blank">登录界面说明</a></li>
    <li><a href="help_game.html#02" target="_blank">大厅界面说明</a></li>
    <li><a href="help_game.html#03" target="_blank">关闭界面说明</a></li>
  </ul>
  </td>
</tr>
```

图 3-4　链接标签

- <img>：嵌入图像。
- <embed>：嵌入多媒体对象。
- <bgsound>：背景音乐。

标签的应用实例如图 3-5 所示。

```
<tr>
  <td><img src="images/logo.gif" width="238" height="40"></td>
</tr>
```

图 3-5　图像标签

3.2.2　格式标签

格式标签的主要用途是将 HTML 文件中的某个区段文字以特定格式显示，增加文件的可看度。

-
：强制换行。
- <p>…</p>：文件段落。
- <p align=" ">：将段落按左、中、右对齐。
- <blockquote>…</blockquote>：区段引用标记。
- <dl>…</dl>：定义样式列表。
- <ul>…</ul>：无编号列表。
- <ol>…</ol>：有编号列表。
- <li>…</li>：列表项目。
- <dd>…</dd>：定义项目。
- <dt>…</dt>：定义项目。
- <dir>…</dir>：目录式列表。
- <menu>…</menu>：菜单式列表。

标签的应用实例如图 3-6 所示。

```
<tr>
<td align="left">
<ul>
<li><a href="help_game.html#01" target="_blank">登录界面说明</a></li>
<li><a href="help_game.html#02" target="_blank">大厅界面说明</a></li>
<li><a href="help_game.html#03" target="_blank">关闭界面说明</a></li>
</ul>
</td>
</tr>
```

图 3-6　列表项目标签

3.2.3　文本标签

文本标签指文字和段落的修饰标签。在 Dreamweaver 中，由于可以使用"属性"面板和 CSS 样式实现，所以在制作网页时，直接在 HTML 代码中加段落和文字标记已经不多了。

- <b>：粗体标签，它和<strong>的作用相同。
- <em>：斜体标签。
- <s>：删除线标签。
- <u>：下画线标签。
- <sup>：上标标签，使一段文字以小字体的形式显示在一段文字的左上角或者右上角。
- <sub>：下标标签，使一段文字以小字体的形式显示在一段文字的左下角或者右下角。
- <big>：大字号标签。
- <small>：小字号标签。
- <font>：改变文字的大小、字体、颜色。格式如下：

```
< font face ="字体" size="字号" color="颜色"></font>
```

- <p>：段落标签，可以用<p>标签，也可以用<p></p>标签。段落的对齐方式标记为：

```
<p align=" value ">
```

value 值为 center 时是居中对齐，值为 left 时是左对齐，值为 right 时是右对齐，值为 justify 时是两端对齐。

- <pre>：域格式化标签，使被标记的文字在设计页面中显示的效果和代码中显示的效果一样。
- <center>：居中对齐标签，用于使段落或文字居中对齐，效果和 align=" center " 一样。
- <hr>：水平线标签，可以在其中插入标记设定水平线。格式如下：

```
<hr width=" 宽" size=" 高" align=" 对齐方式" color=" 颜色">
```

- <address>：用于显示文档中比较重要的信息，通常为斜体显示，例如，作者的名字和联系方式。
- <blink>：使文字闪烁，通常为 1 秒钟 1 次，但是很多浏览器不支持。

3.2.4　超链接标签

1．文字图像链接

文字、图像链接的格式如下：

```
<a href=" " title=" " target=" ">链接文字或图像</a>
```

属性 href 为设置超链接地址，title 为设置超链接文本或图像的提示文字，target 为设置超链接的打开方式。target 属性有以下 4 种打开方式。

- _blank：在新窗口中打开。
- _parent：在上一级窗口中打开。
- _self：在同一窗口中打开。
- _top：在浏览器的整个窗口中打开。

2．锚记链接

锚记链接的格式如下：

```
<a name="#锚记名称">链接文字或图像</a>
```

name 为插入锚记时输入的名称，指向锚记的方式是为其指向文字创建链接，链接的格式为"#加锚点的名称"，例如：

```
<a href="#1">
```

3．E-mail 链接

E-mail 链接的格式如下：

```
<a href="mailto:邮件地址">
```

如果需要同时写下多个参数，可以在参数之间用"&"分隔。

3.2.5 图像标签

图像标签为<img>，其格式如下：

```
<img src="图片地址" width="图片宽度" height="图片高度">
```

- src 属性：指定存放图片的具体路径。
- width 属性：指定图像的宽度。
- height 属性：指定图像的高度。
- lowsrc 属性：指定图像的低解析度源，如果图像很大，浏览器下载会很慢，可以指定一个低分辨率的图像副本，浏览器会先下载副本，在浏览器中先显示出来，再下载大的图像。
- alt 属性：图像的注释，也就是替代文字。
- border 属性：指定图像的边框。
- vspace 属性：指定图像的垂直边距，图像与页面或文本之间的垂直边距。
- hspace 属性：指定图像的水平边距。
- align 属性：指定图像的对齐属性，值 baseline 为基线对齐，值 top 为顶端对齐，值 middle 为居中对齐，值 bottom 为底端对齐，值 texttop 为文本上方对齐，值 absmiddle 为绝对居中对齐，值 absbottom 为绝对低部对齐，值 left 为左对齐，值 right 为右对齐。

3.2.6 表格标签和表单标签

- <table>…</table>：定义表格区段。
- <caption>…</caption>：表格标题。
- <th>…</th>：表头。
- <tr>…</tr>：表格行。
- <td>…</td>：表格单元格。

标签的应用实例如图 3-7 所示。

```
<table width="100%" border="0" cellspacing="0" cellpadding="0">
  <tr>
    <td width="445" background="images/314.gif"> </td>
    <td width="26"><img src="images/315.gif" width="26" height="54"></td>
    <td width="400"><img src="images/318.gif" width="400" height="54"></td>
    <td width="25"><img src="images/316.gif" width="25" height="54"></td>
    <td background="images/317.gif"> </td>
  </tr>
</table>
```

图 3-7　表格标签

- <form>…</form>：表明表单区段的开始与结束。
- <input>：产生单行文本框、单选按钮、复选框等。

- <textarea>…</textarea >：产生多行输入文本框。
- <select>…</select >：标明下拉列表的开始与结束。
- <option>…</option >：在下拉列表中产生一个选择项目。

标签的应用实例如图 3-8 所示。

```
<table width="150" border="0" cellspacing="0" cellpadding="0">
  <form id="form1" name="form1" method="post" action="">
  <tr>
    <td height="58"> </td>
  </tr>
  <tr>
    <td height="25" align="center"><input name="textfield" type="text" class="input01" id="textfield" size="20" /></td>
  </tr>
  <tr>
    <td height="25" align="center"><input name="textfield2" type="password" class="input01" id="textfield2" /></td>
  </tr>
  <tr>
    <td height="25" align="left"><input name="checkbox" type="checkbox" class="checkbox01" id="checkbox" /><span class="font03">
记住密码</span></td>
  </tr>
  <tr>
    <td height="40" align="center"><input type="image" src="images/index06.jpg" name="button" id="button" value="提交" /></td>
  </tr>
  </form>
</table>
```

图 3-8　标签的应用实例

3.2.7　分区标签

一间大房子可以划分多室多厅，用分区标签也可以在网页中实现这种划分效果。分区标签主要有两个，它们的作用和区别如下。

- <div>标签：区域标签（又称容器标签），用来作为多种 HTML 标签的组合容器，对该区域块进行操作和设置，就可以完成对区域块中元素的操作和设置。Div 能让网页代码具有很高的可扩展性。
- <span>标签：文字、图片等简短内容的容器，其意义和优点类似于 Div，和 Div 的区别是 span 是文本级元素，默认不会占整行，可以在一行显示多个 span。span 常在段落、列表条目等项目中使用。该标签不能嵌套在其他的封闭级元素中。

分区标签的应用实例代码如图 3-9 所示。

```
<div id="bottom">
  <p class="font02">首页<span class="span01">|</span>园区管理<span class="span01">|</span>动物家园<span class="span01">|</span>新闻科普<span class="span01">|</span>主题活动<span class="span01">|</span>旅游信息<span class="span01">|</span>留言板</p>
  <p>地址：北京市西城区塞尔胡同路100号 TEL：010-54002655 010-54003699 Email：www.wildzood@163.com</p>
</div>
```

图 3-9　分区标签

3.3　HTML 介绍

对于网页编写者来说，HTML 语言比较方便，但对于机器来说，HTML 语言的要求是比较松散的。语法越松散，处理起来就越困难。对于传统的计算机来说，还有能力兼容松散语法，但对于许多其他设备来说，比如手机，难度就比较大，因此产生了由 DTD 定义的语法要求更加严格的 XHTML。

3.3.1　什么是 XHTML

XHTML 是当前 HTML 版本的发展和延伸。大部分常见的浏览器都可以正确地解析 XHTML，即使版本比较低的浏览器也可以。XHTML 作为 HTML 的一个子集，许多 HTML 语法也是可以解析的。也就是说，几乎所有的网页浏览器在正确解析 HTML 的同时都可以兼容 XHTML。当然，从 HTML 完全转移到 XHTML 还需要一个过程。

3.3.2　升级到 XHTML 的好处

XHTML 是一种面向结构的语言，其设计目的不像 HTML 那样仅仅是为了网页的设计和表现，XHTML 主要用于对网页内容进行结构设计。严谨的语法结构有利于浏览器对齐进行解析处理。

XHTML 另一方面也是 XML 的过渡语言。XML 是完全面向结构的设计语言，XHTML 能够帮助快速适应结构化的设计，以便于平滑过渡到 XML，并能与 XML 和其他程序语言之间进行良好的交互，帮助扩展其功能。

使用 XHTML 的另一个优势是它非常严密。当前网络上的 HTML 使用极其混乱，不完整的代码、私有标签的定义、反复杂乱的表格嵌套等，使得页面的体积越来越庞大，而浏览器为了兼容这些 HTML，也跟着变得非常庞大。

XHTML 能与其他基于 XML 的标记语言、应用程序及协议进行良好的交互工作。

在网站设计方面，XHTML 可以帮助制作者去掉表现层代码的恶习，帮助制作者养成标记校验测试页面工作的习惯。

3.3.3　XHTML 的页面结构

首先看一个最简单的 XHTML 页面实例，其代码如下：

```
<!DOCTYPE html PUBLIC "-//W3C//DTD XHTML 1.0 Transitional//EN"
"http://www.w3.org/TR/xhtml1/DTD/xhtml1-transitional.dtd">
<html xmlns="http://www.w3.org/1999/xhtml">
<head>
<meta http-equiv="Content-Type" content="text/html; charset=utf-8" />
<title>无标题文档</title>
</head>
<body>
文档内容部分
</body>
</html>
```

这段代码中包含了一个 XHTML 页面必须具有的页面结构，其具体结构如下。

1．文档类型声明部分

文档类型声明部分由<!DOCTYPE>元素定义，其对应的页面代码如下：

```
<!DOCTYPE html PUBLIC "-//W3C//DTD XHTML 1.0 Transitional//EN"
"http://www.w3.org/TR/xhtml1/DTD/xhtml1-transitional.dtd">
```

关于文档声明的具体含义，将在 3.3.5 节进行详细的介绍。

2．<html>元素和名字空间

<html>元素是 XHTML 文档中必须使用的元素，所有的文档内容（包括文档头部内容和文档主体内容）都要包含在<html>元素之中。<html>元素的语法结构如下：

```
<html>文档内容部分</html>
```

起始标签<html>和结束标签</html>一起构成一个完整的<html>元素，其包含的内容要写在起始标签和结束标签之间。

名字空间是<html>元素的一个属性，写在<html>元素的起始标签里面，其在页面中的相应代码如下：

```
<html xmlns="http://www.w3.org/1999/xhtml">
```

名字空间属性用 xmlns 来表示，用来定义识别页面标签的网址。关于名字空间的详细内容，将在 3.3.4 节进行介绍。

3．网页头部内容

网页头部元素<head>也是 XHTML 文档中必须使用的元素，其作用是定义页面头部的信息，其中可以包含标题元素、<meta>元素等。<head>元素的语法结构如下：

```
<head>头部内容部分</head>
```

<head>元素所包含的内容不会显示在浏览器的窗口中，但是部分内容会显示在浏览器的特定位置，例如标题栏等。

4．页面标题元素

页面标题元素<title>用来定义页面的标题，其语法结构如下：

```
<title>页面标题</title>
```

在预览和发布页面时，页面标题中包含的文本会显示在浏览器的标题栏中。

5．页面主体元素

页面主体元素<body>用来定义页面所要显示的内容，页面的信息主要通过页面主体来传递。<body>元素中可以包含所有页面元素。<body>元素的语法结构如下：

```
<body>页面主体</body>
```

在制作页面的时候，经常要在<body>元素中定义相关属性，用来控制页面的显示效果。

定义了以上几个元素后，便构成了一个完整的 XHTML 页面。以上所有元素都是 XHTML 页面所必须具有的基本元素。

3.3.4　XHTML 代码规范

在使用 XHTML 语言进行网页制作时，必须要遵循一定的语法规范，具体内容可以分为以下几点。

（1）在 XHTML 文档中，对于标签的属性也是同样的要求，必须小写。例如，以下是正确的写法：

```
<body>
<table width="100%" border="0" cellspacing="0" cellpadding="0">
    <tr>
    <td>文档内容</td>
    </tr>
    </table>
</body>
```

以下是错误的写法：

```
<BODY>
    <TABLE WIDTH="100%" BORDER="0" CELLSPACING="0" CELLPADDING="0">
    <TR>
    <TD>文档内容</TD>
```

```
    </TR>
    </TABLE>
</BODY>
```

（2）属性值必须用英文的双引号括起来。

在 XHTML 文档中，属性的值需要用英文双引号 " " " " 括起来。例如，下面是正确的写法：

```
<body>
    <table width="100%" border="0" cellspacing="0" cellpadding="0" >
    <tr>
    <td>文档内容</td>
    </tr>
    </table>
</body>
```

下面是错误的写法：

```
<body>
    <table width= 100% border= 0 cellspacing= 0 cellpadding= 0 >
    <tr>
    <td>文档内容</td>
    </tr>
    </table>
</body>
```

（3）所有标签都必须关闭，空标签也需要关闭。

在 XHTML 文档中，所有的标签都必须关闭，不允许出现没有关闭的标签存在于代码中。例如，下面是正确的写法：

```
<p>文档内容</p>
文档内容</br>
<img src="images/123.gif">
```

下面是错误的写法：

```
<p>文档内容
文档内容</br>
<img src="images/123.gif">
```

（4）正确嵌套所有元素。

在 XHTML 中，当元素进行嵌套时，必须按照打开元素的顺序进行关闭。正确嵌套元素的代码示例如下：

```
<ul>
  <li></li>
</ul>
```

错误的嵌套元素的代码示例如下：

```
<ul>
  <li></ul>
</li>
```

XHTML 中还有一些严格强制执行的嵌套限制，这些限制包括以下几点。

● <a>元素中不能包含其他的<a>元素。

● <pre>元素中不能包含<object>、<big>、<img>、<small>、<sub>或<sup>元素。

● <button>元素中不能包含<input>、<textarea>、<label>、<select>、<button>、<form>、<iframe>、<fieldset>或<isindex>元素。

● <label>元素中不能包含其他的<label>元素。

- <form>元素中不能包含其他的<form>元素。

（5）特殊字符要用编码表示。

在 XHTML 页面中，所有的特殊字符都要用编码表示，例如 "&" 必须要用 "&" 的形式。例如下面的 HTML 代码：

```
<img src="pic.jpg" src="abc & def">
```

在 XHTML 中必须要写成：

```
<img src="pic.jpg" src="abc &amp;def" />
```

（6）推荐使用级联样式表控制外观。

在 XHTML 中，推荐使用级联样式表控制外观，实现页面的结构和表现相分离。相应地，不推荐使用部分外观属性，例如 align 属性等。

（7）使用页面注释。

XHTML 中使用<!--和-->作为页面注释，其示例代码如下：

```
<!--这是一个注释 -->
```

在页面中相应的位置使用注释可以使文档结构更加清晰。

（8）推荐使用外部链接来调用脚本。

HTML 中使用<!--和-->在注释中插入脚本，但是在 XML 浏览器中会被简单地删除，导致脚本或样式的失效，推荐使用外部链接来调用脚本。调用脚本的代码如下：

```
<script language="JavaScript1.2" type="text/javascript" src="scripts/menu.js">
</script>
```

language 是指所使用的语言的版本，type 是指所使用脚本语言等的种类，src 是指脚本文件所在路径。

下面是一个规范的 XHTML 文档实例（W3C 官方网站页面的部分代码），其代码如下：

```
<?xml version="1.0"?>
<!DOCTYPE html PUBLIC "-//W3C//DTD XHTML 1.0 Strict//EN"
"http://www.w3.org/TR/xhtml1/DTD/xhtml1-strict.dtd">
<html xmlns="http://www.w3.org/1999/xhtml" xml:lang="en" lang="en">
  <head>
    <title>Feedback - W3C Markup Validator</title>
    <link rev="made" href="mailto:www-validator@w3.org" />
    <link rev="start" href="./" title="Home Page" />
    <style type="text/css" media="all">@import "./base.css";</style>
    <meta name="keywords" content="HTML, HyperText Markup Language, Validation, W3C
Markup Validation Service" />
    <meta name="description" content="W3C's easy-to-use HTML validation service,
based on an SGML parser." />
  </head>
<body>
    <div id="banner">
      <h1 id="title">
    <a href="http://www.w3.org/"><img height="48" alt="W3C" id="logo"
src="http://www.w3.org/Icons/WWW/w3c_home_nb" /></a>
        <a href="http://www.w3.org/QA/"><img src="http://www.w3.org/QA/2002/12/
```

```
qa-small.png" alt="QA" /></a>
        Markup Validation Service</h1>
      <span id="versioninfo"><abbr title="version">v</abbr>0.7.4</span>
    </div>
    <ul class="navbar" id="menu">
        <li><span class="hideme"><a href="#skip" accesskey="2" title="Skip past
navigation to main part of page">Skip Navigation</a> |</span>
        <a href="./" accesskey="1" title="Go to the Home Page for The W3C Markup
Validation Service"><strong>Home</strong></a></li>
        <li><a href="./about.html" title="Information About this
Service">About...</a></li>
        <li><a href="./whatsnew.html" title="The changes made to this service
recently">News</a></li>
        <li><a href="./docs/" accesskey="3" title="Documentation for this Service">
Docs</a></li>
        <li><a href="./docs/help.html" title="Help and answers to frequently asked
questions">Help &amp; <acronym title="Frequently Asked
Questions">FAQ</acronym></a></li>
        <li><a href="./feedback.html" accesskey="4" title="How to provide feedback on
this service">Feedback</a></li>
    </ul>
    <!-- end of "main" -->
  </body>
</html>
```

在以上的代码中，除了引用脚本这一条规范以外，其余所有的语法规范都有所体现。这段代码是制定 XHTML 标准的 W3C 官方站点上的代码，也代表 XHTML 标准的推荐使用方法。

（9）如果使用的文档定义类型是严格的（Strict），则 XHTML 文档的许多定义外观的属性都不允许使用。

例如，为图片添加链接的同时想要去掉边框，不可以再用"<img src= " .. " border= " 0 " >"，而必须用过 CSS 样式来实现。

3.3.5　选择文档类型

文档类型（DOCTYPE）的选择将决定页面中可以使用哪些元素和属性，同时将决定级联样式能否实现。下面详细讲解关于 DOCTYPE 的定义和选择问题。

DOCTYPE 是 Document Type 的简写，在页面中用来说明页面所使用的 XHTML 是什么版本。制作 XHTML 页面时，一个必不可少的关键组成部分就是 DOCTYPE 声明，只有确定了一个正确的 DOCTYPE，XHTML 里的标识和级联样式才能正常生效。

在 XHTML 1.0 中有 3 种 DTD（文档类型定义）声明可以选择：过渡的（Transitional）、严格的（Strict）、框架的（Frameset），下面分别进行介绍。

1．过渡的 DTD

这是一种要求不很严格的 DTD，允许用户使用一部分旧的 HTML 标签来编写 XHTML 文档，帮助用户慢慢适应 XHTML 的编写。过渡 DTD 的写法如下：

```
<!DOCTYPE html PUBLIC "-//W3C//DTD XHTML 1.0 Transitional//EN"
"http://www.w3.org/TR/xhtml1/DTD/xhtml1-transitional.dtd">
```

2．严格的 DTD

这是一种要求严格的 DTD，不允许使用任何表现层的标识和属性，例如
等。严格

DTD 的写法如下：

```
<!DOCTYPE html PUBLIC "-//W3C//DTD XHTML 1.0 Strict//EN"
"http://www.w3.org/TR/xhtml1/DTD/xhtml1-strict.dtd">
```

3. 框架的 DTD

这是一种专门针对框架页面所使用的 DTD。当页面中包含有框架元素时，就要采用这种 DTD。框架 DTD 的写法如下：

```
<!DOCTYPE html PUBLIC "-//W3C//DTD XHTML 1.0 Frameset//EN"
"http://www.w3.org/TR/xhtml1/DTD/xhtml1-frameset.dtd">
```

使用严格的 DTD 来制作页面当然是最理想的方式，但对于没有深入了解 Web 标准的网页设计者来说，比较合适的是使用过渡的 DTD，因为这种 DTD 还允许使用表现层的标识、元素和属性。

 DOCTYPE 的声明一定要放置在 XHTML 文档的头部。

在 2001 年 5 月，W3C 发布了 XHTML 1.1 版。该规范和 1.0 版中的严格类型基本相似，其 DTD 的写法如下：

```
<!DOCTYPE html PUBLIC "-//W3C//DTD XHTML 1.1//EN"
"http://www.w3.org/TR/xhtml11/DTD/xhtml11.dtd">
```

3.3.6 XHTML 和 HTML 的比较

HTML 与 XHTML 之间的差别，可以粗略分为两大类比较：一个是书写习惯的差别，另外是功能上的差别。关于功能上的差别，主要是 XHTML 可兼容各大主流浏览器，并且浏览器也能快速正确地编译网页。

（1）HTML 文档中的某些属性可以简写，但是在 XHTML 文档中是不允许属性简写的。HTML 文档中属性的简写和在 XHTML 文档中属性规范的书写如下所示。

HTML 文档中属性的简写：

```
checked
disabled
selected
noresize
```

XHTML 文档中规范的书写：

```
checked="checked"
disabled="disabled"
selected="selected"
noresize="noresize"
```

（2）用 id 属性代替 name 属性。

HTML 4.01 中为 a、applet、frame、iframe、img 和 map 定义了一个 name 属性，在 XHTML 里除了表单（form）外，name 属性不能使用，应该用 id 来替换，如：

```
<img src="img/picture.jpg"name="picture"/ >        错误
<img src="img/picture.jpg"id="picture"/ >          正确
```

为了使旧浏览器也能正常地执行该内容，可以在标签中同时使用 id 和 name 属性，如：

```
<img src="img/picture.jpg" id="picture"name="picture"/>
```

（3）land 属性可以应用于几乎所有的 XHTML 元素，它指定了元素中内容的语言属性。如果在一元素中应用 land 属性，必须加上 xml:lang 属性，如：

```
<div land="no"xml:lang="no">Heia Norge!</div>
```

3.3.7　名字空间

名字空间（Namespace）就是通过一个网址指向来识别页面上的标签。在 XHTML 中使用的是 "xmlns"（XHTML Namespace 的缩写）。用来识别 XHTML 页面上的标签的网址指向是 http://www.w3.org/1999/xhtml。关于名字空间定义的完整写法如下：

```
<html xmlns="http://www.w3.org/1999/xhtml">
```

当使用可视化的网页开发工具新建文档时，选择适当格式的文档类型，DOCTYPE 的声明和名字空间的声明都会自动生成。到目前为止，XHTML 的 4 种文档类型的名字空间都是 "http://www.w3.org/1999/xhtml"。

w3.org 的校验不会由于这个属性没有出现在要校验的 XHMTL 文档中而报告错误，这是因为 "xmlns=http://www.w3.org/1999/xhtml" 是一个固定的值，即使文档里没有包含它，它也会自动加上。

3.4　课堂讨论

前面我们已经学习了 HTML 和 XHTML 的相关知识，并且了解了 HTML 与 XHTML 的区别，接下来尝试回答下面的问题。

3.4.1　问题 1——在<body>标签中有没有什么属性可以设置网页的字体和大小

在<body>标签中不能直接定义网页字体、大小等其他文字属性，只有 text 属性用于定义网页文字颜色，如果需要定义其他的字体属性，可以在<body>标签中加入 style 属性的设置。

3.4.2　问题 2——网页中默认的超链接文字显示效果是什么样的

在默认情况下，浏览器以蓝色作为超链接文字的颜色，访问过的文字变为暗红色，并且超链接文字的下方会有下画线。

3.5　课后练习——使用 HTML5.0 制作网页

在 Dreamweaver CC 中新建的 HTML 页面默认的文档类型为 HTML 5，如果需要新建其他规范的 HTML 页面，例如 XHTML 1.0 Transitional 的页面，需要在"新建文档"对话框中的"文档类型"下拉列表中进行选择。

源文件地址：光盘\素材\第3章\3-5.html	
视频地址：光盘\视频\第3章 3-5.swf	

（1）打开 Dreamweaver CC 软件，选择"文件→新建"命令。

（2）单击"创建"按钮，完成 HTML 文档的创建。

（3）在<title>标签内输入标题。

（4）在<body>标签内输入内容。

（5）将文件进行保存。

（6）在浏览器中预览页面效果。

第3章 HTML 和 XHTML 基础

第4章
CSS 样式基础

本章简介:

本章主要讲述了 CSS 样式的应用方法。现如今，网页的排版格式越来越复杂，很多效果需要通过 CSS 来实现，现代网页制作离不开 CSS 技术。采用 CSS 技术可以有效地对页面的布局、字体、颜色、背景和其他效果实现更加精确的控制。只要对相应的代码做一些简单的编辑，就可以改变同一页面中的不同部分或页数不同页面的外观和格式。用 CSS 不仅可以做出美观工整、令浏览者赏心悦目的网页，还能给网页添加许多神奇的效果。

学习重点:

- CSS 概述
- CSS 样式表的基本用法
- CSS 样式表分类
- CSS 文档结构
- CSS 的单位和值

4.1 CSS 概述

CSS 是一种对 Web 文档添加样式的简单机制，是一种表现 HTML 和 XML 等文件样式的计算机语言，是一种叫作表样式的技术。对于设计者来说，它是一个非常灵活的工具，不必再把繁杂的样式定义编写在文档结构中，可以将有关文档的样式指定的内容全部脱离出来，在标题中定义、在行内定义，甚至作为外部样式表文件供 HTML 页面调用。

CSS 样式的规则如下：

选择符{属性:值;}

单一选择符的复合样式声明应该用分号隔开；

选择符{属性 1:值 1;属性 2:值 2;}

CSS 可以对网页中的对象的位置进行精确控制，并支持几乎所有的字体字号样式，以及拥有对网页对象盒模型的能力，并能够进行初步页面交互设计，是目前基于文本展示的最优秀的表现设计语言。

CSS 的开发是为了帮助简化和整理在使用 HTML 标签制作页面过程中出现的那些烦琐的方式以及杂乱无章的代码。当然，其功能绝非如此简单，CSS 是通过对页面结构风格的控制思想来控制整个页面的风格的。

4.1.1 CSS 的特点

使用 CSS 定义样式的好处是：利用它不仅可以控制传统的格式属性，如字体、尺寸、对齐等，还可以设置诸如位置、特殊效果、鼠标滑过之类的 HTML 属性。如图 4-1 所示为没有使用样式表美化的页面，如图 4-2 所示为使用 CSS 样式表美化后的页面。

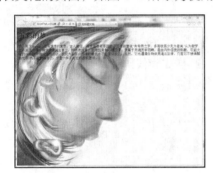
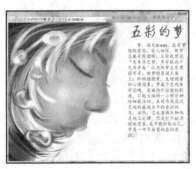

图 4-1　CSS 样式表美化前的页面　　　图 4-2　CSS 样式表美化后的页面

可以通过修改样式，自动快速更新所有采用该样式的文字格式。HTML 样式可以看作是一组用于控制单个文档中某范围内文本外观的格式化属性。而 CSS 样式不仅可以控制单个文档中的文本格式，还可以控制多个文档的格式。与 HTML 样式相比，使用 CSS 样式可以更好地链接外部的多个文档，当 CSS 样式被更新时，所有使用该 CSS 样式的文档也会自动随之更新。

当用户需要管理一个非常大的网站时，使用 CSS 样式定义站点便可以体现出非常明显的优越性。使用 CSS 可以快速格式化整个站点，并且 CSS 样式可以控制多种不能使用 HTML 控制的属性。

CSS 样式表的特点一般可以归纳为以下几点。
- 更加灵活地控制网页中文字的颜色、大小、字体、风格、间距及位置。
- 灵活地设置一段文本的缩进、行高，并可以为其加入三维效果的边框。
- 方便地为网页中的任何元素设置不同的背景图像和背景颜色。
- 精确地控制网页中各元素的位置。
- 为网页中的元素设置各种过滤器，从而产生如模糊、阴影、透明等效果。
- 与脚本语言相结合，从而产生各种动态效果。
- 由于是直接的 HTML 格式的代码，因此可以提高页面打开的速度。

4.1.2　CSS 的类型

CSS 样式表的作用范围由 Class 或其他任何符合 CSS 规范的文本设置，其位于文档的 \<head\>…\</head\>标签内。对于其他现有的文档，只要其中的 CSS 样式符合规范，Dreamweaver 就可以识别。

在 Dreamweaver 中，可以使用如下 3 种类型的 CSS 样式。

1．类样式

该样式与某些字处理程序中使用的样式类似，只是未区分字符样式和段落样式。用户可以将自定义的 CSS 样式应用于一个完整的文本块或一个局部的文本范围。如果 CSS 样式被应用于一个文本块（如整个段落或项目列表），Dreamweaver 会在文本块标记中添加 Class 属性。如果 CSS 样式被应用于一个文本的局部范围，则在文本块中将插入一个包含 Class 属性的 span 标签。

例如，如下的代码为一个自定义的 CSS 样式表代码：

```
.font01 {
    font-family: "宋体";              <--! 设置字体 -->
    font-size: 15px;                 <--! 设置字体大小 -->
    color: #fffff0;                  <--! 定义字体颜色 -->
    text-decoration: none;           <--! 清除文本修饰 -->
}
```

如下的代码为在\<td\>标签中应用自定义的 CSS 样式表代码：

```
<td class="font01">
```

2．标签样式

该 CSS 样式表实际上是对现有 HTML 标记的一种重新定义。当用户创建或改变一个 CSS 样式表时，所有包含在该标签中的内容将遵循定义的 CSS 样式显示。

例如，如下的代码为定义的 HTML 样式表代码：

```
body {
    background-color: #ffff00;               <--! 设置背景颜色 -->
    background-image: url(images/055.jpg);      <--! 设置背景图片 -->
    background-repeat: no-repeat;                <--! 设置背景不重复 -->
    margin:10px;                             <--! 设置边界 -->
}
```

3．ID 样式

可以使用该样式重新定义一些特定的标记组合或包含了特定 ID 属性的标记。

例如，如下的代码为 CSS 选择器样式代码：

```
#right{
    width:300px;
    height:540;
    color: rgba(0,0,0,1.00);
    font-family: "楷体";
    font-size: 24px;
    text-indent: 48px;
    float: right;
}
```

如下的代码为在\<td\>标签中应用自定义的 CSS 样式表代码：

```
<div id="right">…</div>
```

4.1.3　CSS 的基本语法

CSS 语言由选择符和属性构成，其基本语法如下：

CSS 选择符{属性 1:属性值 1;属性 2:属性值 2;属性 3:属性值 3;…}

现在首先讨论在 HTML 页面内直接引用样式表的方法。这个方法必须把样式表信息包括在<style>和</style>标签中。为了使样式表在整个页面中产生作用，应把该组标签及内容放到<head>和</head>标签中去。例如，需要设置 HTML 页面中所有 H1 标题字显示为黑色，其代码如下：

```html
<html>
<head>
<meta http-equiv="Content-Type" content="text/html; charset=utf-8" />
<title>CSS 基本语法</title>
<style type="text/css">
<!--
H1 {color: #28A445;}
-->
</style>
</head>
<body>
<h1>这里是页面的正文内容</h1>
</body>
</html>
```

在使用 CSS 样式表过程中，经常会有几个选择符用到同一个属性，例如规定页面中凡是粗体字、斜体字和 1 号标题字都显示为绿色。按照上面介绍的写法应该将 CSS 样式表写为：

```css
B {color: green;}
I {color: green;}
H1 {color: green;}
```

这样的书写会让代码变得复杂化、烦琐化，因此在 CSS 样式表中引进了分组的概念，可以将相同属性的样式表写在一起，CSS 样式表的代码就会简洁很多，代码如下：

```css
B,I,H1 {color: green;}
```

用逗号分隔各个样式表选择符，将 3 行代码合并写在一起。

4.2　CSS 样式表的基本用法

要想在 XHTML 中应用 CSS 样式，首先要考虑的是选择合适的选择符。选择符是 CSS 控制 XHTML 文档中对象的一种方式，用来告诉浏览器这段样式将应用到哪个对象。

4.2.1　如何在 HTML 内插入样式表

在 HTML 内可插入的样式表有如下 3 种。

● 内联样式：直接写在 HTML 标签中。

● 内部样式表：用<style>…</style>嵌入到 HTML 文件的头部。

● 外部式样式表：以.css 为扩展名，在<head>内使用<link>将样式表链接到 HTML 文件内。

在 CSS 样式表中，最接近目标的样式定义优先权越高，高优先权样式将继承低优先权样式的未重叠定义，但会覆盖重叠的定义。

4.2.2 CSS 样式表规则

CSS 规则就是所有样式表的基础，每一条规则都是一条单独的语句，它确定应该如何设计样式，以及应该如何应用这些样式。因此，样式表由规则列表组成，浏览器用它来确定页面的显示效果，甚至是声音效果。

CSS 由两部分组成：选择符和声明，其中，声明由属性和属性值组成，所以简单的 CSS 规则如图 4-3 所示。

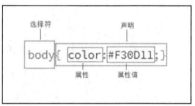

图 4-3 简单的 CSS 规则

1. 选择符

选择符部分指定对文档中的哪个标签进行定义，选择符最简单的类型是"类型选择符"。用户可以直接输入元素的名称，便可以对其进行定义，例如定义 XHTML 中的<p>标签，只要给出< >尖括号内的元素名称，用户就可以编写类型选择符了，如下：

p {属性：值；}

规则会选择所有<p>标签的样式。

2. 声明

声明包含在{}大括号内。在大括号中，首先给出属性名，接着是冒号，然后是属性值，结尾时分号是可选项，推荐使用分号结尾，整条规则以结尾大括号结束。

（1）属性。属性由官方 CSS 规范定义。用户可以定义特有的样式效果，与 CSS 兼容的浏览器可能会支持这些效果，尽管有些浏览器识别不是正式语言规范部分的非标准属性，但是大多数浏览器很可能会忽略一些非 CSS 规范部分的属性。最好不要依赖这些专有的扩展属性，不识别它们的浏览器只是简单地忽略它们。

（2）值。声明的值放置在属性名和冒号之后，它确切定义应该如何设置属性。每个属性值的范围也在 CSS 规范中定义。例如，名为 color（颜色）的属性可以采用由颜色名或代码组成的值，代码如下所示：

```
p {
color: red;
}
```

该规则声明所有段落标签的内容应该将 color 属性设置为值 red（红色），因此所有<p>文本将变成红色。

4.3 CSS 样式表分类

CSS 样式表可以分成 3 种：内联样式（Inline Style）、内部样式表（Internal Style Sheet）和外部样式表（External Style Sheet）。接下来我们将对 3 种样式进行学习。

4.3.1 内联样式

写在 XHTML 标签中的 CSS 样式表被称为内联样式，其格式如下：

```
<p style="font-family:宋体; font-size:24px color:#778899;">内联样式<./p>
```

内联样式由 XHTML 文件中的元素的 style 属性所支持，只需要将 CSS 代码用 ";" 分号隔开输入到 "style=""" 中，便可以完成对当前标签的样式定义，是 CSS 样式定义的一种基本形式。

内联样式仅仅是 XHTML 标签对于 style 属性的支持所产生的一种 CSS 样式表编写方式，并不符合表现与内容分离的设计模式。使用内联样式与表格式布局从代码结构上来说完全相同，仅仅利用了 CSS 对元素的精确控制优势，并没能很好地实现表现与内容的分离，所以这种书写方式应当尽量少用。

4.3.2　内部样式表

将 CSS 样式表统一放置在页面的一个固定位置的 CSS 样式写法被称为内部样式表，代码如下：

```
<html>
<head>
<title>内部样式表</title>
<style type="text/css">
*{
    font-family: "宋体";
    font-size: 12px;
    color: #333333;
}
</style>
```

```
padding: 0px;
margin: 0px;
border: 0px;
}
body{
</head>
<body>
内部样式表
</body>
</html>
```

样式表由<style>…</style>标签标记在<head>…</head>之间，作为一个单独的部分。

内部样式表是 CSS 样式表的初级应用形式，它只针对当前页面有效，不能跨页面执行，因此达不到 CSS 代码重复使用的目的，在实际的大型网站开发中很少会用到内部样式表。

4.3.3　外部样式表

外部样式表是 CSS 样式表中较为理想的一种形式。将 CSS 样式表代码单独编写在一个独立文件之中，由网页进行调用，多个网页可以调用同一个外部样式表文件，因此能够实用代码的最大化重复使用及网站文件的最优化配置。

```
<html>
<head>
<title>外部样式表</title>
<linkhref="css/style.css"rel="stylesheet"
type="text/css">
```

```
</head>
<body>
外部样式表
</body>
</html>
```

在上面的 XHTML 代码中，在<head>标签中使用<link>标签，可以将 link 指定为 stylesheet 样式表方式，并使用 href="css/style.css" 指明外部样式表文件的路径。我们只需将样式单独编写在 style.css 文件中。

CSS 样式表在页面中的应用主要目的在于实现良好的网站文件管理及样式管理，分离式的结构有助于合理分配表现与内容。

4.4 CSS 文档结构

CSS 通过与 XHTML 的文档结构相对应的选择器（selector）来达到控制页面表现的目的，而文档结构不仅仅在 CSS 的应用上非常重要，对于行为层也同样非常重要。

4.4.1 结构

下面是一个简单的 HTML 文件的组织结构。

```
<html>
<head>
<meta http-equiv="Content-Type" content="text/html; charset=utf-8" />
<title>父子关系</title>
</head>
<body>
<h1>中国最大的城市<em>上海</em></h1>
<p>欢迎到中国最大的城市<em>上海</em>,这里是<strong>文化、<a
href="http://www.5ifz.cn"><em>政治</em></a>、交流</strong>的中心。</p>
    <ul>
    <li>在这里，你可以：</li>
    <ul>
    <li>感受大自然的活力</li>
    <li>体验生活的乐趣</li>
    <li>领略上海的繁华</li>
    </ul>
</ul>
</body>
</html>
```

所有的 CSS 语句都是基于各个标记之间的"父子关系"的。这里重点考虑各个标记之间层层嵌套的关系，处于最外端的<html>标记称为"根（root）"，是所有标记的源头，往下层层包含。在每个层中，称上层标记为其下层标记的"父"标记，相应地，下层标记称为上层标记的"子"标记。例如<h1>标记是<boby>标记的子标记，同时它也是<em>标记的父标记。这种层层嵌套的关系也正是 CSS 名称的含义。

4.4.2 继承

在 CSS 语言中，继承并不那么复杂，简单地说就是将各个 HTML 标记看作一个个大容器，其中被包含的小容器会继承所包含它的大容器的风格样式。子标记还可以在父标记样式风格的基础上再加以修改，产生新的样式，而子标记的样式风格完全不会影响父标记。

给<h1>标记加上下画线和颜色，CSS 代码如下：

```
<style type="text/css">
<!--
h1 {
    color:red;                               /*颜色*/
    text-decoration: underline;              /*下画线*/
}
-->
</style>
```

显示效果如图 4-4 所示。

可以看到其子标记<em>也显示出下画线及红色。

这时如果再给<em>标记加入 CSS 选择器，并进行风格样式的调整，代码如下所示，利用 CSS 代码改变了<em>标记的字体和颜色。

```
<style type="text/css">
<!--
h1 {
    color:red;                            /*颜色*/
    text-decoration: underline;           /*下画线*/
}
h1 em {                                   /*嵌套选择器*/
    color:#004400;                        /*颜色*/
    font-size:40px;                       /*字体大小*/
    }
-->
</style>
```

显示效果如图 4-5 所示。

图 4-4　页面效果

图 4-5　页面效果

<em>的父标记<h1>没有受到影响，<em>标记一样继承了<h1>标记中设置的下画线，而颜色和字体大小则采用了自己设置的样式风格。

CSS 的继承可以利用这种巧妙的继承关系大大缩减代码的编写量，并提高可读性。

提示　恰当地使用继承可以减少代码中选择器的数量和复杂性，但是，如果大量元素继承各种样式，那么判断样式的来源就会变得困难。

4.4.3　特殊性

特殊性（Specificity）规定了不同规则的权重，当多个规则都可应用在同一元素时，权重高的样式会被优先采用，例如：

```
.font01 {
color: red;
}
p {
color: #blue
}
<p class="font01">内容</p>
```

那么，p 的文字究竟应该是什么颜色？根据规范，一个简单的选择符（例如 p）具有特殊性 1，而类选择符具有特殊性 10，id 选择符具有特殊性 100，因此，此例 p 中的颜色应该为红色。而继承的属性具有特殊性 0，因此，后面任何的定义都会覆盖掉元素继承来的样式。

特殊性还可以叠加，代码如下：

```
h1 {
    color: blue;          /*特殊性=1*/
    }
```

```
p em {
    color: yellow;          /*特殊性=2*/
}
.font01 {
    color: red;             /*特殊性=10*/
}
p.note em.dark {
    color: gray;            /*特殊性=22*/
}
#main {
    color: black;           /*特殊性=100*/
}
```

当多个规则都可应用在同一元素时，权重高的样式会被优先采用。

4.4.4 层叠

层叠就是指在同一个 Web 文档中可以有多个样式的存在，当拥有相同特殊性的规则应用在同一个元素时，根据前后顺序，后定义的规则会被应用，它是 W3C 组织批准的一个辅助 HTML 设计的新特性。它能够保持整个 HTML 的统一外观，可以由设计者在设置文本之前就指定整个文本的属性，比如颜色、字体大小等。层叠样式表绘设计和制作网页带来了很大的灵活性。

 由此可以推出，一般情况下的优先级顺序为内联样式（写在标签内的）>内部样式表（写在文档头部的）>外部样式表（写在外部样式表文件中的）。

4.4.5 重要性

不同的规则具有不同的权重。对同一选择符而言，后定义的规则会替代先定义的规则，但有时候，制作者需要某个规则拥有最高的权重，此时就需要标出此规则为"重要规则"（important rule），如下所示：

```
.font01 {
color: red;
}
p {
color: blue !important
}
<p class="font01">内容</p>
```

此时，p 标签样式中的 color: blue 将具有最高权重，p 的文字颜色就为 blue。

当制作者不指定样式表的时候，浏览器也可以按照一定的样式显示出 HTML 文档，这是浏览器使用自身内定的样式来显示文档。同时，访问者还有可能设定自己的样式表，比如视力不好的访问者会希望页面内的文字显示得大一些，因此设定一个属于自己的样式表保存在本机内。此时，浏览器的样式表权重最低，制作者的样式表会取代浏览器的样式表来渲染页面，而访问者的样式表又会优先于制作者的样式表定义。

用"!important"声明的规则将高于访问者本地样式的定义，因此需要谨慎使用。

4.5 单位和值

在 CSS 选择符中提到过，每一个 CSS 属性的值均有两种指定形式：一种是指定值的范围，如 float 属性，只可能应用 left、right、none 三种值；另一种为数值，如 width 能够使用 0~9999px 或其他数学单位来指定。除了 px（像素）单位之外，CSS 提供了许多其他类型的数学单位帮助进行值的定义，如表 4-1 所示。

表 4-1　　　　　　　　　　　　CSS 中的单位和值

单位	描述	示例
px	像素（Pixel）	width:22px;
em	相对于当前对象内文本的字体尺寸	font-size:2.2em;
ex	相对于字符高度的相对尺寸	font-size:3.2ex;（相对于当前字符的 3.2 倍高度）
pt	点/磅（point）	font-size:9pt;
pc	派卡（Pica）	font-size:1.5pc;
in	英寸（Inch）	height:22in;
mm	毫米（Millimeter）	font-size:4mm;
cm	厘米（Centimeter）	font-size:0.2cm;
rgb	颜色单位	color:rgb(255,255,255); color:rgb(12%,100%,50%);
#000000	十六进制颜色单位	color:#000FFF
Color Name	浏览器所支持的颜色名称	color:blue;

数值单位中，80% 的单位在网页设计中经常会使用到。对于设计者而言，为了便于统一与修改，建议在某一类型的单位上使用同一种数学单位，如字体大小，在某一个网站中，根据国家标准及设计者的习惯，统一使用 px 或是 pt；颜色也一样，在颜色设计中，建议使用十六进制颜色代码，以保证各浏览器均能统一解析。

4.5.1　颜色值

要使用 RGB 表示法定义颜色，需要知道颜色中包含了多少红色、绿色和蓝色。

颜料（和墨水以及看到的大多数其他物理对象）具有颜色，是因为它们选择性的反射光，实际上发射光（和监视器一样）的某些东西通过将多个具有颜色的光加在一起创造颜色，这有点让人迷惑，但是使用 RGB 值之后你就会慢慢习惯。

更让人迷惑的是 RGB 颜色编写方法。所有 RGB 颜色都是基于 0~255 的标度进行度量的，它们通常使用十六进制计数，即使用以 16 为基数的数字系统，其中的数字有 0、1、2、3、4、5、6、7、8、9、A、B、C、D、E 和 F，数字 32 写作 20（两个 16 和零个 1），数字 111 是 6F（6 个 16 和 15 个 1）。

CSS 提供 4 种方法表示 RGB 值，第一种方法是使用简单的十六进制表示，表示为 6 位数字：

```
body {
color: #CC66FF;
}
```

这表示前景颜色应该具有红色值 CC（255 当中的 204，或者 80%）；绿色值 66，它是 102（40%）；蓝色值 FF，或者 255（100%）。这是一种较浅的淡紫色，离白色（#FFFFFF）越近，颜色越淡。当混合大量蓝色和红色时，将得到紫色效果。

第二种方法是用短十六进制表示法编写，这是 3 位十六进制数字，要将 3 位 RGB 代码转换为 6 位代码，只需重复每个字母，因此同样的规则可以编写如下所示：

```
body {
color: #C6F;
}
```

另外两种方法分别是三元 RGB 数字法，范围为 0~255，由逗号分开；另一种方法是百分比法。例如，淡紫色的写法如下：

```
body {
color: rgb(204,102,255);
}
body {
color: rgb(80%,40%,100%);
}
```

当在 CSS 中设置任何颜色时（不只是 color 属性），可以使用这些颜色值。例如，可以用任何一种类型值设置 background-color 或者 border。

> 要使用颜色有效地设计，需要颜色图，否则要频繁试验 **RGB** 值。颜色图可以是放置在计算机旁边的颜色图打印件，也可以是参考电子文件，或者两者都配备。

4.5.2 字体属性

CSS 所支持的字体样式主要包含字体、字号、颜色等基本属性以及其他字体的微调控制方式。在了解这些属性之前，先来看一下 CSS 所支持的字体属性，如表 4-2 所示。

表 4-2　　　　　　　　　　　　　　CSS 所支持的字体属性

属性	描述	可用值
color	用于设置文字的颜色	color
font-family	用于设置文字名称，多个名称使用逗号分隔，浏览器按照先后顺序依次使用可用字体	font-name
font-size	用于设置文字的尺寸	xx-small
		x-small
		small
		medium
		large
		x-large
		xx-large
		smaller
		larger
		length
		%

属性	描述	可用值
font-size-adjust	用于强制对象使用同一个尺寸	none number
font-style	用于设置文字样式	norma italic oblique
font-weight	用于设置文字的加粗样式	normal bold bolder lighter 100 200 300 400 500 600 700 800 900
font-variant	用于设置英文文本为小型的大写字母字体	normal small-caps
text-transform	用于设置英文文本的大小写方式	none capitalize uppercase lowercase
text-decoration	用于设置文本的下画线	none underline line-through overline

由于某些原因，CSS 对字体的属性中，并不是所有属性都对中文文字产生作用的，但绝大部分属性都可以应用到中文文字之上。

4.5.3 群选择符

对于单个 XHTML 对象进行样式指定，同样可以对一组对象进行相同的样式指派。

```
h2,h3,h4,p,span {
font-size: 42px;
font-family: "宋体";
}
```

使用逗号对选择符进行分隔，使得页面中所有的 h2、h3、h4、p 及 span 都将具有相同的样式定义，这样做的好处是对于页面中需要使用相同样式的地方只需要书写一次样式表即可实现，减少了代码量，从而改善了 CSS 代码的结构。

4.5.4 派生选择符

例如，如下的 CSS 样式代码：

```
h1 span {
font-weight: bold;
}
```

当仅仅对某一个对象中的"子"对象进行样式指定时，派生选择符就派上了用场。派生选择符指选择符组合中前一个对象包含后一个对象，对象之间使用空格作为分隔符，如本例所示，对 h1 下的 span 进行样式指派，最后应用到 XHTML 是如下格式：

```
<h1>这是一段文本<span>这是 span 内的文本</span></h1>
<h1>单独的 h1</h1>
<span>单独的 span</span>
<h2>被 h2 标签套用的文本<span>这是 h2 下的 span</span></h2>
```

h1 标签之下的 span 标签将被应用 font-weight: bold 的样式设置。注意，此样式仅仅对有此结构的标签有效，对于单独存在的 h1 或是单独存在的 span 及其他非 h1 标签下属的 span 均不会应用此样式。

这样做能避免过多的 id 及 class 的设置，而是直接对所需要设置的元素进行设置。

派生选择符除了可以二者包含外，也可以多级包含，如以下选择符样式同样能够使用。

```
body h1 span strong {
font-weight: bold;
}
```

4.5.5 id 选择符

id 选择符是根据 DOM 文档对象模型原理所出现的选择符类型。对于一个网页而言，其中的每一个标签（或其他对象）均可以使用一个 id=" " 的形式，对 id 属性进行一个名称的指派。id 可以理解为一个标识，在网页中，每个 id 名称只能使用一次。

```
<div id="top"></div>
```

如本例所示，XHTML 中的一个 div 标签被指定了 id 名为 top。

在 CSS 样式中，id 选择符使用#进行标识，如果需要对 id 为 content 的标签设置样式，应当使用如下格式：

```
#top {
font-size: 14px;
line-height: 130%;
}
```

id 的基本作用是对每一个页面中唯一出现的元素进行定义，如可以对导航条命名为 nav，对网页头部和底部命名为 header 和 footer。对于类似于此的元素在页面中均出现一次，使用 id 进行命名具有进行唯一性的指派含义，有助于代码阅读及使用。

4.5.6 类选择符

类选择符（Class Selectors）以文档语言对象类型作为选择符，即以 HTML 标签（或叫作标记、tag）作为选择符。class 选择符与 HTML 选择器实现了让同类标签共享同一样式。如果有两个不同的类别标签，例如一个是<p>标签，另一个是<h1>标签，它们都采用了相同的样式，这种情况下就可以采用 class 类选择符。注意类名前面有"."号，类名可随意命名，最好根据元素的用途来定义一个有意义的名称。某个标签（如<p>）希望采用该类的样式，语法格式为：

```
<p class="类名">…</p>
```

```
<h1 class="类名"> …</h2>
```

<h2>和第一个段落<p>都采用了 fire 类选择器，所以字体都为红色，大小为 24 号字。第二个段落采用了 water 选择器，所以显示为蓝色，并带下画线。第三个段落没有采用任何样式，按默认的样式显示。

认清 CSS 的类选择符和标识选择符 id，在 CSS 初级教程中仅仅考虑了 HTML 选择符以HTML 标签形式出现，现在当然也可以用类选择符 class 和标识选择符 id 来定义自己的选择符。在 CSS 中，类选择符以一个半角英文句点（.）在前，而 id 则以半角英文井号（#）在前，看起来像这样：

```
#top {
background-color: #ccc;
padding: 1px
}
.intro {
color: red;
font-weight: bold;
 }
```

HTML 与 CSS 的连接用属性 id 和 class，以下是引用片段：

```
<div id="top">
<h1>Chocolate curry</h1>
<p class="intro">文字内容</p>
<p class="intro">链接内容</p>
</div>
```

id 和 class 的不同之处在于，id 用在唯一的元素上，而 class 则用在不止一个元素上。用类选择符能够把相同的元素分类定义不同的样式，定义类选择符时，在自定类的名称前面加一个点号。假如你想要两个不同的段落，一个段落向右对齐，一个段落居中对齐，可以先定义两个类：

```
.right {
text-align: right;
}
.center {
text-align: center;
}
```

然后用在不同的段落里，只要在 HTML 标记里加入定义的 class 参数。这个段落是向右对齐：

```
<p class="right">
</p>
```

这个段落是居中对齐：

```
<p class="center">
</p>
```

4.5.7　定义链接的样式表

将外部样式与 HTML 中的<link>元素相链接，在为网站设计样式表时，用这种方法链接样式表可以给用户带来最大的可移植性和可维护性。

许多网站使用一个或多个全局样式表，网站上每个页面都与它相链接，使用全局样式表后，用户改变某个文件，这个文件将影响用户网站上每个页面的外观。做一个简单的改变，用户就可以改变整个网站上的颜色、字体、大小和更多东西。

使用外部样式表的用户必须将内容和样式分开，这就意味着很容易用别的东西来取代这些样式。例如，通过使用相同名称的一组新规则取代旧样式表，用户很容易改变网站的外观。

通过使用页面<head>部分里的 HTML<link>元素，可以创建链接的样式表，许多属性可以与<link>元素一起使用，但是相对来说，只有下面的选项才重要：

<link rel=" relationship "　href=" URL " type=" content-type "　media=" meia-type " >

<link>标签实际上是通用链接元素，它不但定义样式表，而且可以用来创建整个文档和其他一些 URL 位置之间的所有链接。要使用它来将链接的文档确定为样式表，用户需要指定关系是什么。其他类型的关系包括 contents（指定目录表的位置）、alternate（页面的预备版，适用于输出设备或语言的特定类型）和 glossary（术语表），但是，要指示样式表，用户只需要 rel=" stylesheet "。

CSS 中用 4 个伪类来定义链接的样式，分别是 a:link、a:visited、a:hover 和 a:active，例如：

```
a:link{
font-weight: bold ;
text-decoration: none ;
color: #c00 ;
}
a:visited {
font-weight: bold;
text-decoration: none;
color: #c30;
}
a:hover {
font-weight: bold;
text-decoration: underline;
color: #f60;
}
a:active {
font-weight: bold;
text-decoration: none;
color: #F90;
}
```

以上语句分别定义了链接、已访问过的链接、鼠标经过时、点击状态时的样式。注意，必须按以上顺序写，否则显示可能和你预想的不一样，记住它们的顺序是"LVHA"。

href 属性指出了样式表的位置，它是一个普通 Web URL，位置可能是相对位置，也可能是绝对位置，没有目录路径，就假设它位于相同目录下，但是用户可以使用任何 URL 路径，就像和 HTML 里的其他链接一样。

链接样式表甚至可以放在不同的 Web 服务器上，而不是放在用户的 HTML 文件里，实际上，这是快速而又方便地向网页添加样式表的一个好方法，但是，这不是窃取别人成果的手段，除了查看 HTML 源代码外，其他行为均属于窃取源代码。如果网站操作员明确允许以这种方式使用，才能在其他地方使用网站样式表。记住，许多 Web 主机服务需要为宽带使用付费，因此用户每次使用没有许可的样式表都可能会花费其他人的费用。同时也要记住，为链接的样式表控制网页，所以，改变或删除样式表都会影响网页的外观。

4.6　课堂练习——制作旅游网站页面

在网页设计中，利用 CSS 样式起到了关键的作用。通过前面的学习和了解，接下来我们将学到的知识运用到实践中。

视频位置：

光盘\视频\第 4 章\4-6.swf

源文件位置：

光盘\素材\第 4 章\4-6.html

4.6.1 设计分析

本实例通过制作一个简单的旅游网站页面，对前面学习的 CSS 知识进行实际运用。页面分为上、中、下 3 部分，分别被不同的 CSS 样式控制，使得整体页面的最终效果达到整洁、完美。

4.6.2 制作步骤

（1）新建 HTML 文件，如下左图所示，并将其保存为"光盘\素材\第 4 章\4-6-1.html"。继续新建 CSS 文件，将其保存为"光盘\素材\第 4 章\CSS\4-6-1.css"，如下右图所示。

（2）返回 HTML 文件，选择"窗口→CSS 设计器→源"命令，单击"添加 CSS 源"按钮，选择"附加现有文件"选项，在弹出的"使用现有的 CSS 文件"对话框中单击"浏览"按钮，如下左图所示，选择相应的文件，将 CSS 文件与 HTML 文件链接起来，如下右图所示。

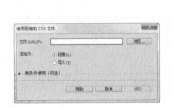

（3）切换到 4-6-1.css 文件，创建如下左图所示的 CSS 样式。切换到 HTML 文件设计视

图，插入名称为 top 的 DIV，如下右图所示，并切换到 CSS 文件，创建名称为#top 的样式。

（4）切换到设计视图，在 id 为 top 的标签内插入 id 为 top_menu 的 DIV，如下左图所示。切换到 CSS 文件，创建名称为#top_menu 的样式，如下右图所示。

```
23    #top_menu{
24        width:590px;
25        height:20px;
26        background-image:url(../images/top_me_bg.jpg);
27        text-align:center;
28
29    }
```

（5）在 id 为 top_menu 的 DIV 内输入文字，添加…标签，并设置相应的标签 CSS 样式，如下图所示。

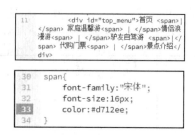 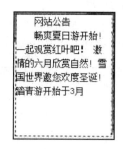

（6）切换到设计视图，在 id 为 top_menu 的 DIV 标签后插入 id 为 top_show 的 DIV 标签，如下左图所示，并在 CSS 文件中创建名称为#top_show 的样式，如下右图所示。

```
35    #top_show{
36        margin-top:20px;
37        width:585px;
38        height:157px;
39    }
```

（7）切换到设计视图，在 id 为 top_show 的标签内插入 id 为 top_show_left 的 DIV，如下左图所示。切换到 CSS 文件，创建名称为#top_show_left 的样式，如下右图所示。

```
40    #top_show_left{
41        float:left;
42        width:455px;
43        height:157px;
44    }
```

（8）在 id 为 top_show_left 的 DIV 内插入名称为"4601.jpg"的图片，效果如下图所示。

（9）切换到设计视图，在 id 为 top_show_left 的 DIV 标签后插入 id 为 top_show_right 的 DIV 标签，如下左图所示，并在 CSS 文件内创建名称为#top_show_right 的样式，如下右图所示。

（10）继续在 CSS 文件内创建名称为.bigfont 的类样式，如下左图所示。在名称为 top_show_right 的 DIV 内输入文字，并在属性面板中选择"类"选项下的.bigfont 样式，文字效果如下右图所示。

（11）切换到设计视图，在 id 为 top 的 DIV 标签后插入 id 为 main 的 DIV 标签，如下左图所示，在 CSS 文件中创建名称为#main 的样式，如下右图所示。

（12）切换到设计视图，在 id 为 main 的 DIV 标签后插入 id 为 main_left 的 DIV 标签，如下左图所示，在 CSS 文件中创建名称为#main_left 的样式，如下右图所示。

（13）切换到设计视图，选择"插入→常用→图像"命令，分别插入名称为 4603.jpg、4604.jpg、4605.jpg、4606.jpg、的图片，并在相应的位置添加换行符，如下图所示。

（14）使用相同的方法在 id 为 main_left 的 DIV 标签后插入 id 为 main_right 的 DIV 标签，输入相应的文字，并设置相应的 CSS 样式，如下图所示。

（15）使用相同的方法做出 id 为 bottom 的 DIV 标签部分，效果如下图所示。

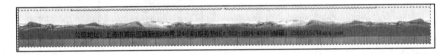

（16）选择"文件→保存"命令，单击"文档"工具栏上的"在浏览器中预览/调试"按钮，预览效果如下图所示。

4.6.3　案例总结

本实例利用 CSS 样式的基础知识，包括 CSS 样式表的基本用法、CSS 样式表的分类以及 CSS 的文档结构等内容，为后面学习如何使用 CSS 布局页面打下坚实的基础。

4.7　课堂讨论

本章向读者讲述了 CSS 样式的基础，那么想知道通过学习本章你对 CSS 样式基础掌握得如何呢？尝试回答下面的问题吧。

4.7.1 问题1——CSS能做什么

CSS样式表可以用来改变从文本样式到页面布局的一切，并且能够与JavaScript结合，产生动态显示效果。

1. 文本格式和颜色

使用CSS样式表可以控制很多文本效果，例如：

- 选择字体与字体大小；
- 设置粗体、斜体、下画线和文本阴影；
- 改变文本颜色与背景颜色；
- 改变链接的颜色，删除下画线；
- 缩进文本或使文本居中；
- 拉伸、调整文本大小和行间距；
- 将文本部分转换成大写、小写，或者转换成大小写混合形式（仅限于英文）；
- 添加首字大写字母下沉和其他特效。

2. 图形外观和布局

CSS也可以用来改变整个页面的外观。在CSS 2中引入了CSS的定位属性，运用该属性，用户不使用表格就能够格式化网页。运用CSS影响页面图形布局的一些操作包括：

- 设置背景图形，控制其位置、排列和滚动；
- 绘制页面各部分的边框；
- 设置全部元素的垂直和水平边距，以及水平和垂直填充方式；
- 生成图像周围甚至是其他文本周围的文本绕排；
- 将页面元素定位到准确位置；
- 重新定义HTML表、表单和列表的显示方式；
- 以指定的顺序在各元素顶部将它们分层放置。

3. 动态操作

网页设计的动态效果是交互性的，它会为适应运用而改变。通过CSS样式表能创建响应用户的交互式设计，例如：

- 鼠标经过链接时的效果；
- 在HTML标签之前或之后动态插入内容；
- 自动对页面元素编号；
- 在动态HTML（DHTML，Dynamic HTML）和异步JavaScript与XML（AJAX，Asynchronous JavaScript and XML）中的完全交互式设计。

4.7.2 问题2——CSS和HTML的区别

超文本标记语言（HTML，Hypertext Markup Language）由标记文档内特定元素的一系列标签组成。这些元素都具有默认表示样式。默认表示样式由浏览器提供，是基于HTML的正式规范。用户通过链接到样式表，甚至通过在HTML文件内包括样式表，可以对HTML页面应用样式表，这样可以重新定义每个元素的表示样式。

HTML页面可以包含设置表达样式的属性和标签，但是与CSS比较，它们的功能和效果有限。样式表可以与HTML表达标记一起使用，例如<font>标签或者color="red"属性，或者可以完全替换表达标记和属性。

4.8　课后练习——制作设计工作室网页

　　通过本章内容的学习，读者已经初步掌握了 CSS 样式的基础，下面通过课后的练习对知识进行巩固，以加深记忆。

源文件地址：光盘\素材\第 4 章\4-8.html
视频地址：光盘\视频\第 4 章\4-8.swf

（1）打开素材文件 4-8.html。

```
.img{
    border:solid #21242c 3px;
    padding:3px;
}
.img01{
    border:dashed #21242c 3px;
    padding:3px;
}
.img02{
    border:dotted #21242c 3px;
    padding:3px;
}
.img03{
    border:double #21242c 3px;
    padding:3px;
}
```

（2）切换到文件链接的外部 CSS 样式表文件，创建如图所示的类 CSS 样式。

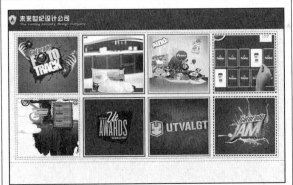

（3）分别为图像应用相应的样式，图像效果如图所示。

（4）保存文件，按快捷键 F12 即可在浏览器中预览该页面，效果如图所示。

PART 5

第 5 章
DIV+CSS 布局入门

本章简介：

在设计网页时，控制好各个模块在页面中的位置是非常关键的。上一章节中已经对 CSS 的基本使用进行了一定的介绍，本章在此基础上将对如何使用 CSS 样式实现多种网页布局的方法，并通过实例的制作详细讲解简单的 DIV+CSS 布局的方法。

学习重点：

- 定义 DIV
- 盒模型与可视化模型
- 绝对定位与相对定位
- 居中与浮动的布局设计
- 盒模型的新增属性
- 使用 CSS 3.0 实现鼠标经过变换效果

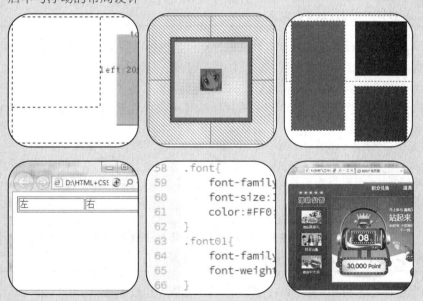

5.1 定义 DIV

与其他 HTML 标签一样，DIV 也是一个 HTML 所支持的标签。例如，与使用一个表格时应用<table>…</table>这样的结构一样，DIV 在使用时也同样以<div>…</div>的形式出现。

5.1.1　什么是 DIV

在 HTML 页面中的每个标签对象几乎都可以称得上是一个容器，DIV 也是一个容器。例如，使用 p 段落标签对象：

```
<p>文档内容</p>
```

p 作为一个容器，其中放入了内容。同样的，DIV 也是一个容器，能够放置内容，例如：

```
<div>文档内容</div>
```

DIV 是 HTML 中指定的，专门用于布局设计的容器对象。在传统的表格式的布局当中，之所以能进行页面的排版布局设计，完全依赖于表格对象 table。在页面当中绘制一个由多个单元格组成的表格，在相应的表格中放置内容，通过表格单元格的位置控制，达到实现布局的目的，这是表格式布局的核心对象。而在今天，我们所要接触的是一种全新的布局方式——CSS 布局，DIV 是这种布局方式的核心对象，使用 CSS 布局的页面排版不需要依赖表格，仅从 DIV 的使用上说，做一个简单的布局只需要依赖 DIV 与 CSS，因此也可以称为 DIV+Css 布局。

5.1.2　插入 DIV

与其他 HTML 对象一样，只需在代码中应用<div>…</div>这样的标签形式，将内容放置其中，便可以应用 DIV 标签。

　　　　DIV 标签只是一个标识，作用是把内容标识一个区域，并不负责其他事情，DIV 只是 CSS 布局工作的第一步，需要通过 DIV 将页面中的内容元素标识出来，而为内容添加样式则由 CSS 来完成。

DIV 对象除了可以直接放入文本和其他标签外，也可以多个 DIV 标签进行嵌套使用，最终的目的是合理地标识出页面的区域。在使用的时候，同其他 HTML 对象一样，可以加入其他属性，如 id、class、align、style 等，而在 CSS 布局方面，为了实现内容与表现的分离，不应当将 align（对齐）属性与 style 行间样式表属性编写在 HTML 页面的 DIV 标签中。因此，DIV 代码只可能拥有以下两种形式：

```
<div id="id名称">内容</div>
<div class="class名称">内容</div>
```

使用 id 属性，可以将当前这个 DIV 指定一个 id 名称，在 CSS 中使用 id 选择符进行样式编写。同样，可以使用 class 属性，在 CSS 中使用 class 选择符进行样式编写。

　　　　同一名称的 id 值在当前 HTML 页面中只允许使用一次，不管是应用到 DIV 还是其他对象的 id 中，而 class 名称则可以重复使用。

在一个没有 CSS 应用的页面中，即使应用了 DIV，也没有任何实际效果，就如同直接输入了 DIV 中的内容一样。那么该如何理解 DIV 在布局上所带来的不同呢？

首先，用表格与 DIV 进行比较。用表格布局时，使用表格设计的左右分栏或上下分栏，都能够在浏览器预览中直接看到分栏效果，如图 5-1 所示。其次，表格自身的代码形式决定了在浏览器中显示的时候，两块内容分别显示在左单元格与右单元格之中，因此不管是否应用了表格线，都可以明确地知道内容存在于两个单元格之中，也达到了分栏的效果。

同表格的布局方式一样，用 div 布局，编写两个 div 代码：

```
<div>左</div>
```

```
<div>右</div>
```

而此时浏览能够看到的是仅仅出现了两行文字，并没有看出 DIV 的任何特征，显示效果如图 5-2 所示。

图 5-1　表格布局　　　　图 5-2　DIV 布局

从表格与 DIV 的比较中可以看出，DIV 对象本身就是占据整行的一种对象，不允许其他对象与它在一行中并列显示。实际上，DIV 就是一个"块状对象（block）"。DIV 在页面中并非用于类似于文本的行间排版，而是用于大面积、大区域的块状排版。

> HTML 中的所有对象几乎都默认为两种类型：
> （1）block 块状对象：指的是当前对象显示为一个方块，默认的显示状态下将占据整行，其他对象在下一行显示。
> （2）in-line 行间对象：正好和 block 相反，它允许下一个对象与它本身在一行中显示。

另外，从页面的效果中发现，网页中除了文字之外没有任何其他效果，两个 DIV 之间的关系只是前后关系，并没有出现类似表格的田字形的组织形式，因此可以说，DIV 本身与样式没有任何关系，样式需要编写 CSS 来实现，因此 DIV 对象应该说从本质上实现了与样式的分离。

因此在 CSS 布局之中所需要的工作可以简单归结为两个步骤：首先使用 DIV 将内容标记出来，然后为这个 DIV 编写需要的 CSS 样式。

> 恰当地使用继承可以减少代码中选择器的数量和复杂性。但是，如果大量元素继承各种样式，那么判断样式的来源就会变得困难。

5.1.3　DIV 的嵌套和固定格式

DIV 可以多层进行嵌套使用，嵌套的目的是实现更为复杂的页面排版，例如当设计一个网页时，首先需要有整体布局，需要产生头部、中部和底部，这也许会产生一个复杂的 DIV 结构：

```
<div id="top"> </div>
<div id ="main">
<div id="left">左</div>
<div id="right">右</div>
</div>
<div id="bottom"> 底部</div>
```

在代码中每个 DIV 定义了 id 名称以供识别。可以看到 id 为 top、main 和 bottom 的 3 个对象，它们之间属于并列关系，代表的是图 5-3 所示的一种布局关系。而在 main 中，为了内容需要，使用左右栏的布局，因此在 main 中用到两个 id 为 left 与 right 的 DIV。这两个 DIV 本身是并列关系，而它们都处于 main 中。因此它们与 main 形成了一种嵌套关系，如果 left 和 right 被样式控制为左右显示的话，那么它们最终的布局关系应为如图 5-4 所示。

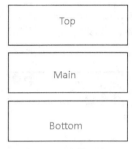

图 5-3 垂直排列布局

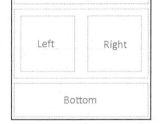

图 5-4 嵌套布局

网页布局则由这些嵌套着的 DIV 来构成，无论是多么复杂的布局方法，都可以使用 DIV 之间的并列与嵌套来实现。但在布局时，应当尽可能少用嵌套，以保证浏览器不用过分消耗资源来对嵌套关系进行解析。

5.2 可视化模型

浮动、定位和框架模型是 CSS 的 3 个最重要的概念。这些概念控制在页面上安排和显示元素的方式，形成了 CSS 的基本布局。

5.2.1 盒模型

盒模型是 CSS 控制页面时一个很重要的概念。掌握了盒模型以及其中每一元素的用法，才可以控制页面中的各个元素的位置。一个盒模型是由 content（内容）、border（边框）、padding（填充）和 margin（间隔）这 4 个部分组成的，如图 5-5 所示。

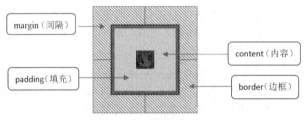

图 5-5 盒模型图解

填充、边框和边界都分为"上右下左"4 个方向，既可以分别定义，也可以统一定义，如：

```
#div {
margin-top:1px;
margin-right:2px;
margin-bottom:3px;
margin-left:4px;
padding-top:1px;
padding-right:2px;
padding-bottom:3px;
padding-left:4px;
border-top:1px solid #000000;
border-right:1px solid #000000;
border-bottom:1px solid #000000;
border-left:1px solid #000000;
}
```

```
#div{
margin:1px 2px 3px 4px;
/*按照顺时针方向缩写*/
padding:1px 2px 3px 4px;
/*按照顺时针方向缩写*/


border:1px solid #000000;

}
```

CSS 内定义的宽（width）和高（height）指的是填充以内的内容范围，因此一个元素的实际宽度=左边界+左边框+左填充+内容宽度+右填充+右边框+右边界，如：

```
div{
width:322px;
margin:20px;
padding:20px;
border: 20px solid #000000;
}
```

实际宽度如图 5-6 所示。

总宽度=20px+20px+20px+322px+20px+20px+20px

图 5-6 元素的总宽度计算

关于盒模型还有以下几点需要注意。

（1）边框默认的样式（border-style）可设置为不显示（none）。

（2）填充值不可为负。

（3）浮动元素（无论左浮动还是右浮动）链接不压缩，且若浮动元素不声明宽度，则其宽度趋向于 0，即延伸到其内容能承受的最小宽度。

（4）内联元素，例如 a，定义上下边界不会影响到行高。

（5）如果盒中没有内容，则即使定义了宽度和高度都为 100%，实际上只占 0%，因此不会被显示，此处在采取层布局的时候需要特别注意。

5.2.2 视觉可视化模型

p、h1、div 等元素常常称为块级元素。这些元素显示为一块内容，即"块级框"。与之相反，strong 和 span 等元素称为行内元素，因为它们的内容显示在行中，即"行内框"。

可以将 display 属性设置为 block，让行内元素表现得像块级元素一样，还可以将 display 属性设置为 none，让生成的元素根本没有框。这样，这个框及其所有内容就不显示，不占用文档中的空间。

块级框从上到下一个接一个排列；框之间的垂直距离由框的垂直空白边计算出来。

行内框在一行中的水平位置可以使用水平填充、边框和空白边设置它们之间的水平间距，但是，垂直填充、边框和空白边不影响行内框的高度。由一行形成的水平框称为行框，行框的高度总是足以容纳它包含的所有行内框。设置行高可以增加这个框的高度。

框可以按照 HTML 的嵌套方式包含其他的框。大多数框由显示定义的元素形成。但是，在一些情况下，即使没有进行显示定义，也会创建块级元素。这种情况发生在将一些文本添加到一些块级元素（比如 DIV）的开头时。即使没有把这些文本定义为段落，它也会被当作段落对待：

```
<div>
    学校简介
    <p>学校详细介绍</p>
</div>
```

在这种情况下，这个框称为无名块框，因为它不与专门定义的元素相关联。

块级元素内的文本行也会发生类似的情况。假设有一个包含三行文本的段落，每行文本形成一个无名行框，这有助于理解在屏幕上看到的所有东西都形成某种框。

5.2.3　相对定位

position 的可选参数如表 5-1 所示。

表 5-1　　　　　　　　　　　　position 的可选参数

属性	描述	可用值
position	用于设置对象的定位方式	static relative absolute fixed inherit

● static：静态（默认），无特殊定位。

● relative：相对，对象不可层叠，但将依据 left、right、top、bottom 等属性在正常文档流中偏移位置。

● absolute：绝对，将对象从文档流中拖出，通过 width、height、left、right、top、bottom 等属性与 margin、padding、border 进行绝对定位。绝对定位的元素可以有边界，但这些边界不压缩。而其层叠通过 z-index 属性定义。

● fixed：悬浮，使元素固定在屏幕的某个位置，其包含块是可视区域本身，因此它不随滚动条的滚动而滚动。（IE 5.5 以上不支持此属性）

● inherit：这个值从其上级元素继承得到。

如果对一个元素进行相对定位，在它所在的位置上，通过设置垂直或水平位置，让这个元素相对于起点进行移动。如果将 top 设置为 40 像素，那么元素将向下移动 40 像素的位置。如果将 left 设置为 40 像素，那么会将元素向右移动。

```
#main {
    position:relative;
    left:40px;
    top:40px;
    background-color:#0FF;
    float:left;
    height:200px;
    width:200px;
}
```

效果如图 5-7 所示。

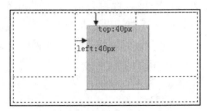

图 5-7　相对定位

在使用相对定位时，无论是否进行移动，元素仍然占据原来的空间。因此，移动元素会导致它覆盖其他框。

5.2.4 绝对定位

相对定位实际上被看作普通流定位模型的一部分，因为元素的位置相对于它在普通流中的位置。与之相反，绝对定位使元素的位置与文档流无关，因此不占据空间。简单地说，使用了绝对定位之后，对象就浮在网页的上面了。

```
#main {
    position:absolute;
    left:20px;
    top:20px;
    background-color:#0FF;
    float:left;
    height:200px;
    width:200px;
}
```

效果如图5-8所示。

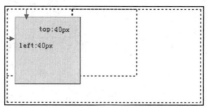

图5-8 绝对定位

对于定位的主要问题是要记住每种定位的意义。相对定位是相对于元素在文档流中的初始位置，而绝对定位是相对于最近已定位的祖先元素，如果不存在已定位的祖先元素，那就相对于最初的包含块。

因为绝对定位的框与文档流无关，所以它们可以覆盖页面上的其他元素。可以通过设置 z-index 属性来控制这些框的堆放次序。z-index 属性的值越大，框在堆中的位置就越高。

5.2.5 浮动定位

还有一种定位模型为浮动模型。浮动的框可以左右移动，直到它外边缘碰到包含框或另一个浮动框的边缘。因为浮动框不在文档的普通流中，所以文档流中的块框表现得就像浮动框不存在一样。float 的可选参数如表5-2所示

表 5-2　　　　　　　　　　　　　　　　　float 的可选参数

属性	描述	可用值
float	用于设置对象是否浮动显示，以及设置及具体浮动的方式	none left right

● left：文本或图像会移至父元素中的左侧。
● right：文本或图像会移至父元素中的右侧。

- none：默认。文本或图像会显示于它在文档中出现的位置。

下面介绍浮动的几种形式，例如普通文档流的 CSS 样式如下：

```css
#box {
    width:400px;
}
#left {
        background-color:red;
        height:100px;
        width:100px;
        margin:10px;
}
#main {
    background-color:black;
    height:100px;
    width:100px;
    margin:10px;
}
#right {
    background-color:blue;
    height:100px;
    width:100px;
    margin:10px;
}
```

效果如图 5-9 所示。

如果把 left 框向右浮动，它脱离文档流并向右移动，直到它的边缘碰到包含 box 的右边框。
Left 框向右浮动的 CSS 代码如下：

```css
#left {
        background-color:red;
        height:50px;
        width:50px;
        margin:10px;
        float:right;
}
```

效果如图 5-10 所示。

图 5-9 不浮动的框

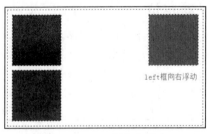

图 5-10 left 框向右浮动

当把 left 框向左浮动时，它脱离文档流并且向左移动，直到它的边缘碰到包含 box 的左边
缘。因为它不再处于文档流中，所以它不占据空间，实际上覆盖住了 main 框，使 main 框从
左视图中消失。left 框向左浮动的 CSS 代码如下：

```css
#left {
    background-color:red;
```

```
        height:80 px;
        width:80px;
        margin:10px;
        float:left;
}
```

效果如图 5-11 所示。

图 5-11　left 框向左动

如果把 3 个框都向左浮动，那么 left 框向左浮动直到碰到包含 box 框的左边缘，另两个框向左浮动直到碰到前一个浮动框，CSS 代码如下：

```
#box {
        width:400px;
      height:120px;
}
#left {
        background-color:red;
        height:100px;
        width:100px;
        margin:10px;
        float:left;
}
#main {
        background-color:black;
        height:100px;
        width:100px;
        margin:10px;
        float:left;
}
#right {
        background-color:blue;
        height:100px;
        width:100px;
        margin:10px;
        float:left;
}
```

效果如图 5-12 所示。

图 5-12　3 个框均向左浮动

第 5 章　DIV+CSS 布局入门

如果包含的框太窄，无法容纳水平排列的 3 个浮动元素，那么其他浮动块向下移动，直到有足够空间的地方。例如：

```
#box {
    width:260px;
    height:120px;
}
#left {
    background-color:red;
    height:100px;
    width:100px;
    margin:10px;
    float:left;
}
#main {
    background-color:black;
    height:100px;
    width:100px;
    margin:10px;
    float:left;
}
#right {
    background-color:blue;
    height:100px;
    width:100px;
    margin:10px;
    float:left;
}
```

效果如图 5-13 所示。

图 5-13　框太窄的浮动

如果浮动框元素的高度不同，那么当他们向下移动时，可能会被其他浮动元素卡住，例如：

```
#box {
    width:260px;
    }
#left {
    background-color:red;
    height:200px;
    width:100px;
    margin:10px;
    float:left;
}
#main {
```

```
        background-color:black;
        height:100px;
        width:100px;
        margin:10px;
        float:left;
}
#right {
        background-color:blue;
        height:100px;
        width:100px;
        margin:10px;
        float:left;
}
```

效果如图 5-14 所示。

不同高度的框，right 框被卡住

图 5-14　框高度不同的浮动

5.2.6　空白边叠加

空白边叠加的概念比较简单，当两个垂直空白边相遇时，它们将形成一个空白边。这个空白边的高度是两个发生叠加的空白边中的高度的较大者。

当一个元素出现在另一个元素上面时，第一个元素的底空白边与第二个元素的顶空白边发生叠加。例如，两个元素的 CSS 样式表代码如下：

```
#topbox {
        width:100px;
        height:100px;
        margin:30px;
}
#boxbottom {
        height:100px;
        width:100px;
        margin-top:20px;
        margin-left:30px;
}
```

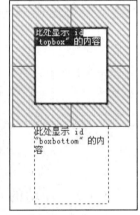

图 5-15　空白边叠加

两个元素的空白边叠加效果如图 5-15 所示。

当一个元素包含在另一元素中时（假设没有填充或边框将空白边隔开），它们的顶和底空白边也会发生叠加。

只有普通文档流中的块框的垂直空白边才会发生空白边叠加。行内框、浮动框或相对定位框之间的空白边是不会叠加的。

5.3 CSS 布局方式

CSS 是控制网页布局样式的基础，是真正能够做到网页表现和内容分离的一种样式设计语言。相对于传统 HTML 的简单样式控制来说，CSS 能够对网页中的对象的位置排版进行像素级的精确控制，几乎支持所有的字体、字号的样式，还拥有对网页对象盒模型样式的控制能力，并且能够进行初步页面交互设计，是当前基于文件展示的最优秀的表达设计语言。

5.3.1 居中的布局设计

居中的设计目前在网页布局的应用中非常广泛，所以如何在 CSS 中让设计居中显示是大多数开发人员首先要学习的重点之一。设计居中主要有以下两种基本方法。

1．使用自动空白边让设计居中

假设一个布局，希望其中的 DIV 容器在屏幕上水平居中：

```
<body>
    <div id="box"></div>
</body>
```

只需定义 DIV 的宽度，然后将水平空白边设置为 auto：

```
#box {
    width:720px;
    margin:auto;
    }
```

2．使用定位和负值空白边让设计居中

首先定义容器的宽度，然后将容器的 position 属性设置为 relative，将 left 属性设置为 50%，就会把容器的左边缘定位在页面的中间。例如：

```
#box {
    width:720px;
    position:relative;
    left:50%;
    }
```

如果不希望让容器的左边缘居中，而是让容器的中间居中，只要对容器的左边应用一个负值的空白边，宽度等于容器宽度的一半，这样就会把容器向左移动它宽度的一半，从而让它在屏幕上居中。例如：

```
#box {
    width:720px;
    position:relative;
    left:50%;
    margin-left:-360px;
    }
```

5.3.2 浮动的布局设计

1．两列固定宽度布局

两列固定宽度布局非常简单，HTML 代码如下：

```
<div id="left">左列</div>
<div id="right">右列</div>
```

为 id 名为 left 与 right 的 DIV 制定 CSS 样式，让两个 DIV 在水平行中并排显示，从而形成两列式布局，CSS 代码如下：

```
#left {
    width:200px;
    height:200px;
    background-color:#09F;
    border:2px solid #06F;
    float:left;
    }
```

```
#right {
    width:200px;
    height:200px;
    background-color:#09F;
    border:2px solid #06F;
    float:left;
```

为了实现两列式布局，使用了 float 属性，这样两列固定宽度的布局就能够完整地显示出来，预览效果如图 5-16 所示。

两列固定宽度在页面设计中经常用到，无论作为主框架还是作为内容分栏，都同样适用。如图 5-17 所示为两列固定宽度布局的页面。

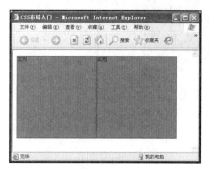

图 5-16 两列固定宽度布局

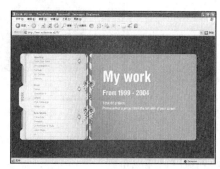

图 5-17 页面欣赏

2. 两列固定宽度居中布局

两列固定宽度居中布局可以使用 DIV 的嵌套方式来完成，用一个居中的 DIV 作为容器，将两列分栏的两个 DIV 放置在容器中，从而实现两列的居中显示。HTML 代码结构如下：

```
<div id="box">
<div id="left">左列</div>
<div id="right">右列</div>
</div>
```

为分栏的两个 DIV 加上了一个 id 名为 box 的 DIV 容器，CSS 代码如下：

```
#box {
    width:408px;
    margin:0px auto;
}
#left {
    width:200px;
    height:200px;
    background-color:#09F;
    border:2px solid #06F;
    float:left;
}
#right {
    width:200px;
    height:200px;
    background-color:#09F;
    border:2px solid #06F;
    float:left;
}
```

一个对象的宽度不仅仅由 width 值来决定，它的真实宽度是由本身的宽、左右外边距、左右边框和内边距这些属性相加而成的，而#left 宽度为 200px，左右都有 2px 的边距，因此，实际宽度为 204px，#right 与#left 相同，所以#box 的宽度设定为 408px。

#box 有了居中属性，里面的内容自然也能做到居中，这样就实现了两列固定宽度居中显示，预览效果如图 5-18 所示。

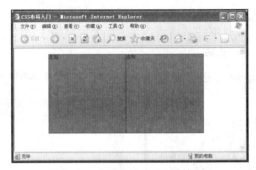

图 5-18　两列固定宽度居中布局

目前这种布局方式在网站设计中也非常普遍。

3．两列宽度自适应布局

设置自适应主要通过宽度的百分比值设置，因此，在两列宽度自适应布局中也同样是对百分比宽度值进行设定，CSS 代码如下：

```
#left {
    width:20%;
    height:200px;
    background-color:#09F;
    border:2px solid #06F;
    float:left;
}
#right {
    width:70%;
    height:200px;
    background-color:#09F;
    border:2px solid #06F;
    float:left;
}
```

左栏宽度设置为 20%，右栏宽度设置为 70%，预览效果如图 5-19 所示。

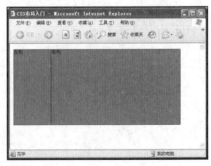

图 5-19　两列宽度自适应

没有把整体宽度设置 100%是因为前面已经提示过，左侧对象不仅仅是浏览器窗口 20%的宽度，还应当加上左右深色的边框，这样算下来的话，左右栏都超过了自身的百分比宽度，最终的宽度也超过了浏览器窗口的宽度，因此右栏将被挤到第二行显示，从而失去了左右分栏的效果。

4. 两列右列宽度自适应布局

在实际应用中，有时候需要左栏固定宽度，右栏根据浏览器窗口的大小自动适应。在 CSS中只需要设置左栏宽度，右栏不设置任何宽度值，并且右栏不浮动。CSS 代码如下：

```css
#left {
    width:200px;
    height:200px;
    background-color:#09F;
    border:2px solid #06F;
    float:left;
}
#right {
    height:200px;
    background-color:#09F;
    border:2px solid #06F;
}
```

左栏将呈现 200px 的宽度，而右栏将根据浏览器窗口大小自动适应，预览效果如图 5-20所示。

两列右列宽度自适应经常在网站中用到，不仅右列，左列也可以自适应，方法是一样的。如图 5-21 所示为两列中的右列宽度自适应布局的页面。

图 5-20　两列中的右列宽度自适应

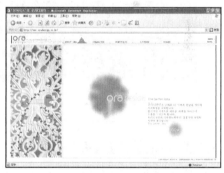

图 5-21　页面欣赏

5. 三列浮动中间列宽度自适应布局

三列浮动中间列宽度自适应布局是左栏固定宽度居左显示，右栏固定宽度居右显示，而中间栏则需要在左栏和右栏的中间显示，根据左右栏的间距变化自动适应。单纯地使用 float 属性与百分比属性不能实现，这就需要绝对定位来实现了。绝对定位后的对象不需要考虑它在页面中的浮动关系，只需要设置对象的 top、right、bottom 及 left 这 4 个方向即可。HTML 代码结构如下：

```html
<div id="left">左列</div>
<div id="main">中列</div>
<div id="right">右列</div>
```

首先使用绝对定位将左列与右列进行位置控制，CSS 代码如下：

```
#left {                              #right {
    width:200px;                         width:200px;
    height:200px;                        height:200px;
    background-color:#09F;               background-color:#09F;
    border:2px solid #06F;               border:2px solid #06F;
    position:absolute;                   position:absolute;
    top:0px;                             top:0px;
    left:0px;                            right:0px;
}                                    }
```

而中间列则用普通 CSS 样式，CSS 代码如下：

```
#main {
    height:200px;
    background-color:#09F;
    border:2px solid #06F;
    margin:0px auto;
    margin:0px 204px 0px 204px;
}
```

对于#main，不需要再设定浮动方式，只需要让它的左边和右边的边距永远保持#left 和#right 的宽度，便实现了两边各让出 204px 的自适应宽度，刚好让#left 与#right 现在这个空间中，从而实现了布局的要求，预览效果如图 5-22 所示。

三列浮动中间列宽度自适应布局目前在网络上应用较多的主要在 blog 设计方面，大型网站设置已经较少使用。如图 5-23 所示为三列浮动中间列宽度自适应布局。

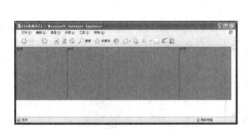

图 5-22　三列浮动中间列宽度自适应布局

图 5-23　页面欣赏

5.3.3　高度自适应

高度值同样可以使用百分比进行设置，不同的是直接使用"height:100%;"是不会显示效果的，这与浏览器的解析方式有一定的关系。下面是实现高度自适应的 CSS 代码：

```
html,body {
    margin:0px;
    height:100%;
}
#left {
    width:200px;
    height:100%;
    background-color:#09F;
    float:left;
}
```

对#left 设置 height:100%的同时，也设置了 HTML 与 body 的 height:100%。一个对象的高度是否可以使用百分比显示，取决于对象的父级对象，#left 在页面中直接放置在 body 中，因此它的父级就是body,而浏览器默认状态下没有给body一个高度属性,因此直接设置#left 的height:100%时不会产生任何效果,而当给body设置了100%之后,它的子级对象#left 的 height:100%便起了作用,这便是浏览器解析规则引发的高度自适应问题。给 HTML 对象设置 height:100%,可以使 IE与 Firefox 浏览器都能实现高度自适应,预览效果如图5-24所示。

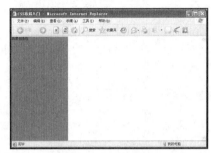

图5-24 高度自适应

5.4 CSS3.0 中盒模型的新增属性

在 CSS 3.0 中新增了3种盒模型的控制属性,分别是 overflow、overflow-x 和 overflow-y。下面分别对这3种新增的盒模型控制属性进行简单的介绍。

5.4.1 overflow

overflow 属性用于设置当对象的内容超过其指定的高度及宽度时应该如何进行处理。其定义的语法如下:

overflow: visible | auto | hidden | scroll

● visible:不剪切内容也不添加滚动条。如果显示声明该默认值,对象将被剪切为包含对象的 window 或 frame 的大小,并且 clip 属性设置将失效。

● auto:该属性值为 body 对象和 textarea 的默认值,在需要时剪切内容并添加滚动条。

● hidden:不显示超过对象尺寸的内容。

● scroll:总是显示滚动条。

提示

设置 textarea 对象为 hidden 值可以隐藏其滚动条。对于 table 来说,如果 table-layout 属性设置为 fixed,则 td 对象支持带有默认值为 hidden 的 overflow 属性。如果设置 hidden、scroll 或者 auto,那么超出 td 尺寸的内容将被剪切。如果设为 visible,将导致额外的文本溢出到右边或左边(视 direction 属性设置而定)的单元格。

---

overflow 属性的兼容性如表5-3所示。

表5-3   overflow 属性的兼容性

类型	IE	Firefox	Chrome	Opera	Safari
版本	(√)IE 6 (√)IE 7 (√)IE 8	(√)Firefox 3.0 (√)Firefox 3.0 (√)Firefox 3.5	(√)Chrome 1.0.x (√)Chrome 2.0.x	(√)Opera 9.63	(√)Safari 3.1 (√)Safari 4

例如，如下的页面代码：

```
<!DOCTYPE html PUBLIC "-//W3C//DTD HTML 1.0 Strict//EN"
"http://www.w3.org/TR/ html1/DTD/html1-strict.dtd">
<html xmlns="http://www.w3.org/1999/html">
<head>
<meta http-equiv="Content-Type" content="text/html; charset=utf-8" />
<title>overflow</title>
<style type="text/css">
#box {
    font-size: 12px;
    line-height: 24px;
    width: 600px;
    height: 100px;
    padding: 5px;
    background: #9F0;
    overflow: scroll;
    }
</style>
</head>
<body>
```

<div id="box">　DIV 是 HTML 中指定的，专门用于布局设计的容器对象。在传统的表格式的布局当中之所以能进行页面的排版布局设计，完全依赖于表格对象 table。在页面当中绘制一个由多个单元格组成的表格，在相应的表格中放置内容，通过表格单元格的位置控制，达到实现布局的目的，这是表格式布局的核心对象。而在今天，我们所要接触的是一种全新的布局方式"CSS 布局"，DIV 是这种布局方式的核心对象，使用 CSS 布局的页面排版不需要依赖表格，仅从 DIV 的使用上说，做一个简单的布局只需要依赖 DIV 与 CSS，因此也可以称为 DIV+CSS 布局。

```
</div>
</body>
</html>
```

该页面在 IE 8 浏览器中预览的效果如图 5-25 所示。

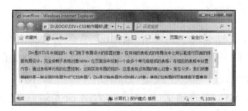

图 5-25　在 IE 8 浏览器中的预览效果

5.4.2　overflow-x

overflow-x 属性用于设置当对象的内容超过其指定的宽度时应该如何进行处理。其定义的语法如下：

```
overflow-x: visible | auto | hidden | scroll
```

overflow-x 属性的用法和兼容性与 overflow 属性的用法和兼容性完全相同。例如，如下的页面代码：

```
<!DOCTYPE html PUBLIC "-//W3C//DTD HTML 1.0 Strict//EN"
"http://www.w3.org/TR/html1/DTD/html1-strict.dtd">
```

```
<html xmlns="http://www.w3.org/1999/html">
<head>
<meta http-equiv="Content-Type" content="text/html; charset=utf-8" />
<title>overflow-x</title>
<style type="text/css">
#box {
    font-size: 12px;
    line-height: 24px;
    width: 600px;
    height: 100px;
    padding: 5px;
    background: #9F0;
    overflow-x: scroll;
    }
</style>
</head>
<body>
<div id="box">  DIV 是 HTML 中指定的，专门用于布局设计的容器对象。在传统的表格式的布局当中之所
以能进行页面的排版布局设计，完全依赖于表格对象 table。在页面当中绘制一个由多个单元格组成的表格，在相应
的表格中放置内容，通过表格单元格的位置控制，达到实现布局的目的，这是表格式布局的核心对象。</div>
</body>
</html>
```

在 IE 8 浏览器中预览该页面，可以看到元素显示的横向滚动条，效果如图 5-26 所示。

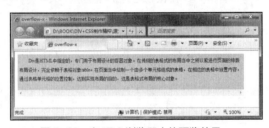

图 5-26　在 IE 8 浏览器中的预览效果

5.4.3　overflow-y

overflow-y 属性用于设置当对象的内容超过其指定的高度时应该如何进行处理。其定义
的语法如下：

```
overflow-y: visible | auto | hidden | scroll
```

overflow-y 属性的用法和兼容性与 overflow 属性的用法和兼容性完全相同。例如，如下
的页面代码：

```
<!DOCTYPE html PUBLIC "-//W3C//DTD HTML 1.0 Strict//EN"
"http://www.w3.org/TR/html1/DTD/html1-strict.dtd">
<html xmlns="http://www.w3.org/1999/html">
<head>
<meta http-equiv="Content-Type" content="text/html; charset=utf-8" />
<title>overflow-x</title>
<style type="text/css">
#box {
    font-size: 12px;
    line-height: 24px;
    width: 600px;
    height: 100px;
```

```
        padding: 5px;
        background: #9F0;
        overflow-y: scroll;
        }
</style>
</head>
<body>
<div id="box">    DIV 是 HTML 中指定的，专门用于布局设计的容器对象。在传统的表格式的布局当中之
所以能进行页面的排版布局设计，完全依赖于表格对象 table。在页面当中绘制一个由多个单元格组成的表格，在相
应的表格中放置内容，通过表格单元格的位置控制，达到实现布局的目的，这是表格式布局的核心对象。</div>
</body>
</html>
```

在 IE 8 浏览器中预览该页面，可以看到元素显示的竖向滚动条，效果如图 5-27 所示。

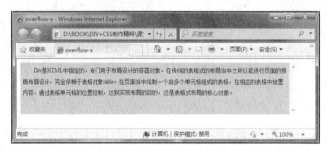

图 5-27　在 IE 8 浏览器中的预览效果

5.4.4　使用 CSS 3.0 实现鼠标经过变换效果

CSS 3.0 有许多特别的、广泛的属性，通过这些属性可以在网页中实现一些简单的动态效
果，例如：

```
<!doctype html>
<html>
<head>
<meta charset="utf-8">
<title>无标题文档</title>
<style>
body{
    width:750px;
    font-family:"宋体";
    font-size:14px;
    font-weight:bold;
    margin:0px;
}
#box{
    margin:20px auto 0px 20px;
    border:5px solid #ccc;
    padding:10px;
    -webkit-border-radius:10px;
    -webkit-transition-property:color,background-color,padding-left;
    -webkit-transition-duration:500ms,500ms,500ms;
}
#box:hover{
    background-color:#0924F7;
    color:#FF0000;
```

```
        padding-left:50px;
}
</style>
</head>

<body>
<div id="box">将鼠标移动至该元素上，将会看到文字和背景变换效果！</div>
</body>
</html>
```

效果如图 5-28 所示。

图 5-28 页面效果

5.5 课堂练习——制作广告页面

通过本章的学习，读者应该了解了利用 CSS+DIV 布局设计网页，接下来通过下面案例的制作对所学知识点进行巩固加深。

视频位置：
光盘\视频\第5章\5-5-1.swf
源文件位置：
光盘\素材\第5章\5-5-1.html

5.5.1 设计分析

本案例制作的是广告页面，页面中所有的内容都是通过 DIV+CSS 布局的形式制作的。

5.5.2 制作步骤

（1）新建 HTML 文件，并将其保存为"光盘\素材\第5章\5-5-1.html"，如下左图所示；继续新建 CSS 文件，并将其保存为"光盘\素材\第5章\css\5-5-1.css"，如下右图所示。

（2）在"CSS 设计器"面板中选择"源"选项后的"添加 CSS 源" 按钮下的"附加现有的 CSS 文件"选项，弹出"使用现有的 CSS 文件"对话框，如下图所示。

（3）单击"浏览"按钮，在弹出的"选择样式表文件"对话框中选择相应的文件，效果如下图所示。

（4）切换到 5-5-1.html 设计视图，选择"插入→DIV"命令，如下左图所示，在弹出的"插入 DIV"对话框中将 id 命名为"box"，如下右图所示。

（5）单击"确定"按钮，效果如下左图所示。切换到 CSS 文件，创建名称为#box 的样式，如下右图所示。

```
14   #box{
15       width:722px;
16       height:422px;
17       background-image:url(../images/5501.png);
18       background-repeat:no-repeat;
19       background-position:center bottom;
20       margin:30px auto 0px;
21   }
```

（6）返回设计视图，在 id 为 box 的 DIV 内插入名称为 menu 的 DIV，并切换到 CSS 文件创建相应的样式，如下左图所示，然后在其中插入图片，效果如下右图所示。

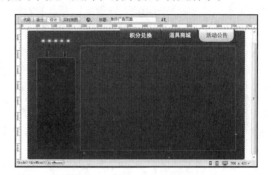

```
22   #menu{
23       width:690px;
24       height:45px;
25       text-align:right;
26   }
```

（7）返回设计视图，在 id 为 menu 的 DIV 后插入 id 为 main 的 DIV，如下左图所示，并在 CSS 文件中创建下右图所示的 CSS 样式。

```
27   #main{
28       width:722px;
29       height:377px;
30   }
```

（8）使用相同的方法在 id 为 main 的 DIV 内插入 id 为 left 的 DIV，并在其内部并列插入名称为 pic、pic01、pic02 的 DIV，如下左图所示，然后创建相应的 CSS 样式，如下右图所示。

```
12   <div id="main">
13     <div id="left">
14       <div id="pic">
15
16       </div>
17       <div id="pic01">
18
19       </div>
20       <div id="pic02">
21
22       </div>
23     </div>
```

```
31   #left{
32       float:left;
33       width:128px;
34       height:317px;
35       margin-left:30px;
36       background-image:url(../images/5505.png);
37       background-repeat:no-repeat;
38       background-position:center 10px;
39       padding-top:60px;
40   }
41   #pic,#pic01,#pic02{
42       width:78px;
43       height:80px;
44       line-height:30px;
45       text-align:center;
46       margin:0px auto;
47       background-image:url(../images/5506.png);
48       background-repeat:no-repeat;
49       padding:4px;
50   }
```

（9）分别在其中插入图片、输入相应的文字，并为文字添加<span></span>标签，在 CSS 文件中创建名称为.font、.font01 的类样式，并将文字应用相应的类，如下图所示。

```
13        <div id="left">
14            <div id="pic">
15                <p><img src="images/5507.png" width="78"
      height="50" /></p>
16                <p><span class="font01">欢乐</span><span
      class="font">豪豪礼</span></p>
17            </div>
18            <div id="pic01">
19                <p><img src="images/5508.png" width="78"
      height="50" /></p>
20                <p><span class="font">群星</span><span
      class="font01">云集</span></p>
21            </div>
22            <div id="pic02">
23                <p><img src="images/5509.png" width="78"
      height="50" /><span class="font01">积分</span>
      <span class="font">中大奖</span></p>
24            </div>
25        </div>
```

```
58    .font{
59        font-family:"黑体";
60        font-size:14px;
61        color:#FF0;
62    }
63    .font01{
64        font-family:"幼圆";
65        font-weight:bold;
66    }
```

（10）返回设计视图，效果如下左图所示。使用相同的方法插入名称为 right 的 DIV，并在其内部插入图片。创建相应的 CSS 样式，如下右图所示。

（11）保存文件，单击"文档"工具栏上的"在浏览器中预览/调试"按钮，预览效果如下图所示。

5.5.3 案例总结

本节通过案例的制作，向读者简单地介绍了一些关于 DIV+CSS 布局的基本知识，如 CSS 布局页面、定义 DIV 及常见布局方式。完成本例的制作后，读者应该了解、掌握以及使用关于 CSS 布局的知识和方法。

5.6 课堂讨论

本章学习了 DIV+CSS 布局的基础。根据所学的知识，对下面的问题做出你认为理想的答案。

5.6.1 问题 1——DIV+CSS 布局的优势

- 浏览器支持完善。
- 表现与结构分离。
- 样式设计控制功能强大。

- 继承性能优越。

5.6.2 问题 2——margin 属性的 4 个值

在为 margin 属性设置值时，如果提供 4 个参数值，将按顺时针顺序作用于上、右、下、左 4 条边；如果只提供 1 个参数值，将作用于 4 条边；如果提供 2 个参数值，则第 1 个参数值作用于上、下两边，第 2 个参数值作用于左、右两边；如果提供 3 个参数值，则第 1 个参数值作用于上边，第 2 个参数值作用于左、右两边，第 3 个参数值作用于下边。

5.7 课后练习——制作产品介绍页面

在初步掌握了 DIV+CSS 布局的知识点后，接下来完成课后的练习，增加对知识点的记忆。

源文件地址：光盘\素材\第 5 章\5-7-1.html
视频地址：光盘\视频\第 5 章\5-7-1.swf

（1）新建文件 5-7-1.html 与 5-7-1.css，链接外部 CSS 文件。

（2）插入 DIV，创建 CSS 样式。

（3）在相应的 DIV 内插入图片，并设置 DIV 为左浮动。

（4）保存文件，使用浏览器浏览。

PART 6

第6章
设置页面背景图像

本章简介

    本章主要讲解了控制页面背景颜色和背景图像的方法。在网页设计中,使用背景颜色或背景图像能够突出页面的重要部分。通过实例讲解的制作步骤可以了解背景控制的操作方法与应用技巧。通过本章的学习,读者应该掌握如何运用 CSS 样式表控制背景颜色、背景图像,以及各种背景图像定位的方法,并了解在整个页面或页面中的元素的背景图像和背景颜色的设置方法。

学习重点

- 背景控制原则与属性
- 背景颜色控制

- 背景图像控制
- CSS 3.0 中背景的新增属性

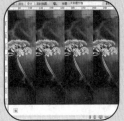

6.1　背景控制概述

    在网页设计中,背景控制是一种很常用的技术。在网站中,如果有很好的背景颜色搭配,可以为页面整体带来丰富的视觉效果,会深深吸引浏览者的眼球,给浏览者非常好的第一印象。除了用纯色制作背景以外,还可以使用图像作为整个页面或者页面上的任何元素的背景。

6.1.1　背景控制原则

背景是网页设计中经常使用的技术，无论是单一的纯色背景，还是漂亮的背景图像，都可以给整个页面带来丰富的视觉效果。HTML 的各个元素基本上都支持 background 属性，可以设置背景颜色与背景图像，包括 table（表格）、tr（单元行）及 td（单元格）等，但对于背景图像的设定，在 HTML 页面中仅仅支持 X 轴及 Y 轴都平铺的视觉效果，而 CSS 对于元素背景色的设置则提供了更多的途径。页面背景控制的效果如图 6-1 所示。

图 6-1　页面欣赏

6.1.2　背景控制属性

CSS 样式提供了 6 种标准背景属性及多个可选的参数，如表 6-1 所示，这些属性对背景的控制已经非常全面。

表 6-1　　　　　　　　　　CSS 背景控制属性及参数

属性	功能	参数
background	用来设置背景的所有控制选项	background-color background-image background-repeat background-attachment background-position
background-attachment	用来设置背景图片的位置	top left top center center left center center center right bottom left bottom center bottom right x-% y-% x-pos y-pos

属性	功能	参数
background-color	用来设置背景颜色	color-RGB color-hex color-name color-transparent
background-image	用来设置背景图片	URL none
background-position	用来设置背景图像的滚动方式，可以为固定或随内容滚动	scroll fixed
background-repeat	用来设置背景图片的平铺方式	repeat repeat-x repeat-y no-repeat

6.2　背景颜色控制

背景颜色主要突出页面的主题，和前景的文字颜色相配合，会给人们留下很深刻的印象，所以任何一个页面都可以由它的背景颜色来突出其基调。

6.2.1　控制页面背景颜色

背景颜色是网页中应用最基础的属性，使用 CSS 样式定义背景颜色除了十六进制颜色值外，还可以使用更灵活的定义方式。例如代码和效果如图 6-2 所示。

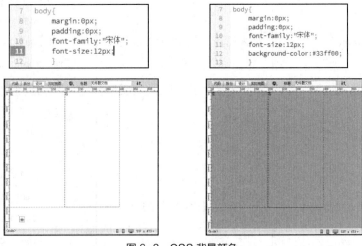

图 6-2　CSS 背景颜色

6.2.2　设置块背景颜色

background-color（背景颜色）属性不仅仅可以为页面设置背景颜色，还可以设定 HTML 中几乎所有元素的背景颜色，因此很多页面都通过为 HTML 元素设定各种背景颜色来达到为页面分块的目的。下面通过代码实现图 6-3 所示的效果。

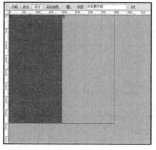

```
18  #left{
19      width:200px;
20      height:400px;
21      float:left;
22      background-color:#FF0000;
23  }
```

图 6-3　CSS 属性定义块背景色

6.3　背景图像控制

背景还可以使用除了纯色以外的图像，这与 HTML 中的 background 属性类似，但在 HTML 中，background 属性只可以对 <body> 标签进行定义，在 CSS 中则可以对任何元素进行定义。

6.3.1　设置背景图像

想要将图像设置为页面背景，可以通过 CSS 样式表中的 background-image 代码直接定义图片的 url（地址），图片就会自动以背景方式显示在页面中，如图 6-4 所示。

```
13  #box{
14      width:400px;
15      height:400px;
16      font-family:"宋体";
17      font-size:12px;
18      background-image:url(images/63101.jpg);
19  }
```

图 6-4　CSS 设置背景图像

6.3.2　背景图像的重复方式

使用 CSS 样式来控制背景图像非常简单，相对于 HTML 的传统控制方式而言，CSS 提供了更多的可控选项。例如，代码和效果如图 6-5 所示。

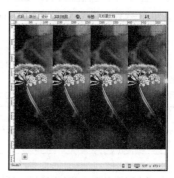

```
7   body{
8       margin:0px;
9       padding:0px;
10      font-family:"宋体";
11      font-size:12px;
12      background-image:url(images/63201.jpg);
13      background-repeat:repeat-x;
14  }
```

图 6-5　CSS 背景平铺属性

● 图 6-5 中的 background-repeat 属性可以控制背景图像是否在屏幕上平铺，其默认值为 repeat，不包含块继承。background-repeat 属性的值如表 6-2 所示。

表 6-2　　　　　　　　　　　　　background-repeat 属性值

值	效果
repeat	水平和垂直平铺
repeat-x	只水平平铺（沿 X 轴）
repeat-y	只垂直平铺（沿 Y 轴）
no-repeat	不平铺，背景图像只显示一次

6.3.3　背景图像的定位

除平铺的设置方式以外，目前的 CSS 提供了另一个强大的功能——背景定位。在最开始的表格布局中，无法实现以像素为单位的定位方式，现在通过 CSS 样式定义背景图像就可以轻易地做到以像素为单位的定位方式，以达到准确无误的定位效果。例如，代码和定位效果如图 6-6 所示。

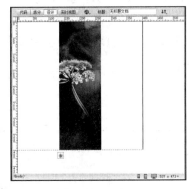

```
13  #box{
14      width:400px;
15      height:400px;
16      font-family:"宋体";
17      font-size:12px;
18      background-image:url(images/63201.jpg);
19      background-repeat:no-repeat;
20      background-position:center center;
21  }
```

图 6-6　背景图像的定位

● background-position 属性能够控制背景图像的位置，该属性的设置方式为：
background-position:" 水平对齐方式 " " 垂直对齐方式 "；

提示　　　　如果用百分比值表示在背景图像的对齐距离的话：50%表示背景图像的中心（水平或垂直）与在设计样式的元素中心对齐。例如，"75%　25%" 则表示水平距左边 75%且垂直距上边 25%的背景图像的位置，其应用和元素的盒子中的对应位置匹配。

● 除了用百分比外，还可以直接输入数值，如 "background-position:100px 20px;"。
● 也可以使用单词值，如图 6-6 等于 "50%　50%"，如果只定义一个单词值，则认为第二个值是 center。background-position 属性值如表 6-3 所示。

表 6-3　　　　　　　　　　　　　background-position 属性值

值	效果
数值　数值	将背景图像放置在指定的位置
百分比　百分比	按比例放置图像

值	效果
top	对应 50%　0%
left	对应 0%　50%
right	对应 100%　50%
bottom	对应 50%　100%
center	对应 50%　50%
left　top	对应 0%　0%
center　top	与 top 相同（对应 50%　0%）
right　top	对应 100%　0%
left　center	与 left 相同（对应 0%　50%）
center　center	与 center 相同（对应 50%　50%）
right　center	与 right 相同（对应 100%　50%）
left　bottom	对应 0%　100%
center　bottom	与 bottom 相同（对应 50%　100%）
right　bottom	对应 100%　100%

background-position 属性的默认值为 top left，与 background-repeat 属性相同，该属性的值不包含块继承。

6.3.4　背景图像的滚动

在浏览器中预览网页时，当拖动滚动条后，页面背景会自动根据滚动条的下拉操作与页面其余部分一起滚动。在 CSS 样式表中，针对背景元素的控制，提供了 background-attachment 属性，该属性使背景不受滚动条的影响，始终保持在固定位置。例如，代码和滚动效果如图 6-7 所示。

图 6-7　背景图像的滚动

body 样式表中的 background-attachment 属性用来控制背景滚动方式，这里设置为 fixed 值，表示背景为固定位置，背景将不会跟着滚动条的下拉而进行滚动，而是始终保持在固定的位置。

- background-atachment 属性的值可以是 scroll、fixed 或者 inheit，默认值为 scroll。
- 该属性的值同样不包含块继承，除非显示设置为 inherit。
- background-attachment 属性值 fixed 表示图像不相对页面的原始位置移动，不过，这表示它可以不显示，因为正在设计样式的元素不在屏幕上，或者不在可以看到背景图像的区域内（由 background-repeat 和 background-attachment 属性决定）。如果 background-attachment 属性的值是 fixed，背景图像的位置将相对整个页面确定，而不是相对正在设计样式的元素确定。

6.4　CSS 3.0 中背景的新增属性

在 CSS 3.0 中新增了 4 种有关网页背景控制的属性，分别是 background-origin、background-clip、background-size 和 multiple backgrounds。接下来我们将会对这 4 种属性进行学习。

6.4.1　background-origin

background-origin 属性用来决定 background-position（背景位置定位）计算的参考位置，其定义的语法如下：

background-origin: border | padding | content

- border：从 border 区域开始显示背景。
- padding：从 padding 区域开始显示背景。
- content：从 content 区域开始显示背景。

针对不同引擎类型的浏览器，background-origin 属性需要写为不同的形式，如表 6-4 所示。

表 6-4　　　　　　　　　　background-origin 属性的不同形式

引擎类型	Gecko	Webkit	Presto
background-origin	-moz-background-origin	-webkit-background-origin	-o-background-origin

IE 浏览器采用的是自己的 IE 内核，包括如国内的傲游、腾讯 TT 等浏览器都是 IE 为内核的。而以 Gecko 为引擎的浏览器主要有 Netscape、Mozilla 和 Firefox。以 Webkit 为引擎的浏览器主要有 Safari 和 Chrome。以 Presto 为引擎的浏览器主要有 Opera。

background-origin 属性的兼容性如表 6-5 所示。

表 6-5　　　　　　　　　　background-origin 属性的兼容性

类型	IE	Firefox	Chrome	Opera	Safari
版本	(×)IE 6 (×)IE 7 (×)IE 8	(√)Firefox 3.0 (√)Firefox 3.5	(√)Chrome 1.0.x (√)Chrome 2.0.x	(√)Opera 9.63	(√)Safari 3.1 (√)Safari 4

例如，如下的页面代码：

```
<!DOCTYPE html PUBLIC "-//W3C//DTD XHTML 1.0 Strict//EN" "http://www.w3.org/TR/xhtml1/DTD/
xhtml1-strict.dtd">
    <html xmlns="http://www.w3.org/1999/xhtml">
```

```
<head>
<meta http-equiv="Content-Type" content="text/html; charset=utf-8" />
<title>background-origin</title>
<style type="text/css">
#box {
    width:720px;
    height:150px;
    border:20px dashed #000;
    padding:20px;
    text-align:center;
    font-weight:bold;
    color:#000;
    background: #ccc url(images/background.png) no-repeat;
    -moz-background-origin:padding;
    }
#content {
    border:1px solid #333;
    }
</style>
</head>
<body>
<div id="box">padding
 <div id="content">content</div>
</div>
</body>
</html>
```

该页面在 Firefox 3.5 浏览器中的预览效果如图 6-8 所示。

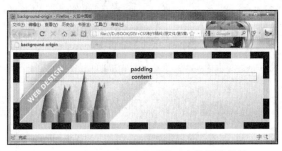

图 6-8　在 Firefox 3.5 浏览器中的预览效果

6.4.2　background-clip

background-clip 属性的作用是用来确定背景图像的裁剪区域，其定义的语法如下：

background-clip: border-box | padding-box | content-box | no-clip

● border-box：从 border 区域向外裁剪背景图像。

● padding-box：从 padding 区域向外裁剪背景图像。

● content-box：从 content 区域向外裁剪背景图像。

● no-clip：默认值，和 border-box 属性值相同。

针对不同引擎类型的浏览器，background-clip 属性需要写为不同的形式，如表 6-6 所示。

表 6-6　　　　　　　　　　　background-clip 属性的不同形式

引擎类型	Gecko	Webkit	Presto
background-origin	-moz-background-clip	-webkit-background-clip	-o-background-clip

background-clip 属性的兼容性如表 6-7 所示。

表 6-7　　　　　　　　　　　　　　background-clip 属性的兼容性

类型	IE	Firefox	Chrome	Opera	Safari
版本	(×)IE 6 (×)IE 7 (×)IE 8	(√)Firefox 3.0.10 (√)Firefox 3.5	(√)Chrome 2.0.x	(√)Opera 9.64	(√)Safari 4

例如，如下的页面代码：

```
<!DOCTYPE html PUBLIC "-//W3C//DTD XHTML 1.0 Strict//EN" "http://www.w3.org/TR/xhtml1/
DTD/xhtml1-strict.dtd">
<html xmlns="http://www.w3.org/1999/xhtml">
<head>
<meta http-equiv="Content-Type" content="text/html; charset=utf-8" />
<title>background-clip</title>
<style type="text/css">
#box {
    border: 20px dotted rgb(102, 102, 102);
    padding: 20px;
    background: rgb(204, 204, 204) url(images/background.png) no-repeat scroll 0% 0%;
    width: 720px;
    height: 150px;
    text-align: center;
    font-weight: bold;
    color: rgb(0, 0, 0);
    -moz-background-inline-policy: -moz-initial;
    -moz-background-clip: padding;
    -moz-background-origin: padding;
    }
#content {
    border: 1px solid rgb(51, 51, 51);
    }
</style>
</head>
<body>
<div id="box">padding
  <div id="content">content</div>
</div>
</body>
</html>
```

该页面在 Firefox 3.5 浏览器中的预览效果如图 6-9 所示。

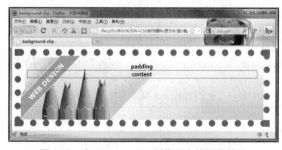

图 6-9　在 Firefox 3.5 浏览器中的预览效果

6.4.3 background-size

background-size 属性用来设置背景图像的大小，可以以像素或百分比的方式指定背景图像的大小。当指定为百分比时，大小会由所在区域的宽度、高度，以及 background-origin 的位置决定。还可以通过 cover 和 contain 来对背景图像进行伸缩调整。其定义的语法如下：

background-size:[<length> | <percentage> | auto]{1,2} | cover | contain

- <length>：由浮点数字和单位标识符组成的长度值，不可以为负值。
- <percentage>：取值为 0%～100% 之间的值，不可以为负值。

针对不同引擎类型的浏览器，background-size 属性需要写为不同的形式，如表 6-8 所示。

表 6-8 　　　　　　　　　　　background-size 属性的不同形式

引擎类型	Gecko	Webkit	Presto
background-size		-webkit-background-size	-o-background-size

background-size 属性的兼容性如表 6-9 所示。

表 6-9 　　　　　　　　　　　background-size 属性的兼容性

类型	IE	Firefox	Chrome	Opera	Safari
版本	(×)IE 6 (×)IE 7 (×)IE 8	(×)Firefox 2.0 (×)Firefox 3.0 (×)Firefox 3.5	(√)Chrome 1.0.x (√)Chrome 2.0.x	(√)Opera 9.63	(√)Safari 3.1 (√)Safari 4

例如，如下的页面代码：

```
<!DOCTYPE html PUBLIC "-//W3C//DTD XHTML 1.0 Strict//EN" "http://www.w3.org/TR/xhtml1/
DTD/xhtml1-strict.dtd">
<html xmlns="http://www.w3.org/1999/xhtml">
<head>
<meta http-equiv="Content-Type" content="text/html; charset=utf-8" />
<title>Background-size</title>
<style type="text/css">
#box {
    border: 1px solid #CCCCCC;
    padding: 200px 10px 10px;
    background:url(images/background.png) no-repeat;
    -webkit-background-size: 100% 190px;
    }
</style>
</head>
<body>
<div id="box">这里的 <code>background-size: 100% 190px</code>。背景图像将与 DIV 一样宽，高为
190px。</div>
</body>
</html>
```

该页面在 Chrome 浏览器中的预览效果如图 6-10 所示。

图 6-10　在 Chrome 浏览器中的预览效果

6.4.4　multiple backgrounds

在 CSS 3.0 中允许使用 background 属性定义多重的背景图像，可以把不同的背景图像放到一个块元素中。其定义的语法如下：

background:[background-image] | [background-origin] | [background-clip] | [background-repeat] | [background-size] | [background-position]

- <background-image>：指定对象的背景图像。
- <background-origin>：指定背景图像的显示区域。
- <background-clip>：指定背景图像的裁剪区域。
- <background-repeat>：指定背景图像的重复方式。
- <background-size>：指定背景图像的大小。
- <background-position>：指定背景图像的位置。

在 CSS 3.0 中允许为容器设置多层背景图像，多个背景图像的 URL 之间使用逗号（,）隔开即可；如果有多个背景图像，而其他属性只有一个（例如 background-repeat 属性只有一个），表示所有背景图像都应用这一个 background-repeat 属性值。例如，如下的形式：

```
background-image: W1,W2,W3,…,Wn
background-repeat: x1,x2,x3,…,xn
background-size: y1,y2,y3,…,yn
background-position: s1,s2,s3,…,sn
```

例如，可以写为如下范例的形式：

```
background-image: url(images/bg1.png), url(images/bg2.png), url(images/bg3.png);
background-position: left top, -320px bottom, -640px top;
background-repeat: no-repeat, no-repeat, repeat-y;
```

也可以简写为如下的形式：

```
background: url(images/bg1.png) left top no-repeat, url(images/bg2.png) -320px bottom
no-repeat, url(images/bg3.png) -640px top repeat-y;
```

background 属性定义多层背景图像的兼容性如表 6-10 所示。

表 6-10　background 属性定义多层背景图像的兼容性

类型	IE	Firefox	Chrome	Opera	Safari
版本	(×)IE 6 (×)IE 7 (×)IE 8	(×)Firefox 2.0 (×)Firefox 3.0 (×)Firefox 3.5	(√)Chrome 1.0.x (√)Chrome 2.0.x	(×)Opera 9.63	(√)Safari 3.1 (√)Safari 4

6.4.5 使用 CSS 3.0 实现动态背景

通过使用 CSS 3.0 中新增的 transition 属性，可以实现背景图像过渡的效果，其定义的语法如下：

transition:[transition-property]|[transition-duration]|[transition-timing-function]|[transition-delay]

- transition-property：过渡方式。
- transition-duration：过渡的时间长短。
- transition-timing-function：过渡的路径。
- transition-delay：过渡执行延迟的时间。

针对不同引擎类型的浏览器，transition 属性需要写为不同的形式，如表 6-11 所示。

表 6-11 transition 属性的不同形式

引擎类型	Gecko	Webkit	Presto
transition		-webkit -transition	

transition 属性的兼容性如表 6-12 所示。

表 6-12 transition 属性的兼容性

类型	IE	Firefox	Chrome	Opera	Safari
版本	(×)IE 6 (×)IE 7 (×)IE 8	(×)Firefox 2.0 (×)Firefox 3.0 (×)Firefox 3.5	(×)Chrome 1.0.x (√)Chrome 2.0.x	(×)Opera 9.63	(√)Safari 3.1 (√)Safari 4

6.5 课堂练习——定义背景图像的位置

在网页设计中，设计页面的背景图像可以让原本单调的页面锦上添花，使页面变得更加漂亮。通过本章前面的学习，接下来我们运用学过的知识制作下图所示的网页。

视频位置：
光盘\视频\第 6 章\6-5-1.swf
源文件位置：
光盘\素材\第 6 章\6-5-1.html

6.5.1 设计分析

本案例运用了背景图像定位的属性，将背景图像固定在相应的位置，当我们插入图像后得到想要的效果。

6.5.2　制作步骤

（1）新建 HTML 文件，将其保存为"光盘\素材\第 6 章\6-5-1.html"，如下左图所示，继续新建 CSS 文件并将其保存为"光盘\素材\第 6 章\css\6-5-1.css"，如下右图所示。

（2）返回 HTML 文件，选择"CSS 设计器→源→附加现有的 CSS 文件"命令，弹出"使用现有的 CSS 文件"对话框，如下图所示。

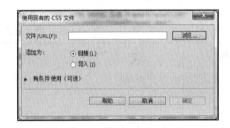

（3）单击"浏览"按钮，选择相应的文件，如下左图所示。返回 CSS 文件，创建下右图所示的 CSS 样式。

```
4   *{
5       border:0px;
6       margin:0px;
7       padding:0px;
8   }
9   body{
10      font-family:"宋体";
11      font-size:12px;
12      color:#999;
13      background-image:
    url(../images/6502.jpg);
14      background-repeat:repeat;
15  }
```

（4）切换到 HTML 设计视图，选择"插入→DIV"命令，并将 id 命名为 box，如下左图所示。切换到 CSS 文件中，创建名称为#box 的 CSS 样式，如下右图所示。

```
16  #box{
17      width:100%;
18      height:600px;
19      background-image:url(../images/6503.png);
20      background-repeat:no-repeat;
21      background-position:180px 30px;
22  }
```

（5）在 id 为 box 的 DIV 中插入名称为 left 的 DIV，并创建名称为#left 的 CSS 样式，如下图所示。

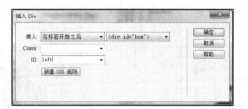

（6）在 DIV 内插入名称为 6504.jpg 的图片，如下图所示。

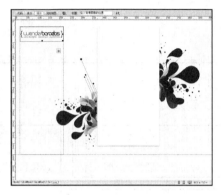

（7）继续在 id 为 left 的 DIV 中插入名称为 menu 的 DIV，并创建名称为#menu 的 CSS 样式，如下图所示。

（8）输入相应的文字，并添加<p>…</p>标签，如下图所示。

（9）在 id 为 left 的 DIV 后插入 id 为 middle 的 DIV，并创建名称为#middle 的 CSS 样式，如下图所示。

（10）插入名称为 6501.jpg 的图片，如下图所示。

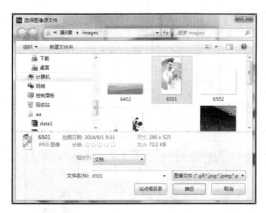

（11）使用相同的方法插入 id 为 right 的 DIV，并创建名称为#right 的 CSS 样式，如下左图所示。输入文字并设置样式，保存文件并浏览，效果如下右图所示。

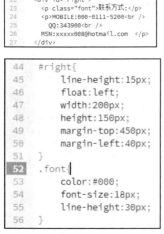

```
22  <div id="right">
23      <p class="font">联系方式:</p>
24      <p>MOBILE:000-0111-5200<br />
25          QQ:343900<br />
26          MSN:xxxxx008@hotmail.com  </p>
27  </div>
```

```
44  #right{
45      line-height:15px;
46      float:left;
47      width:200px;
48      height:150px;
49      margin-top:450px;
50      margin-left:40px;
51  }
52  .font{
53      color:#000;
54      font-size:18px;
55      line-height:30px;
56  }
```

6.5.3　案例总结

通过本案例的制作，本章知识点得以巩固，从中我们学习到网页设计过程中背景位置定位的方法，有助于设计出更好的网页。

6.6　课堂讨论

通过学习本章，我们了解到如何设置页面的背景图像，为了更深一步地巩固知识，请读者思考下面两个问题。

6.6.1　问题 1——background-position 属性的设置可以使用哪些值

该属性可以使用固定值、百分比值和预设值。固定值和百分比值表示在背景图像与左边界和上边界的距离，例如 50px、100px 即表示背景图像水平距左边界 50 像素、垂直距上边界 100 像素；如果使用预设值，例如，right center，即表示背景图像水平居右、垂直居中。

6.6.2　问题 2——background-color 属性与 bgcolor 属性有什么不同

background-color 属性类似于 HTML 中的 bgcolor 属性。CSS 样式中的 background-color

属性更加实用，因为它可以对页面中的任何元素进行设置，bgcolor 属性只能对<body>、<table>、<tr>、<th>和<td>标签进行设置。通过 CSS 样式中的 background-color 属性可以设置页面中任意特定部分的背景颜色。

6.7 课后练习——定义背景图像

下面利用本章所学的设置页面背景的知识来完成课后的练习。

源文件地址：光盘\素材\第 6 章\6-7-1.html
视频地址：光盘\视频\第 6 章\6-7-1.swf

（1）新建文件，使用提供的素材制作图所示的背景效果。

（2）插入 DIV，创建 CSS 样式，制作图所示的效果。

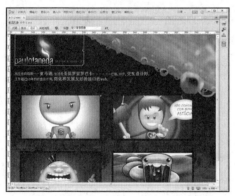

（3）插入图片，并输入文字设置样式。

（4）保存文件，按 F12 键浏览效果。

第 7 章
设置页面中的图像

本章简介:

　　一个网站内容的知识性、实用性再高,如果只有文字内容,肯定会让人觉得枯燥无味,尤其是在如今对视觉设计要求越来越高,网站往往需要使用图片来装饰页面的外表。本章的重点是讲解网站设计和制作中如何对图片进行控制,让读者掌握在网页中控制图像的方法和技巧,并能对各种图像进行熟练的操作。

　　本章的内容主要包括怎样使用 CSS 样式对图像进行控制,包括图像的边框、缩放、对齐方式等,而且还通过网站页面实例对页面布局的制作方法进行讲解。

学习重点:

- 图像样式控制
- 图文混排
- 制作产品宣传页面

7.1　图像样式控制

　　使用 HTML 可以直接调整图片的很多属性,但是众多的代码使页面的修改工作变得麻烦。因此,使用 CSS 对页面上的图片进行统一管理是非常必要的。除此之外,还可以实现一些在 HTML 中无法实现的特殊效果。本节为读者讲解使用 CSS 样式控制图像的方法。

7.1.1　图像边框

在 CSS 中，可以通过 border 属性为图片添加边框，并且可以调整边框的粗细、样式以及颜色等。在我们学习这些内容之前，首先要了解怎样通过 boder 属性控制样式，如表 7-1 所示。

表 7-1　　　　　　　　　　　　　　　CSS 边框属性

属性	描述	可用值	注释
border-width	用于设置元素边框粗细	thin	定义细边框
		medium	定义中等边框（默认粗细）
		thick	定义粗边框
		length	自定义边框宽度（如 1px）
border-color	用于设置元素边框颜色	color_ name	规定颜色值为颜色名称的边框颜色（如 red）
		hex_ number	规定颜色值为十六进制值的边框颜色（如#110000）
		rgb_ number	规定颜色值的 rgb 代码的边框颜色（如 rgb(0,0,0)）
		transparent	默认值，边框颜色为透明
border-style	用于设置元素边框样式	none	定义无边框
		hidden	与 none 相同，对于表，用于解决边框冲突
		dotted	定义点状边框，在大多数浏览器中显示为实线
		dashed	定义虚线，在大多数浏览器显示为实线
		solid	定义实线
		double	定义双线，双线宽度等于 border-width 的值
		groove	定义 3D 凹槽边框，其效果取决于 border-color 的值
		ridge	同上
		inset	同上
		outset	同上

设置图片边框的 CSS 样式代码如下：

```
.img{                                    border-color: #0F0;
border-width: 5px;                       }
border-style: solid;
```

为页面中的图片设置定义的边框样式，效果如图 7-1 所示。

图 7-1　设置图片边框（一）

上面的 CSS 样式代码是设置图片边框的方法，除了这种方法外，还可以单独对图像的任意一个边框设置样式。下面的 CSS 样式代码是分别设置图片各个边框样式的方法。

```
.img{
    border-top-width:5px;              border-left-width:5px;
    border-top-style: solid;           border-left-style: double;
    border-top-color:#F00;             border-left-color:#0FF;
    border-bottom-width:5px;           border-right-width:5px;
    border-bottom-style: solid;        border-right-style: groove;
    border-bottom-color:#0F0;          border-right-color:#F0F;
                                   }
```

为页面中的图片设置定义的边框样式，效果如图 7-2 所示。

图 7-2　设置图片边框（二）

上面两种设置图片边框的方法是一种代码的完整写法，设置图片边框的方法有多种，下面是设置图片边框的一种简单写法，效果如图 7-3 所示。

```
.img{
    border: 2px solid #F60;
}
```

图 7-3　设置图片边框（三）

这是使用 CSS 样式的方法设置图片边框的一种简写方式。把各个值写到同一语句中，用空格分离，这样可以缩减 CSS 代码长度，提高工作效率。下面是设置图片边框代码的另外一种简写方式，效果如图 7-4 所示。

```
.img{
    border: 2px solid;
}
```

图 7-4　设置图片边框（四）

图片的边框属性可以不全部定义，单独定义图片的样式与宽度，但是不定义边框的颜色。通过这种方式设置的图片边框默认颜色是黑色。也可以单独定义样式或者宽度，图片边框也会有效果，但如果单独定义颜色，图片边框不会有任何效果。

下面的 CSS 样式代码分别设置了图片各个边框的效果。

```
.img{
    border-width:5px 2px 1px 6px;             <--!设置各个边框粗细-->
    border-style: dashed dotted double solid;  <--!设置各个边框样式-->
    border-color: #F0F #F00 #F60 #C63;        <--!设置各个边框颜色-->
}
```

上面定义的 CSS 样式分别设置了图片各个边框的样式，各个属性中的值从左到右排列分别为上边框、右边框、下边框、左边框。为页面中的图片设置定义的边框样式，效果如图 7-5 所示。

图 7-5　设置图片边框（五）

在设置图片边框样式时，如果相对的两个边框的样式是相同的，可以只设置一个边框的样式，相对的边框样式不需要设置也可以应用样式。下面的 CSS 样式代码是边框的设置方法。

```
.img{
    border-width:5px 10px;                  <--!设置各个边框粗细-->
    border-style: dashed dotted double;     <--!设置各个边框样式-->
    border-color: #F0F #F60;                <--!设置各个边框颜色-->
}
```

为页面中的图片设置定义的边框样式，效果如图 7-6 所示。

图 7-6　设置图片边框（六）

在定义图片边框样式时，各边框的样式从左至右分别是上、右、下、左。如果只是定义一种样式，那么 4 个边框将同时应用这种样式；如果定义两种样式，那么第一种样式对应的是上边框与下边框，第二种样式对应的是右边框与左边框；同理，如果定义 3 种样式，第一、三种样式对应的是上、下边框，而第二种样式对应的便是右、左边框了。这种边框样式的定义方式虽然更加简单，但是比较不好理解，不建议初学者使用。

7.1.2　图像定位

在页面中插入图片后，总是需要对图片的位置进行设置。图片定位主要通过 CSS 样式中的 margin 属性进行外边距控制来实现定位的效果。例如，制作一个网页的导航部分，在导航层 top _1 插入相应图片，为了达到设计的效果。必须对图片进行样式定义。

没对图片进行控制时的 CSS 代码如下。

```
<div id="top">
<img src="images/6013.gif"
width="906" height="127" />
</div>
<div id="top_1">
<img src="images/6101.gif"
width="62" height="32" />
<img src="images/6102.gif"
width="80" height="32" />
<img src="images/6103.gif"
width="79" height="32" />
        <img src="images/6104.gif"
width="80" height="32" />
        <img src="images/6105.gif"
width="86" height="32" />
        <img src="images/6106.gif"
width="86" height="32" />
        <div id="top_1_1">
        美 <strong>图</strong> 网来了
        </div>
</div>
```

页面预览效果如图 7-7 所示。

图 7-7　页面效果

从预览效果中可以看到，图片在默认情况下被放置到了对象的左上角，而且图片之间没有距离。但是却发现一个问题，由于 DIV 对象本身就是占据整行的一种对象，不允许其他对象与它在一行中并列显示，因此在图片右侧的 DIV 对象就会发生变化。首先，应改变图片在对象中的浮动方式，如：

```
#top_1 img {
    float:left;
}
```

再使用 margin 属性来达到预期的位置，CSS 代码如下，页面预览效果如图 7-8 所示。

```
#top_1 img {
    float:left;
    margin-left:15px;
}
```

图 7-8　页面效果

7.1.3　图像缩放

CSS 控制图片的缩放与 HTML 一样，也是通过 width 和 height 两个属性来实现的。可以通过为这两个属性设置为相对数值或绝对数值来达到图片缩放的效果。下面的 CSS 样式代码是通过绝对数值来控制图片缩放的方法。

```
img{
    height:440px;             <--!设置图片高度-->
    width:225px;              <--!设置图片宽度-->
```

为页面中的图片应用所定义的 CSS 样式，图片在浏览器中的预览效果如图 7-9 所示。

未缩放页面时的图片大小　　　　　　　　缩小页面后的图片大小

图 7-9　设置图片缩放

通过上面的图片效果可以看出，使用绝对数值对图片进行缩放后，图片的大小是固定的，不能够随浏览器界面的变化而改变。使用相对数值来控制浏览器的缩放就可以实现图片随浏览器变化而变化的效果。下面的 CSS 样式代码就是通过相对数值控制图片缩放的方法。

```
.img{
    width:100%;               <--!设置图片宽度-->
}
    Height:100%               <--!设置图片高度-->
}
```

为页面中的图片应用所定义的 CSS 样式，图片在浏览器中的预览效果如图 7-10 所示。

未缩放页面时的图片大小　　　　　　　　缩放页面后的图片大小

图 7-10　图片的缩放效果

在使用相对数值控制图片缩放效果时，需要注意图片的宽度可以随相对数值的变化而发生变化，而当高度设置为 100% 时，图片的高度并不会发生改变，所以在使用相对数值对图片设置缩放效果时，只需要设置图片宽度的相对数值即可。

在使用相对数值对图片进行缩放时可以看到，图片的宽度、高度都发生了变化，但有些时候不需要图片在高度上发生变化，只需要对宽度进行缩放，那么可以将图片的高度设置为绝对数值，将宽度设置为相对数值。下面的 CSS 样式代码就是控制图片沿水平方向缩放的方法。

```
img{
    width:100%;              <--!设置图片宽度-->
    height:525px;            <--!设置图片高度-->
}
```

为页面中的图片应用所定义的 CSS 样式，图片在浏览器中的预览效果如图 7-11 所示。

图 7-11　图片的缩放效果

7.1.4　图像对齐方式

当图片和文字同时出现在页面上的时候，图片的对齐方式是非常重要的，将图片对齐到理想的位置成为页面是否整体协调、统一的重要因素。图像的对齐方式分为水平对齐和垂直对齐两种。

1．水平对齐设置

通过对 text-align 属性的设置可以控制图片的水平对齐与文字的水平对齐方式。能够实现图片左、中、右 3 种对齐效果。与文字的水平对齐所不同的是，图片的对齐需要通过为其父元素设置定义的 text-align 样式来达到效果。

下面的 CSS 样式代码就是控制图片进行左、中、右 3 种对齐的方法。

```
#pic1{                                    #pic3{
    text-align: left;                         text-align: right;
}                                         }
#pic2{
    text-align: center;
}
```

分别为页面中图片的父元素应用所定义的 CSS 样式，页面效果如图 7-12 所示。

图 7-12　图片水平对齐

2．垂直对齐设置

图片垂直方向上的对齐方式主要体现在与文字搭配的情况下，尤其当图片的高度与文字高度不一致的时候，在 CSS 中使用 vertical-align 属性来实现各种效果。vertical-align 的数值种类很多，有些属性在不同的浏览器上显示的可能会有问题。例如 IE 和 Google 的显示结果会略有不同。下面的 CSS 样式代码详细地列出了图片的各种垂直对齐方法。

```
.pic2{vertical-align:bottom;}          .pic6{vertical-align:text-bottom;}
.pic3{vertical-align:middle;}          .pic7{vertical-align:text-top;}
.pic4{vertical-align:sub;}             .pic8{vertical-align:top;}
.pic5{vertical-align:super;}
```

分别为页面中的图片应用所定义的 CSS 样式，图片在不同浏览器中的预览效果如图 7-13 所示。

IE 浏览器   谷歌浏览器

图 7-13　图片垂直对齐

与文字的垂直对齐方式类似，图片的垂直对齐也可以通过具体数值来进行设置，正值和负值都可以使用。例如，修改 CSS 样式代码如下所示。

```
.pic1{vertical-align:10px;}
.pic2{vertical-align:-20px;}
```

分别为页面中的图片应用所定义的 CSS 样式，页面效果如图 7-14 所示。

图 7-14　图片垂直对齐

7.2 图文混排

在网站中经常会出现一些图片和文字混合排列在一起的排版方式，从而更好地突出网站的主题信息，这种排版方式就称为 "图文混排"。图文混排与之前所讲的设置段落样式的方法一样，都是通过对不同属性进行设置而实现的一种特殊的排版效果。接下来将会为读者介绍设置图文混排的方法。

7.2.1 设置文本混排

文本混排方式与设置首字符下沉的相同之处就是它们都是通过为特定的元素设置属性而达到预想的效果。可以通过在 CSS 中对 float 属性进行设置来实现文本混排的效果。下面就对设置文本混排的方法进行讲解。

（1）选择"文件>打开"命令，打开 "光盘\素材\第 7 章\7-2-1.html"，如图 7-15 所示。切换到代码视图，在文字与图片外侧添加段落标记，如图 7-16 所示。

图 7-15　打开文件　　　　　　　　　　　图 7-16　添加段落标记

（2）切换到代码视图，在 CSS 内部样式表中输入控制图片左浮动的代码，如图 7-17 所示。返回设计视图，设置文字环绕效果，如图 7-18 所示。

图 7-17　输入 CSS 代码　　　　　　　　　图 7-18　文字环绕效果

7.2.2 设置混排间距

上一小节中实现了文本混排的效果，通过观察可以发现，设置文本混排的图像与文字之间几乎无间距。如果想要在图片与文字之间添加一定的间距，可以在 img 标记下为图片添加 margin 属性，如图 7-19 所示。设置文本混排间距的效果如图 7-20 所示。

```
img{
    float: left;
    margin-right: 20px;
    margin-bottom: 5px;
}
```

图 7-19　输入 CSS 代码

图 7-20　文字环绕效果

7.3　CSS 3.0 中边框的新增属性

在 CSS 中增加了 4 种控制边框（border）的新属性，分别是 border-image、border-radius、box-shadow 和 border-color。下面分别对这 4 种新增边框控制属性进行简单的介绍。

7.3.1　border-image

用来设置实现使用图像作为对象的边框效果的是 border-images 属性。注意，如果 `<table>` 标签设置了 border-collapse:collapse，则 border-image 属性设置会无效。其定义的语法如下。

```
border-image: none | <image> [ <number> | <percentage>]{1,4}[ / <border-width>{1,4} ]?
[stretch | repeat | round] {0,2}
```

相关属性：

```
border-image: border-top-image, border-right-image, border-bottom-image, border-left-image
    border-corner-image: border-top-left-image, border-top-right-image, border-bottom-left-imag e,
border-bottom-right-image
```

- none：默认值，无边框图像。
- `<percentage>`：边框宽度用百分比表示。
- `<image>`：使用绝对或相对 URL 地址指定边框图像。
- [stretch | repeat | round]：拉伸 | 重复 | 平铺（其中 stretch 为默认值）。

针对不同引擎类型的浏览器，border-image 属性需要写为不同的形式，如表 7-2 所示。

表 7-2　　　　　　　　　　　　　border-image 属性的不同形式

引擎类型	Webkit	Gecko	Presto
border-image	-webkit-border-image	-moz-border-image	

border-image 属性的兼容性如表 7-3 所示。

表 7-3　　　　　　　　　　　　　border-image 属性的兼容性

类型	IE	Firefox	Chrome	Opera	Safari
版本	(×)IE 6 (×)IE 7 (×)IE 8	(×)Firefox 2.0 (×)Firefox 3.0 (√)Firefox 3.5	(√)Chrome 1.0.x (√)Chrome 2.0.x	(×)Opera 9.64	(√)Safari 3.1 (√)Safari 4

例如，使用图像实现边框背景图效果，页面代码如下：

```
<!doctype html>                         border-width: 0 12px;
<html>                                      -moz-border-image:
<head>                                  url(images/bg01.jpg) 0 12 0 12 stretch
<meta charset="utf-8">                  stretch;
<title>Border-image</title>                 }
<style type="text/css">                 </style>
#box{                                   </head>
    display: block;                     <body>
    padding: 10px;                      <div id="box">在Firefox浏览器里能
    text-align: center;                 看到边框背景图</div>
    font-size: 16px;                    </body>
    text-decoration: inherit;           </html>
    color:white;
```

该页面在 Firefox 浏览器中预览的效果如图 7-21 所示。

图 7-21 在 Firfox 浏览器中的预览效果

7.3.2 border-radius

用来实现圆角边框效果的是 border-radius 属性。其定义的语法如下：

```
border-radius: none | <length>{1,4} [ / <length>{1,4} ]?
```

相关属性：

```
border-top-right-radius, border-bottom-right-radius, border-bottom-left-radius, border-top-
left-radius
```

● border-top-left-radius：设置左上角圆角值，其他 3 个属性分别是右上角圆角值、右下角圆角值、左下角圆角值，不可以设置为负值。

● <length>：两个<length>分别用于定义圆角形状四分之一椭圆的两个半径值，取值为数值单位，例如 5px，不可以设置为负值。

提示

第一个<length>值是水平半径值。第二个<length>值是垂直半径值，如果第二个值省略，则它等于第一个值，这时这个角就是一个四分之一圆角。如果任意一个值为 0，则这个角是矩形，不会是圆的。

针对不同引擎的浏览器，border-radius 属性需要写为不同的形式，如表 7-4 所示。

表 7-4　　　　　　　　　　　border-radius 属性的不同形式

引擎类型	Gecko	Webkit	Presto
border-radius	-moz-border-radius	-webkit-border-radius	
border-bottom-left-radius	-moz-border-radius-bottomleft	-webkit-border-bottom-left-radius	
border-bottom-right-radius	-moz-border-radius-bottomright	-webkit-border-bottom-right-radius	

引擎类型	Gecko	Webkit	Presto
border-top-left-radius	-moz-border-radius-topleft	-webkit-top-left-radius	
border-top-right-radius	-moz-border-radius-topright	-webkit-top-right-radius	

border-radius 属性的兼容性如表 7-5 所示。

表 7-5　　　　　　　　　　　border-radius 属性的兼容性

类型	IE	Firefox	Chrome	Safari	Opera
版本	(×)IE 6.0 (×)IE 7.0 (×)IE 8.0	(×)Firefox 2.0 (√)Firefox 3.0 (√)Firefox 3.5	(√)Chrome 1.0.x (√)Chrome 2.0.x	(√)Safari 3.1 (√)Safari 4.0	(×)Opera 9.64

例如，如下的页面代码：

```
<!doctype html>                              -moz-border-radius: 10px;
<html>                                   }
<head>                               </style>
<meta charset="utf-8">               </head>
<title>Border-radius</title>         <body>
<style type="text/css">                  <div id="box">在 Firefox 浏览器中所实
#box{                                现的 CSS 圆角效果</div>
    padding: 10px;                   </body>
    border-width: 1px;               </html>
    border-style: solid;
```

页面在 Firefox 浏览器中的预览效果如图 7-22 所示。

图 7-22　在 Firefox 浏览器中的预览效果

7.3.3　border-color

用来设置对象边框颜色的是 border-color 属性，CSS 3.0 中强化了该属性的功能。如果设置了 border 的宽度为 $x$px，那么就可以在这个 border 上使用 x 种颜色，每种颜色显示 1px 的宽度。如果所设置的 border 宽度为 10px，但只声明了 5 种或 6 种颜色，那么最后一个颜色将被添加到剩下的宽度。其定义的语法如下：

```
border-color: <color>
```

相关属性：

```
border-top-color, border-right-color, border-bottom-color, border-left-color
```

<color>：颜色值。

针对不同引擎类型的浏览器，border-color 属性需要写为不同的形式，如表 7-6 所示。

表 7-6 　　　　　　　　　　　　　　border-color 属性的不同形式

引擎类型	Gecko	Webkit	Presto
border-color	-moz-border-color		

border-color 属性的兼容性如表 7-7 所示。

表 7-7 　　　　　　　　　　　　　　border-color 属性的兼容性

类型	IE	Firefox	Chrome	Opera	Safari
版本	(×)IE 6.0 (×)IE 7.0 (×)IE 8.0	(×)Firefox 2.0 (√)Firefox 3.0 (√)Firefox 3.5	(×)Chrome 2.0.x	(×)Opera 9.64	(×)Safari 4.0

例如，如下的页面代码：

```
<!doctype html>
<html>
<head>
<meta charset="utf-8">
<title>Border-color</title>
<style type="text/css">
#box{
    padding: 10px;
    border: 8px solid #000;
    -moz-border-bottom-colors: #555 #666 #777 #888 #999 #aaa #bbb #ccc;
    -moz-border-bottom-colors: #555 #666 #777 #888 #999 #aaa #bbb #ccc;
    -moz-border-top-colors: #555 #666 #777 #888 #999 #aaa #bbb #ccc;
    -moz-border-left-colors: #555 #666 #777 #888 #999 #aaa #bbb #ccc;
    -moz-border-right-colors: #555 #666 #777 #888 #999 #aaa #bbb #ccc;
    }
</style>
</head>
<body>
<div id="box">在 Firefox 浏览器中所实现的渐变边框颜色效果</div>
</body>
</html>
```

页面在 Firefox 浏览器中的预览效果如图 7-23 所示。

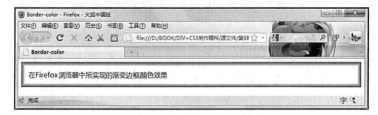

图 7-23 　在 Firefox 浏览器中的预览效果

7.3.4　box-shadow

用来实现块的阴影效果的是 box-shadow 属性，其定义语法如下。

```
box-shadow: <length> <length> <length> <length> || <color>
```

<length> <length> <length>?<length>? || <color>：阴影水平偏移值（可以取正负值）；

阴影垂直偏移值（可以取正负值）；阴影模糊值；阴影颜色。

针对不同引擎类型的浏览器，box-shadow属性需要写为不同的形式，如表7-8所示。

表7-8　　　　　　　　　　　box-shadow属性的不同形式

引擎类型	Gecko	Webkit	Presto
box-shadow	-moz-box-shadow	-webkit-box-shadow	

box-shadow属性的兼容性如表7-9所示。

表7-9　　　　　　　　　　　box-shadow属性的兼容性

类型	IE	Firefox	Chrome	Opera	Safari
版本	(×)IE 6.0 (×)IE 7.0 (×)IE 8.0	(×)Firefox 3.0 (√)Firefox 3.5	(√)Chrome 2.0.x	(×)Opera 9.64	(√)Safari 4.0

例如，如下的页面代码：

```
<!doctype html>
<html>
<head>
<meta charset="utf-8">
<title>box-shadow</title>
<style type="text/css">
#box{
    width: 95%;
    padding: 10px;
    background-color: #9C0;
    color: #FFF;
    -moz-box-shadow: 3px 3px 6px #666;
    }
</style>
</head>
<body>
<div id="box">在Firefox浏览器中所实现的块的阴影效果</div>
</body>
</html>
```

页面在Firefox浏览器中的预览效果如图7-24所示。

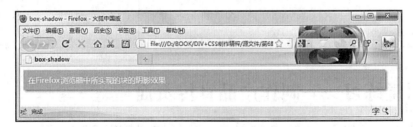

图7-24　在Firefox浏览器中的预览效果

7.3.5　使用CSS 3.0实现图像滑过动画效果

使用CSS 3.0中的transition和transform属性，可以实现许多鼠标滑过时的动画效果，通过transform属性可以实现图像变换的效果，其定义语法如下：

- none：指定一个转换的方式。
- matrix(<number>,<number>,<number>,<number>,<number>,<number>)：以一个包含6个值的变换矩形的形式指定一个 2D 变换，相当于直接应用一个[a b c d e f]变换矩阵。
- translate(<translation-value>[,<translation-value>])：通过[tx,ty]数值指定一个矢量 2D 变换，tx 是第一个过渡值参数，ty 是第二个过渡值参数。如果 ty 没有提供，则默认为 0。
- translateX(<translation-value>)：通过指定一个 *x* 方向上的数值指定一个过渡。
- translate (<translation-value>)：通过指定一个 *y* 方向上的数值指定一个过渡。
- scale(<number[,<number>]>)：提供执行缩放的两个参数，从而实现 2D 缩放效果。如果第二个参数未提供，则取与第一个参数一样的值。
- scaleX(<number>)：使用[sx,1]执行缩放效果，sx 为所需要的参数。
- scaleY(<number>)：使用[1,sy]执行缩放操作，sy 为所需要的参数。
- rotate(<angle>):通过指定的角度参数对原元素指定一个 2D 旋转，需要先定义transform-origin 属性。
- skewX(<angle>)：按指定的角度沿 *x* 轴指定一个斜切变换。
- skewY(<angle>)：按指定的角度沿 *y* 轴指定一个斜切变换。
- skew(<angle>[,<angle>])：按指定的 *x* 轴和 *y* 轴角度指定一个斜切变换。第一个参数对应 *x* 轴，第二个参数对应 *y* 轴。如果第二个参数未提供，则值为 0，也就是 *y* 轴方向上无斜切。

针对不同引擎类型的浏览器，transform 属性需要写为不同的形式，如表 7-10 所示。

表 7-10　　　　　　　　　　transform 属性的不同形式

引擎类型	Gecko	Webkit	Presto
transform	-moz-transform	-webkit-transform	

transform 属性的兼容性如表 7-11 所示。

表 7-11　　　　　　　　　　transform 属性的兼容性

类型	IE	Firefox	Chrome	Opera	Safari
版本	(×)IE 6.0 (×)IE 7.0 (×)IE 8.0	(×)Firefox 2.0 (×) Firefox 3.0 (√)Firefox 3.5	(√)Chrome 1.0.x (√)Chrome 2.0.x	(×)Opera 9.63 (√)Opera 10.5	(√)Safari 3.1 (√)Safari 4.0

7.4　课堂练习——制作产品宣传页面

本实例通过一个饮品展示页面的制作，向读者介绍使用 DIV+CSS 对页面进行布局的制作方法和技巧。对于任何一个网页而言，文字和图像都是页面中不可缺少的重要元素，页面中图像的控制也是非常重要的。通过 CSS 样式对图像进行设置，可以使图像在网页中更加美观，最终效果如下图所示。

| 视频位置: |
| 光盘/视频/第 7 章/7-4.swf |
| 源文件位置: |
| 光盘/素材/第 7 章/7-4.html |

7.4.1 设计分析

本实例将设计并制作一个简单的饮品展示页面，对前面所学的 CSS 知识进行实际应用。整个页面使用了规则的排版布局方式，主要分为两部分，第二部分主要是图片构成。网页看起来清新自然、主题突出。

7.4.2 制作步骤

（1）选择"文件→新建"命令，新建一个空白的 HTML 页面，并将其保存为"光盘\素材\第 7 章\7-4.html"，如下左图所示。新建一个 CSS 文件，将其保存为"光盘\素材\第 7 章\CSS\7-4.css"，如下右图所示。

（2）切换到 HTML 页面中，单击"CSS 设计器"面板的"源"选项区右上角的"新建CSS 源" 按钮，选择"附加现有的 CSS 文件"选项，在弹出的 "使用现有的 CSS 文件"对话框中链接 CSS 文件，如下左图所示。单击"确定"按钮完成链接，"CSS 设计器"面板如下右图所示。

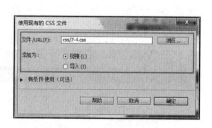 

（3）切换到 7-4.css 文件，创建名为 "*" 的 CSS 样式如下左图所示。继续创建名为 body 的 CSS 样式，如下右图所示。

```
3   *{
4        margin:0px;
5        padding:0px;
6        border:0px;
7   }
```

```
8   body{
9        font-family:"宋体";
10       font-size:12px;
11       color:#00baff;
12       font-weight:bold;
13       line-height:25px;
14       background-image:url(../image/74001.jpg);
15       background-repeat:no-repeat;
16       background-position:center top;
17   }
```

（4）返回页面的设计视图中，可以看到通过 CSS 样式设置实现的页面背景效果，如下图所示。

（5）在页面中插入一个名为 box 的 DIV，切换到 7-4.css 文件中，创建名为#box 的 CSS 规则，如下左图所示。返回设计视图中，页面效果如下右图所示。

```
18  #box{
19       width:1005px;
20       height:100%;
21       overflow:hidden;
22       margin:0px auto;
23  }
```

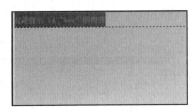

（6）将光标移至 id 为 box 的 DIV 中，将多余的文本内容删除，在该 DIV 中插入一个名为 top 的 DIV。切换到 7-4.css 文件中，创建名为#top 的 CSS 规则，如下左图所示。返回设计视图中，页面效果如下右图所示。

```
24  #top{
25       width:1005px;
26       height:150px;
27       margin-top:10px;
28  }
```

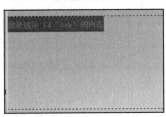

（7）将名为 top 的 DIV 中多余的文字内容删除，依次插入相应的图片，切换到 7-4.css 文件中，创建名为.img 的 CSS 规则，如下左图所示。返回设计视图中，选中图片 73002.png，在其属性面板的 Class 下拉列表中选择 img 选项,相同的方法依次设置图片 73002.png、73004.png、73006.png、73007.png 和 73008.png，页面效果如下右图所示。

```
29  .img{
30       margin-bottom:30px;
31  }
```

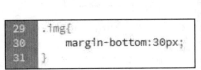

（8）在名为 topde 的 DIV 后插入一个 id 为 main 的 DIV，切换到 7-4.css 文件中，创建名为#main 的 CSS 规则，如下左图所示。返回设计视图中，页面效果如下右图所示。

（9）光标移至名为 main 的 DIV 中，删除多余文字，插入一个 id 为 pic 的 DIV，切换到 7-4.css 文件中，创建名为#pic 的 CSS 规则，如下左图所示。返回设计视图中，页面效果如下右图所示。

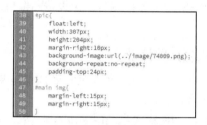

（10）用相同的方法依次插入名为 pic01、pic02、pic03、pic04、pic05 的 DIV，并设置其 CSS 规则，如下左图所示。返回设计视图中，页面效果如下右图所示。

（11）光标移至名为 pic 的 DIV 中，插入图片 74101.png 并输入相应的文字，页面效果如下左图所示。用相同的方法依次制作下面的页面，页面效果如下右图所示。

（12）完成页面的制作后，选择"文件→保存"命令，保存页面，并保存 7-4.css 文件。在浏览器中进行预览，效果如下图所示。

7.5　课堂讨论

本章向读者讲解了如何设置页面中的图像，掌握了如何在页面中设置图像可以为网页制作添加更多的元素，使得页面更加丰富、美观。

7.5.1　问题1——使用图像时需要注意什么

在制作页面时，插入不同的图像会使页面效果更加丰富，但是使用图像也是要有选择的，不能太过于随心所欲。下面是使用图像时需要注意的几点。

（1）选择合适的图像格式。在网页中，常用的图像格式是 GIF、JPEG 和 PNG 格式。JPEG格式对于大型图片的压缩率比较高，而 GIF 格式更适合小图像或是小的动画。对于同样内容的 4KB 以下的图像文件，GIF 格式比 JPEG 格式效果更好。

（2）控制网页中的图像。在网页中，不要使用过多的图像文件，因为每下载一个图像文件，浏览器都将向 Web 服务器请求一次连接，所以图像文件越多，意味着页面下载的时间越长，所以图像文件的大小和数量对于网页的下载是很重要的。在制作网页时，可以将多个小的图像合并成一个图像，以减少图像的下载数量，提高网页的浏览速度。

（3）使用低分辨率图像。如果页面中需要使用大的图像，需要使用适当的方法解决图像的显示方法，使页面能够更快地显示。一种方法是在页面中使用大图像的缩略图，为该缩略图制作链接，链接到原始的大图，如果浏览者对该图像感兴趣，就可以单击缩略图查看大图。

另一种方法是使用低分辨率图像，使用 Dreamweaver 提供的低分辨率源标记，让低分辨率的图像先下载，这样浏览者就可以很快看到该图像的低分辨率图像。这种方法的好处是浏览者不需要很长的下载时间就可以看到该图像的低分辨率图像。

7.5.2　问题2——在网页中插入图像时，可以不设置图像的宽度和高度属性吗

当然可以，在网页中插入图像时，可以只设置图像的路径地址，在浏览器中预览该网页时，浏览器会按照该图像的原始尺寸在网页中显示图像。如果需要在网页中控制所插入的图像大小，则必须在<img>标签中设置宽度和高度属性。

7.6　课后练习——制作产品展示页面

本章学习了如何设置页面中的图像，使得简单的页面变得多元化，变得更加吸引浏览者的眼球，接下来通过完成课后练习来进一步掌握页面背景图像的设置。

源文件地址：光盘\素材\第 7 章\7-6.html
视频地址：光盘\视频\第 7 章\7-6.swf

	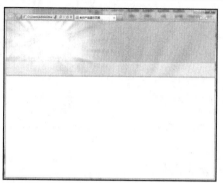
（1）新建文件，分别保存 HTML 文件和 CSS 文件，并将外部 CSS 文件与 HTML 文件链接。	（2）通过 CSS 设置出图所示的背景图像样式。

（3）插入图片与文字，制作出图所示的页面样式。	（4）使用相同的方法制作出其他样式，并保存文件，浏览效果如图所示。

第 8 章
CSS 文本内容排版

本章简介：

　　排版设计又称为版面排版，即在有限的版面空间里，将版面构成要素根据特定内容的需要进行排列组合，并运用造型要素以及形式处理，把构思与计划用实际形式表现出来。本章主要讲述了文本排版的几种方式和技巧，通过网站页面的制作，详细讲述了插入图像、文字样式、标题样式、列表样式等多个文本排版方式，帮助读者更好地了解文本排版并认识网站文本排版设计。

学习重点：

- 了解文本排版原则
- CSS 可以控制的文本属性
- 掌握如何使用 CSS 样式对文本样式进行控制

- CSS 段落样式
- CSS 3.0 中文字新增属性

8.1　文本排版概述

　　文本排版是网页设计时不可缺少的内容。一个成功的文本排版，不但可以使页面整齐美观，更能方便用户管理和更新。反之，文本的不合理排版会给页面带来很多麻烦，在视觉上给读者带来疲劳，其原因在于行间距太小或太大，段间距太小或太多，每行字数太多或太少等。想要制作出优秀的页面，大家就应该在文本排版方面合理地避免上面的问题。

8.1.1 文本排版原则

在网页中，文本占据着很大一部分，它是网站内部的主要内容。做好文本排版要注意的原则有：标题突显于背景之上，居于版面中间位置，并以长方形方式呈现；段落字间距和行间距设定合理，每行文字字数对称，文本颜色尽量控制在 3 种以下。如图 8-1 所示为合理的页面文本排版。

图 8-1　合理的页面文本排版

8.1.2 文本控制属性

在网页中，利用 CSS 样式集合可以控制字体的所有属性，如表 8-1 所示。

表 8-1　　　　　　　　　　　　CSS 可以控制的字体属性

属性	描述
font-family	设置字体
font-size	设置文本字体大小
font-weight	设置文本字体粗细样式
font-variant	设置"小体大写字母"效果
font-style	设置文本的斜体效果
color	设置文本字体颜色
text-decoration	设置文本下画线
line-height	设置对象中文本的行高
font	设置 font-family、font-size、font-weight、font-variant、font-style 和 line-height

表 8-1 所示的都是在网页中对文本属性进行控制最直观、最基本的样式，这些属性给页面带来的好处的确是不可忽视的。

8.2　CSS 文本样式

当我们浏览网站时，吸引我们眼球的往往是那些形式多样、色彩丰富的页面。同样，我们在对网页文本进行排版时，也应该充分利用 CSS 对 HTML 页面中的文字进行全方位设置的优势，设计出华丽、个性的文本样式。

8.2.1 字体

网页中提供了字体样式的功能设置，HTML 语言中的文字样式是通过<font face="字体名称">来设置的，而 CSS 中的字体则是通过 font-family 属性进行控制的。例如，下面的 CSS 样式表代码：

```
p{
  font-family:黑体,幼圆,宋体,Arial,sans-serif;
}
```

以上表示声明了 HTML 页面<p>标签的字体名称同时声明了 4 个字体的名称，分别包括：黑体、幼圆、宋体和 Arial，整句代码的意思是告诉浏览器在浏览者的计算机中按顺序依次查询所输入的字体样式。如果 font-family 所输入的字体样式在浏览者的计算机中没有记载，则浏览器会自动使用默认字体。

 一些字体的名称中间会出现空格，这时需要将其用双引号括起来，例如 "Arial Rounded MT Bold"。

font-family 属性可以提示任意字体样式，而且没有任何数量限制，字体之间用逗号分隔开即可，代码如下：

```
h2{
font-family:宋体;
}
p.kaita{
font-family:黑体;
}
p{
font-family:幼圆;
}
```

HTML 代码如下：

```
<body>
<h2>寻找生活</h2>
    <p class="kaita">作者：某某</p>
<p>一天的忙碌，迎来短暂的停靠。空气里陈俗的气味渐渐消散。</p>
<p>傍晚的倦怠，带有一种意象。思念变得模糊，会游离到内心</p>
<p>真实的想法。繁忙之余，似有种渴望去享受一种朴实到极点</p>
<P>的平淡生活。日出而作，日落而息；踩着朝露而出，披一身</p>
<p>月光而回；守望自己的一方苗田，享受自在轻松的生活。
</body>
```

其显示效果如图 8-2 所示，标题<h2>显示为宋体，作者显示为黑体，正文显示为幼圆。

图 8-2　文字字体

8.2.2 大小

在网页中，用文字大小来突出主题可以说是最直观、最简单的方法之一。CSS 对文字大小是通过 font-size 属性来控制的，该属性的值可以是相对大小，也可以是绝对大小。

1．绝对大小

表 8-2 中介绍了一些绝对大小的单位以及含义。

表 8-2　　　　　　　　　　　　　绝对大小的单位及其含义

绝对单位	说明
in	inch，英寸
cm	centimeter，厘米
mm	millimeter，毫米
pt	point，印刷的点数，在一般的显示器中，1pt 相当于 1/72inch
pc	pica，1pc=12pt

绝对大小的设置需要使用绝对单位，不管在任何分辨率的显示器上，其显示出来的大小都是相同的，不会改变。样式代码如下：

```
p.inch {                         }
font-size: 0.5in;                p.pt {
}                                font-size:12pt;
p.cm {                           }
font-size:0.7cm;                 p.pc {
}                                font-size:2pc;
p.mm {                           }
font-size:3mm;
```

HTML 代码如下：

```
<p class="inch">一天的忙碌，迎来短暂的停靠。空气里陈俗的气味渐渐消散。</p>
<p class="cm">傍晚的倦怠，带有一种意象。思念变得模糊，会游离到内心</p>
<p class="mm">真实的想法。繁忙之余，似有种渴望去享受一种朴实到极点</p>
<p class="pt">的平淡生活。日出而作，日落而息；踩着朝露而出，披一身</p>
<p class="pc">月光而回；守望自己的一方苗田，享受自在轻松的生活。</p>
```

其页面效果如图 8-3 所示。

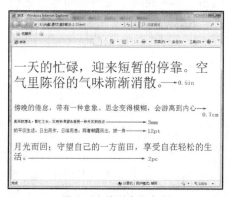

图 8-3　绝对字体大小

另外，除了上面提到的以物理单位设定文字绝对大小的方法外，CSS 还提供了一些绝对大小的关键字，可作为 font-size 的值。由于这种定义的方法在不同的浏览器中会出现不同的大小效果，因此并不推荐使用，这里不再做过多讲解。如果读者有兴趣，可以自己尝试一下，关键字共有9种，设置文字从小到大分别为xx-small、x-small、smaller、small、medium、large、larger、x-large、xx-large，设置方法如下所示。

```
.font01{font-size:x-large;}
.font02{font-size:xx-large;}
```

2. 相对大小

相比通过绝对大小设置文字大小的方法，使用相对大小的方法设置文字大小具有更大的灵活性，因此一直受到许多网页制作者的喜爱。下面介绍相对大小的设置方法，代码样式如下：

```
p.one {
font-size:15px;          /*像素，实际显示大小与分辨率有关，很常用的方式*/
}
p.two{
font-size:30px;
}
```

HTML 代码如下：

```
<p class="one">一天的忙碌，迎来短暂的停靠。空气里陈俗的气味渐渐消散。傍晚的倦怠，带有一种意象。思念
变得模糊，会游离到内心真实的想法。</p>
<p class="two">繁忙之余，似有种渴望去享受一种朴实到极点的平淡生活。日出而作，日落而息；踩着朝露而出，
披一身月光而回；守望自己的一方苗田，享受自在轻松的生活。</p>
```

上面所设置的"px"表示具体的像素，因此其显示大小会与浏览器的大小及分辨率有关，浏览效果如图8-4所示。

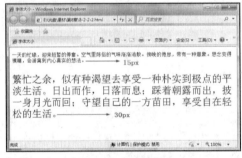

图8-4　浏览效果

> 采用"%"或"em"都是相对于父标记而言的比例，如果没有设置父标记的大小，则显示相对于浏览器的默认值。

8.2.3　粗细

在 CSS 中，可以通过 font-weight 属性将文字的粗细进行细致的划分，不仅能将文字加粗，而且还可以将文字细化。CSS 样式代码如下：

```
h1 span {                          }
font-weight: lighter;              span.two{
}                                  font-weight:300;
span {                             }
font-size: 30px;                   span.three {
}                                  font-weight: 900;
span.one {                         }
font-weight: bold;
```

HTML 代码如下：

```
<h1>寻找<span>生</span>活</h1>
```

```
<span class="one">作者：某某</span><br />
<span class="two">一天的忙碌，迎来短暂的停靠。空气里陈俗的气味渐渐消散。傍晚的倦怠，带有一种意象。思
念变得模糊，会游离到内心真实的想法。</span><br />
<span class="three">繁忙之余，似有种渴望去享受一种朴实到极点的平淡生活。日出而作，日落而息；踩着朝露
而出，披一身月光而回；守望自己的一方苗田，享受自在轻松的生活。</span><br />
```

　　文字的粗细样式在 CSS 中是通过 font-weight 属性来设置的，上面所写入的代码几乎写出
了所有的文字粗细值，标题处还通过利用<span>标记的样式，使得本身是粗体的字变成正常
粗细，其效果如图 8-5 所示。

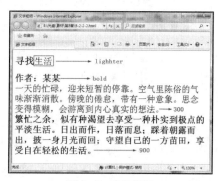

<p align="center">图 8-5　字体粗细</p>

8.2.4　样式

　　还有一种显示与众不同的文字的方法是更改文字的样式。Dreamweaver 中为网页制作提供
了 3 种不同的文本样式，分别为正常、斜体和偏斜体。斜体和偏斜体的效果区别不明显，所
以网站制作人员通常会选择斜体。在 CSS 中，斜体字是通过设置 font-style 属性来实现的。下
面将进行简单的讲解，其 CSS 样式代码如下：

```
h1 span {                              }
font-style: normal;                    p.two {
}                                      font-style: italic;
p {                                    }
font-size:18px;                        p.three {
}                                      font-style: oblique;
p.one {                                }
font-style: normal;
```

HTML 代码如下：

```
<body>                                 <p class="two">and a heaven in a wild
<h1><span>a grain of sand </span><h1>  fllower, </p>
<p class="one">to see a world in a grain  <p class="three">hold infinity in the
of sand, </p>                          palm of your hand, and eternity in an hour. </p>
                                       </body>
```

　　代码视图中分别设置了上面所介绍的 3 种样式，下面分别给了中文和英文的效果图，上面
没有介绍中文的 HTML 文本样式代码，其代码只要把上面代码中的英文换成中文即可，效果如
图 8-6 所示。

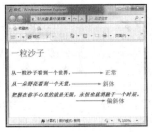

<center>图 8-6 　字体样式</center>

8.2.5　颜色

各种颜色的文字巧妙配合，可以形成一个绚丽多彩的页面。在 CSS 中，颜色的设置是通过 color 属性实现的。下面的几种方法都是将文字设置为蓝色，其 CSS 样式代码如下：

```
h3 {
color:blue;
}
h3 {
color: #00f;
}
h3 {
color: #0000ff;
```

```
}
h3 {
color: rgb(0,0,255);
}
h3 {
color: rgb(0%,0%,80%);
}
```

在设置某一段落文字时，通常可以利用<span>标记将需要的部分进行单独标注，然后再设置<span>标记的颜色属性，CSS 样式代码如下：

```
h2 {
color: rgb(0%,0%,80%);
}
p {
color:#666;
```

```
font-size: 13px;
}
p span {
color:blue;
}
```

HTML 代码如下：

```
<body>
<h2>寻找生活</h2>
<p>作者：某某</p>
<p>一天的忙碌，迎来短暂的停靠。空气里陈俗的气味渐渐消散。</p>
<p>傍晚的倦怠，带有一种意象。思念变得模糊，会游离到内心</p>
<p>真实的想法。繁忙之余，似有种渴望去享受一种朴实到极点</p>
<p>的平淡生活。日出<span>而作</span>，日落而息；<span>踩着</span>朝露而出，披一身</p>
<p>月光而回；<span>守望</span>自己的一方苗田，享受自在轻松的生活。</p>
</body>
```

浏览效果如图 8-7 所示。

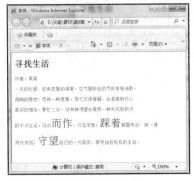

<center>图 8-7 　字体颜色</center>

8.2.6 修饰

CSS 提供了一种既可美化文字又能突出重点的简单方法，通过文字的 text-decorative 属性给文字加下画线、顶画线和删除线。例如，定义多个 CSS 样式，分别在各 CSS 样式中定义不同的文字修饰方式，CSS 样式代码如下：

```
P.one {
text-decoration: underline;
}
p.tuo {
text-decoration: overline;
```

```
}
p.three {
text-decoration: line-through;
}
```

HTML 代码如下：

```
<p class="one">一粒沙子</p>
<p class="two">从一粒沙子看到一个世界，</p>
<p class="three">从一朵野花看到一个天堂，</p>
<p class="four">把握在你手心里的就是无限，永恒也就消融于一个时辰。</p>
```

通过设置 text-decoration 的属性值为 underline、overline 和 line-through，分别实现了下画线、顶画线和删除线的效果，如图 8-8 所示。

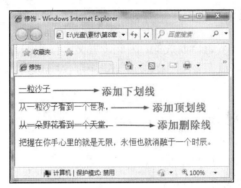

图 8-8　页面修饰

8.2.7 英文字母大小写

如果页面里有某段英文，为了整齐美观需要设置为大写或小写，text-transform 属性可以实现英文全部大写或小写，这样也可以减少以后管理或更新时不必要的麻烦。例如，定义多个 CSS 样式，分别在各 CSS 样式中定义不同的英文字母大小写方式，CSS 样式代码如下：

```
p {
font-size: 17px;
}
p.one {
text-transform: capitalize;
}
```

```
p.two {
text-transform: uppercase;
}
p.three {
text-tranform: lowercase;
}
```

HTML 代码如下：

```
<p class="one">to see a world in a grain of sand</p>
<p class="two">and a heaven in a wild fllower </p>
<p class="three">HOLD INFINITY IN THE PALM OF YOUR HAND,ANG ETERNITY IN AN HOUR</p>
```

当 text-transform 的属性值设置为 capitalize 时，单字的每个首字母都会变为大写；值为 uppercase 时，所有被设置的单词都会变成大写；相反，如果值为 lowercase，则所有的单词都会变为小写，其效果如图 8-9 所示。

图 8-9　英文字母大小写

将属性值设置为 capitalize，可以实现英文单词首字母大写。需要注意的是，两个单词之间若有标点符号（如逗号、句号、冒号等）连接，标点符号后面的英文字母不能实现大写。如果想让这些单词也实现首字母大写效果，可以在该单词前加一个空格。

8.3　CSS 段落样式

段落样式是由一个个文字组合而成的，因此设置文字样式的方法同样适用在段落样式上。但在大多数情况下，文字样式只能对少数文字起作用，对于文字段落来说，还需要通过专门的段落样式进行控制。

8.3.1　段落水平对齐

在 CSS 中，段落水平对齐方式是通过 text-align 属性来控制的。段落水平对齐的方式有左对齐、水平居中对齐、右对齐与两端对齐。

1. 左对齐、水平居中对齐与右对齐

下方的 CSS 样式代码分别设置了文字左对齐、水平居中对齐与右对齐：

```
.font01{
    text-align: left;
}
.font02{
    text-align: center;
```
```
}
.font03{
        text-align: right;
}
```

分别为页面中的不同文字应用相应的 CSS 样式，效果如图 8-10 所示。

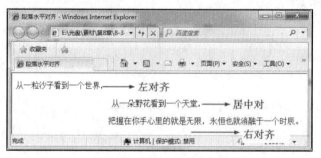

图 8-10　设置文字对齐方式

2. 两端对齐

两端对齐与其他 3 种对齐方式不同，其他 3 种对齐方式可以对汉字以及英文字母起作用，而两端对齐只对英文字母起作用。两端对齐的设置方法与设置其他 3 种对齐方式相同。下面

的 CSS 代码设置了文字两端对齐：

```
.font01{
    text-align: justify;              <--!设置段落两端对齐-->
}
```

在页面中输入两段文字，如图 8-11 所示，可以发现，由于英文单词的长度不相同，所以段落的末端是不对齐的。为页面中的两段文字应用相同的 CSS 样式，效果如图 8-12 所示。

图 8-11　输入文字　　　　　　　图 8-12　设置文字两端对齐

8.3.2　段落垂直对齐

在 CSS 中，段落的垂直对齐是通过 vertical-align 属性来控制的。段落的垂直对齐方式有顶端对齐、垂直居中对齐、底端对齐。下面的 CSS 样式代码中分别设置了顶端对齐、垂直居中对齐与底端对齐这 3 种对齐方式：

```
.font01{
    vertical-align: top;
}
.font02{
    vertical-align: middle;
}
.font03{
    vertical-align: bottom;
}
```

为页面中相应的行内元素应用所定义的 CSS 样式，效果如图 8-13 所示。

图 8-13　设置文字垂直对齐

8.3.3　行间距和字间距

在 CSS 中，通过 line-height 属性可以对段落的行距进行设置。line-height 的值表示两行文字基线之间的距离，可以设定为相对数值，也可以设定为绝对数值。在静态页面中，文字大小通常使用绝对数值，以达到页面统一的效果；而在论坛和博客等可以由用户自定义字体大小的页面中，通常设定为相对数值，可以随着用户自定义的字体大小而改变相应的行距。

在页面中输入一段文字，如图 8-14 所示，并在 CSS 样式表中输入控制行间距的代码。

```
.font01{
    line-height:1.5em;                <--!设置相对行距-->
}
```

为页面中的文字应用定义的 CSS 样式，效果如图 8-15 所示。

图 8-14　输入文字　　　　图 8-15　设置文字行间距

在 CSS 中，通过 letter-spacing 属性可以调整字间距，这个属性同样可以设置相对数值和绝对数值。与设置行间距相同，字间距在大多数情况下会使用相对数值进行设置。下面的 CSS 样式代码中显示了字间距的设置方法。

```
.font01{
    letter-spacing:1em;              <--!设置段落字间距-->
}
```

为页面中的文字应用所定义的 CSS 样式，效果如图 8-16 所示。

图 8-16　设置文字字间距

8.3.4　首字符下沉

我们经常会在报刊杂志上看到首字符下沉的效果，在网页设计中同样可以达到这样的效果，只是需要一点技巧。在 CSS 中，首字符下沉的效果是通过对段落中第一个文字单独设置样式来实现的。下面的 CSS 样式代码显示了首字符下沉的设置方法。

```
.font01{                             font-size:2em;
    font-size:30px;                  float: left;
}                                    }
.font02{
```

为页面中的整段文字应用 font01 样式，为段落的第一个文字应用 font02 样式，效果如图 8-17 所示。

图 8-17　设置文字首字符下沉

8.4 CSS 3.0 中文字的新增功能

CSS 3.0 中新增了 3 种有关网页文字控制的属性，分别是 text-shadow、text-overflow 和 word-wrap。下面分别对这 3 种新增的文字控制属性进行简单介绍。

8.4.1 text-shadow

text-shadow 属性用来设置对象中的文字是否有阴影以及模糊的效果。可以设置多组效果，方式是用逗号(,)隔开。可以被用于伪类：first-letter 和 first-line。对应的脚本特性为 textShadow。其定义的语法如下：

```
text-shadow: none | <length> none | [<shadow>,]* <shadow>或none | <color> [,<color>]*
```

● <color>：指定阴影颜色。

● <length>：由浮点数值和单位标识符组成的长度值，可以为负值，用于指定阴影的水平延伸距离。

● <opacity>：由浮点数值和单位标识符组成的长度值，不可以为负值，用于指定模糊效果的作用距离。如果仅仅需要模糊效果，可以将前两个 length 属性全部设置为 0。

text-shadow 属性的兼容性如表 8-3 所示。

表 8-3   text-shadow 属性的兼容性

类型	IE	Firefox	Chrome	Opera	Safari
版本	(×)IE 6.0 (×)IE 7.0 (×)IE 8.0	(×)Firefox 3.0.10 (√)Firefox 3.5	(√)Chrome 2.0.x	(√)Opera 9.64	(√)Safari 4.0

例如，如下的页面代码：

```
<!doctype html>
<html>
<head>
<meta
http-equiv="Content-Type"
content="text/html;charset=utf-8"/>
<title>text-shadow</title>
<style type="text/css">
#box {
    font-family: 黑体;
    font-size: 36px;
    font-weight: bold;
    color: #CF0;
    text-shadow: 5px 2px 6px #000;
    }
</style>
</head>
<body>
<div id="box">使用 text-shadow 属性实现文字阴影效果</div>
</body>
</html>
```

该页面在 Firefox 浏览器中的预览效果如图 8-18 所示。

图 8-18   在 Firefox 浏览器中的预览效果

8.4.2　text-overflow

text-overflow 属性用于设置是否使用一个省略标记（...）标示对象内文本的溢出，对应的脚本特性为 textOverflow。其定义的语法如下：

```
text-overflow: clip | ellipsis
```

- clip：不显示省略标记（...），而是简单的裁切条。
- ellipsis：当对象内文本溢出时显示省略标记（...）。

text-shadow: clip 的兼容性如表 8-4 所示。

表 8-4　　　　　　　　　　　　　　text-shadow: clip 的兼容性

类型	IE	Firefox	Chrome	Opera	Safari
版本	(√)IE 6.0 (√)IE 7.0 (√)IE 8.0	(√)Firefox 2.0 (√)Firefox 3.0 (√)Firefox 3.5	(√)Chrome 1.0.x (√)Chrome 2.0.x	(×)Opera 9.63	(√)Safari 3.1 (√)Safari 4.0

text-shadow: ellipsis 的兼容性如表 8-5 所示。

表 8-5　　　　　　　　　　　　　　text-shadow: ellipsis 的兼容性

类型	IE	Firefox	Chrome	Opera	Safari
版本	(√)IE 6.0 (√)IE 7.0 (√)IE 8.0	(×)Firefox 2.0 (×)Firefox 3.0 (×)Firefox 3.5	(√)Chrome 1.0.x (√)Chrome 2.0.x	(×)Opera 9.63	(√)Safari 3.1 (√)Safari 4.0

例如，如下的页面代码：

```html
<!doctype html>
<html>
<head>
<meta charset="utf-8">
<title>text-overflow</title>
</head>
<body>
<style type="text/css">
.test_demo_clip{
    text-overflow: clip;
    overflow: hidden;
    white-space: nowrap;
    width: 200px;
    background: #ccc;
}
.test_demo_ellipsis{
    text-overflow: ellipsis;
    overflow: hidden;
    white-space: nowrap;
    width: 200px;
    background: #ccc;
}
</style>
<h2>text-overflow : clip </h2>
<div class="test_demo_clip">不显示省略标记，而是 简单的裁切条</div>
<h2>text-overflow : ellipsis </h2>
<div class="test_demo_ellipsis">当对象内文本溢出时显示省略标记</div>
</body>
</html>
```

该页面在 IE 浏览器中的预览效果如图 8-19 所示。

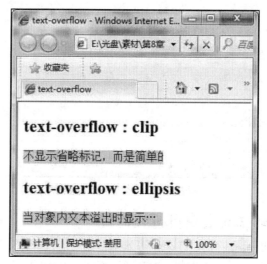

图 8-19 在 IE 浏览器中的预览效果

8.4.3 word-wrap

word-wrap 属性用于设置当当前行超出指定容器的边界时是否断开转行。其定义的语法如下：

```
word-wrap: normal | break-word
```

- normal：控制连续文本换行。
- break-word：内容将在边界内换行。如果需要，词内换行也会发生。

word-wrap 属性的兼容性如表 8-6 所示。

表 8-6   word-wrap 属性的兼容性

类型	IE	Firefox	Chrome	Opera	Safari
版本	(√)IE 6.0 (√)IE 7.0 (√)IE 8.0	(×)Firefox 2.0 (×)Firefox 3.0 (√)Firefox 3.5	(√)Chrome 1.0.x (√)Chrome 2.0.x	(×)Opera 9.63	(√)Safari 3.1 (√)Safari 4.0

例如，如下的页面代码：

```
<!doctype html>
<html>
<head>
<meta        http-equiv="Content-Type"
content="text/html; charset=utf-8" />
<title>word-wrap</title>
</head>
<style type="text/css">
#box{
    width: 350px;
    line-height: 30px;
    word-wrap: break-word;
    border: 1px solid #999999;
    }
</style>
<body>
<div id="box">Welcome to Beijing!Welcome
to Beijing!Welcome to Beijing!Welcome to
Beijing!Welcome to Beijing!Welcome to
Beijing!</div>
</body>
</html>
```

该页面在 IE 浏览器中的预览效果如图 8-20 所示。

图 8-20　在 IE 浏览器中的预览效果

8.4.4　使用 CSS 3.0 实现可折叠栏目

以前在网页中实现可折叠的栏目或菜单等效果都需要通过 JavaScript 等方式，这样比较麻烦，而且对程序编写能力有一定的要求。现在通过 CSS 3.0 中的新增属性 transition 就可以在网页中轻松地实现可折叠栏目的动态效果，CSS 代码如下：

```css
*{
    margin:0px;
    padding:0px;
    border:0px;
}
body{
    font-family:"宋体";
    font-size:12px;
    color:#333333;
    line-height:20px;
    background-image:url(../images/844
01.jpg);
    background-repeat:repeat-x;
    backgroung-color:#E1E1E1;
}
#top{
    width:960px;
    height:182px;
    background-image:url(../images/844
02.jpg);
    background-repeat:no-repeat;
    margin:0px auto;
    text-align:center;
    padding-top:29px;
}
#main img{
    vertical-align:middle;
    margin-right:10px;
}
#main a{
    display:block;
    height:40px;
    background-color:#D4D4D4;
    border-bottom:1px solid #E1E1E1;
    font-family:"黑体";
    font-size:14px;
    font-weight:bold;
    color:#999;
    line-height:40px;
    text-decoration:none;
    padding-left:10%;
    padding-right:10%;
}
#main a:hover{
    background-color:#E1E1E1;
    border-bottom: 1px solid #FFFFFF;
}
#main div{
    height:0px;
    overflow:hidden;
    background-image:url(../images/8440
4.png);
    background-repeat:no-repeat;
    background-color:#FFFFFF;
    padding-left:10%;
    padding-right:10%;
    -webkit-transition:  height  600ms
ease;
}
#main div p{
    padding:20px;
}
#main div:target{
    height:150px;
}
```

在 Chrome 浏览器中预览效果，如图 8-21 所示。

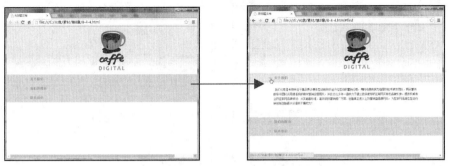

图 8-21 在 Chrome 浏览器中的预览效果

8.5 课堂练习——制作医疗健康网站页面

本实例通过一个医疗健康网站页面的制作，了解 CSS 文本排版在网站制作中的重要性。它可以将不同的文本内容分隔开，突出标题内容，在设计中充分发挥网页传达信息的作用，同时让网页的表现形式更丰富多彩。

| 视频位置： |
| 光盘/视频/第 8 章/8-5.swf |
| 源文件位置： |
| 光盘/素材/第 8 章/8-5.html |

8.5.1 设计分析

本实例将设计制作医疗健康网站页面，网页文字配合图片展现出医疗健康网站的基本信息。整个页面以紫色为主体颜色，给人以淡雅、安心的感觉。正文用灰色或黑色显示，增强文本的可读性，也不会特别刺眼。

8.5.2 制作步骤

（1）选择"文件→新建"命令，新建一个空白的 HTML 页面，如下左图所示，并将其保存为"光盘\素材\第 8 章\8-5.html"。新建一个 CSS 文件，将其保存为"光盘\素材\第 8 章\CSS\8-5.css，如下右图所示。

（2）切换到 HTML 页面中，单击"CSS 设计器"面板的"源"选项区右上角的"新建CSS 源" 按钮，选择"附加现有的 CSS 文件"选项，在弹出的"使用现有的 CSS 文件"对话框中链接 CSS 文件，如下左图所示。单击"确定"按钮完成链接，"CSS 设计器"面板如下右图所示。

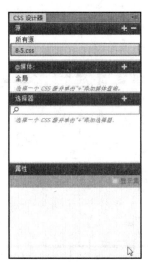

（3）切换到 8-5.css 文件，创建名为*和名为 body 的 CSS 样式，如下左图所示。返回设计视图中，可以看到通过 CSS 样式设置实现的页面背景效果，如下右图所示。

```
* {
    margin: 0px;
    border: 0px;
    padding: 0px;
}

body {
    font-family: "宋体";
    font-size: 12px;
    background-image:url(../images/85001.gif);
    background-repeat: repeat-x;
}
```

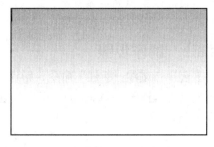

（4）在页面中插入一个名为 box 的 DIV，切换到 8-5.css 文件中，创建名为#box 的 CSS规则，如下左图所示。返回设计视图中，页面效果如下右图所示。

```
#box {
    width: 988px;
    height: 100%;
    overflow: hidden;
}
```

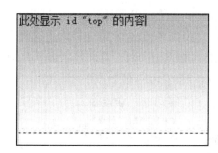

（5）将光标移至 id 为 box 的 DIV 中，将多余的文本内容删除，在该 DIV 中插入一个名为 top 的 DIV。切换到 8-5.css 文件中，创建名为#top 的 CSS 规则，如下左图所示。返回设计视图中，页面效果如下右图所示。

```
#top {
    width: 988px;
    height: 133px;
}
```

（6）用相同的方法在名为 top 的 DIV 内插入一个 id 为 logo 的 DIV，插入图片 85002.gif。切换到 8-5.css 文件中，创建名为#logo 的 CSS 规则，如下左图所示。返回设计视图中，效果如下右图所示。

```
#logo {
    width: 126px;
    height: 133px;
    margin-left: 48px;
    margin-right: 48px;
    float: left;
}
```

（7）在名为 logo 的 DIV 后插入一个 id 为 menu 的 DIV，继续在新建的 DIV 内部插入 id 为 menu _01 的 DIV。切换到 8-5.css 文件中，设置这两个 DIV 的 CSS 规则，如下左图所示。返回设计视图中，输入相应的文本内容，页面效果如下右图所示。

```
#menu {
    width: 766px;
    height: 100%;
    overflow: hidden;
    float: left;
    margin-top: 11px;
    margin-bottom: 11px;
}
#menu_01 {
    width: 766px;
    height: 26px;
    padding-top: 13px;
    text-align: right;
}
```

（8）切换到 HTML 页面的代码视图中，添加<span>标签，切换至 8-5.css 文件中，添加名为# menu _01 span 的 CSS 规则，如下左图所示。返回设计视图中，效果如下右图所示。

```
<div id="menu_01"><span>设为首
页</span>|<span>加入收藏</span>|<span>
联系方式</span>|<span>在线邮箱</span>
```

```
#menu_01 span {
    margin-left: 10px;
    margin-right: 10px;
}
```

（9）在名为 top 的 DIV 后插入一个 id 为 main 的 DIV，继续在新建的 DIV 内部插入 id 为 left 的 DIV。切换到 8-5.css 文件中，设置这两个 DIV 的 CSS 规则，如下左图所示。返回设计视图中，插入动画 8501.swf，页面效果如下右图所示。

```
#main {
    width: 989px;
    height: 100%;
    overflow: hidden;
}
#left {
    width: 396px;
    height: 507px;
    float: left;
}
```

（10）在 id 为 left 的 DIV 后新建一个名为 right 的 DIV，继续在新建 DIV 内部插入 id 为 right01 的 DIV。用相同的方法在 right01 内部插入名为 flash01 的 div。切换到 8-5.css 文件中，新建 CSS 规则，如下左图所示。返回设计视图中，插入动画 8502.swf，页面效果如下右图所示。

```
#right {
    width: 510px;
    height: 100%;
    overflow: hidden;
    float: left;
}

#right_01 {
    width: 281px;
    height: 100%;
    overflow: hidden;
    float: left;
}

#flash01 {
    width: 281px;
    height: 149px;
}
```

（11）在名为 flash01 后插入一个 id 为 news_title 的 DIV，切换到 8-5.css 文件中，新建 CSS 规则，如下左图所示。返回设计视图中，插入图片 85004.gif，并在其属性页面设置 class 为 pic01，页面效果如下右图所示。

```
#news_title {
    width: 281px;
    height: 15px;
    background-image:url(../images/85003.gif);
    background-repeat: no-repeat;
    background-position: left center;
    border-bottom: solid 2px #d8bfe0;
    text-align: right;
    padding-top: 25px;
}
.pic01 {
    margin-top: 5px;
    margin-bottom: 5px;
}
```

（12）继续添加一个名为 news_text 的 DIV，切换到 8-5.css 文件中，新建 CSS 规则，如下左图所示。返回设计视图中，选择菜单栏中"插入"命令，在其"结构"选项中单击"列表项"，输入相应的文字，页面效果如下右图所示。

```
#news_text {
    width: 281px;
    height: 96px;
}

#news_text li {
    list-style-type: none;
    line-height: 24px;
    background-image:url(../images/85005.gif)
    background-repeat: no-repeat;
    background-position: 5px center;
    padding-left: 15px;
}
```

（13）用相同的方法完成类似内容的制作，CSS 规则如下左图所示。返回设计视图中，效果如下右图所示。

```
#news_title01 {
    width: 281px;
    height: 15px;
    background-image:url(../images/85006.gif);
    background-repeat: no-repeat;
    background-position: left center;
    border-bottom: solid 2px #d8bfe0;
    text-align: right;
    padding-top: 25px;
}

#news_text01 {
    width: 281px;
    height: 96px;
}

#news_text01 li {
    list-style-type: none;
    line-height: 24px;
    background-image:url(../images/85005.gif);
    background-repeat: no-repeat;
    background-position: 5px center;
    padding-left: 15px;
}
```

| ❏ 最新动态 |
| 让您随时能够了解我们的工作与活动 |
| [2012-10-5] steve lee将在北京开讲 |
| [2012-10-5] 最新抗衰老药品半价销售 |
| [2012-10-5] 近期将举行免费体检活动 |
| [2012-10-5] 儿童近期享受3折优惠 |

（14）将光标移至名为 right_01 的 DIV 右侧，插入一个名为 right02 的 DIV，继续在 id 为 right02 的内部插入一个名为 news_title02 的 DIV。切换到 8-5.css 文件中，新建 CSS 规则，如下左图所示。返回设计视图中，效果如下右图所示。

```
#right02 {
    width: 204px;
    height: 100%;
    overflow: hidden;
    margin-left: 25px;
    float: left;
}
#news_title02 {
    width: 204px;
    height: 25px;
    background-image:url(../images/85008.gif);
    background-repeat: no-repeat;
    background-position: left center;
    border-bottom: solid 2px #d8bfe0;
}
```

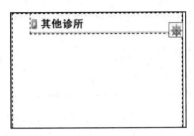

（15）在 id 为 news_title02 的 DIV 后插入一个名为 pic 的 DIV，删除多余的文本内容，依次插入图片 85009.gif、85010.gif、85011.gif。切换到 8-5.css 文件中，新建 CSS 规则，如下左图所示。返回设计视图中，效果如下右图所示。

```
#pic {
    width: 204px;
    height: 390px;
}
#pic img {
    margin-top: 10px;
    margin-bottom: 10px;
}
```

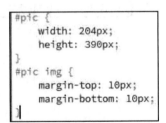

（16）光标移至名为 main 的 DIV 的下方，插入一个名为 bottom 的 DIV。切换到 8-5.css 文件中，新建 CSS 规则，如下左图所示。返回设计视图中，输入相应的文本内容，页面效果如下右图所示。

```
#bottom {
    width: 988px;
    height: 100%;
    overflow: hidden;
    background-image:url(../images/85015.gif);
    background-repeat: no-repeat;
    background-position: center top;
    padding-top: 130px;
    line-height: 25px;
    color: #838383;
    margin-top: 25px;
    margin-bottom: 25px;
}
```

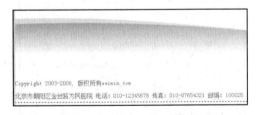

（17）完成页面的制作，选择"文件→保存"命令，保存页面，并保存 8-5.css 文件。在浏览器中预览，效果如下图所示。

8.6 课堂讨论

本章向读者讲解了利用 CSS 对文本内容进行排版。利用 CSS 样式规则对文本进行排版，使得单一版式的文字变得多样化，同时也提高了网页的可观赏性。

8.6.1 问题 1——CSS 段落样式中的两端对齐有什么作用范围

两端对齐是美化文字段落的一种方法，可以使段落的两端与边界对齐，但是从两端对齐实例中的最终效果可以看出，该对齐方式只对整段的英文起作用，而对文中的中文来说却没什么作用。这是因为英文段落在换行时，为保留单词的完整性，整个单词会一起换行，所以会出现段落两端不对齐的情况。两端对齐只能对这种两端不对齐的段落起作用，而汉字段落由于每一个文字与符号的宽度相同，在换行时段落是对齐的，自然不需要使用两端对齐。

8.6.2 问题 2——设置网页中的文本字间距时需要注意什么

在对网页中的文本设置字间距时，需要根据页面整体的布局和构图进行适当的设置，同时还要考虑到文本内容的性质。如果是一些新闻类的文本，则不宜设置得太过夸张和花哨，应以严谨、整齐为主；如果是艺术类网站的话，则可以尽情展示文字的多样化风格，从而更加吸引浏览者的注意力。

8.7 课后练习——制作宠物用品网站页面

介绍读者从本章内容中可以了解到，CSS 文本内容的排版都需要懂得哪些知识，接下来通过完成课后练习来达到对所学知识的实际运用。

源文件地址：光盘\素材\第 8 章\8-7.html
视频地址：光盘\视频\第 8 章\8-7.swf

（1）新建文件，并链接外部 CSS 文件与 HTML 文件。

（2）利用 CSS 样式规则设置网页背景。

（3）继续利用 CSS 样式规则制作出导航和产品宣传的部分。

（4）继续完成其他内容的制作，保存文件并浏览页面。

第 9 章
设置表单样式

本章简介：

　　表单能够提供交互功能，可以让浏览者输入信息，弥补了网页只能传播信息的不足之处。随着网站对交互性的要求越来越高，表单成为现代 Web 应用程序中越来越重要的部分。本章将会对表单的定义、应用方式及使用 CSS 控制表单样式的方法进行详细的讲解。

学习重点：

- 表单设计概述
- 表单设计
- CSS 3.0 中控制内容的新增属性
- CSS 3.0 中颜色的新增属性
- 设置表单元素的边框

```
79  #pic{
80      width:465px;
81      height:21px;
82      padding-top:20px;
83      padding-bottom:20px;
84      text-align:right;
85  }
86  #pic img{
87      margin-left:3px;
88      margin-right:3px;
89  }
90  .border{
91      border:solid 1px #ad73
92  }
```

9.1 表单设计概述

表单是网页设计中不可或缺的元素之一，它主要负责数据采集的工作，比如可以通过表单采集访问者的名字和 E-mail 地址、调查表、留言簿等，都需要使用到表单及表单元素。在对表单进行编辑的时候，应该考虑到用户填写的时间，尽量使用简单而又不失美观的对齐方式，让读者能轻易地操作，完成其目的。

9.1.1 表单设计原则

表单元素所收集来的用户信息用于帮助用户进行功能性控制。表单交互设计的理念是网站设计之中相当重要的环节。从其视觉设计上来说，需要摆脱 HTML 提供的默认的比较粗糙的视觉样式，一般来说要注意以下几点。

（1）首先要尽量缩短用户填写表单的时间，并且收集的数据都是用户所熟悉的（比如姓名、地址、电话等），最好使用垂直对齐的标签和输入框方式。每对标签和输入框垂直对齐给人一种简单明朗的感觉，并且一致的左对齐还减少了眼睛移动和处理的时间。做简单的填写说明和清晰的验证，仅放置与填写表单相关的链接，避免用户通过其他链接转移视线到别的地方，从而放弃填写表单。

（2）如果完成表单需要多个步骤，应该用图形或文字标明所需的步骤以及当前正在进行的步骤。

如果可能，尽量先放置 input（单行文本框）、textarea（多行文本框）等需要键盘输入的表单，再放置下拉列表、单选按钮、复选框等用鼠标操作的表单，紧接着放置"提交"按钮，这样可以减少键盘操作被鼠标操作打断的次数。

（3）文本输入框内容需要提供一些常用的文本格式设定的选项，比如加粗、字体大小、超链接、图片等，而且尽量让此内容与用户完全发布以后的内容格式相同。

9.1.2 表单应用分类

根据表单的运用范围可以将表单大致分为 4 类，分别是用户登录表单、用户注册表单、搜索表单、跳转菜单。

1．用户登录表单

该表单应用是网页中最常见的表单形式。通常，此类表单由 input（单行文本框）和 button（按钮）组成，有一些网站的登录表单还包含 checkbox（复选框），以帮助登录用户记住登录信息。

2．用户注册表单

该表单应用形式也是网站中应用比较广泛的表单类型，注册页面通常会包括表单中所有的表单元素。

3．搜索表单

该表单形式在网站中应用也比较广泛，特别是电子商务类型的网站，都会有搜索表单，方便浏览者快速搜索到自己感兴趣的商品或信息。

4．跳转菜单

通过该表单可以快速跳转到菜单中指定的页面，一般用于制作网站的友情链接或站内指定位置跳转。

9.2 表单设计

表单是 HTML 页面与浏览器客户端实现交互的重要手段。利用表单可以收集客户端提交的有关信息。本节将介绍表单和表单元素的属性，及如何使用 CSS 控制表单和表单元素。

9.2.1 表单和表单元素

1．表单

表单是网页上的一个特定区域，这个区域是由一对<form>标签定义的。它有着两个方面的作用。

第一个方面，限定表单的范围。其他的表单对象都要插入到表单之中。单击"提交"按钮时，提交的也是表单范围之内的内容。

第二个方面，携带表单的相关信息，比如说处理表单的脚本程序的位置、提交表单的方法等。这些信息对浏览者是不可见的，但对处理表单却有着决定性的作用。例如，如下的一段代码：

<form name="form_name" method="method" action="URL" enctype="value" target="target_win">

…

</form>

其中，<form>标签的属性如表 9-1 所示。

表 9-1   <form>标签属性

属性	描述
name	表单的名称
method	定义表单结果从浏览器传送到服务器的方法，一般有 GET 和 POST 两种方法
action	用来定义表单处理程序（一个 ASP、CGI 等程序）的位置（相对地址或绝对地址）
enctype	设置表单资料的编码方式
target	设置返回信息的显示方式

在<form>标签中，可以包含表 9-2 所示的 4 个标记。

表 9-2   <form>标签内的标记

标记	描述
<input>	表单输入标记
<select>	菜单/列表标记
<option>	菜单/列表项目标记
<textarea>	多行文本域标记

2．表单输入

输入标记<input>是表单中最常用的标记之一。常用的文本域、按钮等都使用这个标记。<input>标记的属性如表 9-3 所示。

表 9-3   <input>标记属性

属性	描述
name	域的名称
type	域的类型

在 type 属性中，包含表 9-4 所示的属性值。

表 9-4   type 属性值

属性	描述
text	文本域
password	密码域
file	文件域
checkbox	复选框
radio	单选按钮
button	普通按钮
submit	提交按钮
reset	重置按钮
hidden	隐藏域
image	图像域（图像提交按钮）

3．文本域

text 属性值用来设定在表单的文本域中输入任何类型的文本、数字或字母。输入的内容以单行显示。例如，如下的代码：

```
<form id="form1" name="form1" method="post" action="">
<label for="name">名字</label>
<input type="text" name="name" id="name" size="20" maxlength="50" value="http:// " /> </form>
```

其中，与 text 属性值相关的属性如表 9-5 所示。

表 9-5   文本域属性

属性	描述
name	文本域的名称
id	文本域的编号
maxlength	文本域的最大输入字符数
size	文本域的宽度（以字符为单位）
value	文本域的默认值

4. 密码域

在表单中还有一种文本域的形式为密码域，输入到此文本域中的文字均以星号（＊）或圆点（●）显示。例如，如下的代码：

```
<form id="form1" name="form1" method="post" action="">
 <label for="name">密码</label>
 <input type="password" name="name" id="pass" size="20" maxlength="50" value=
"http:// " />
 </form>
```

其中，与 password 属性值相关的属性如表 9-6 所示。

表 9-6   密码域属性

属性	描述
name	密码域的名称
id	密码域的编号
maxlength	密码域的最大输入字符数
size	密码域的宽度（以字符为单位）
value	密码域的默认值

5. 文件域

文件域可以让用户在域的内部填写自己硬盘中的文件路径，然后通过表单上传，这是文件域的基本功能，如在线发送 E-mail 时常见的附件功能。如果要求用户将文件提交给网站，例如 Office 文档、浏览者的个人照片或者其他类型的文件，就要用的文件域。例如，如下的代码：

```
<form id="form1" name="form1" method="post" action="">
                     请上传你的照片：<input type="file" name"File">
 </form>
```

6. 复选框

复选框能够进行项目的多项选择，以一个方框标识。例如，如下的代码：

```
<form id="form1" name="form1" method="post" action="">
请选择你喜欢的音乐：
<input type=" checkbox " name=" m1 " value= " rock " checked>摇滚乐
<input type=" checkbox " name=" m2 " value= " jazz ">爵士乐
<input type=" checkbox " name=" m3 " value= " pop ">流行乐
</form>
```

其中，checked 表示此项被默认选中。value 标识选中项目后传送到服务器端的值。每一个复选框都有其独立的名称和值。上段代码中的"摇滚乐"项目是被默认选中的。

7. 单选按钮

单选按钮能够进行项目的单项选择，以一个圆框表示。例如，如下的代码：

```
<form id="form1" name="form1" method="post" action="">
    请选择你居住的城市：
    <input type=" radio " name" city " value=" beijing " hecked>北京
    <input type=" radio " name" city " value=" shanghai ">上海
    <input type=" radio " name" city " value=" nanjing">南京
 </form>
```

其中，每一个单选按钮的名称都是相同的，但都有其独立的值。checked 表示此项被默认选中。value 表示选中项目后传送到服务器端的值。上段代码中的"北京"项目是被默认选中的。

8. 按钮

单击提交按钮后，可以实现表单内容的提交。单击重置按钮后，可以清除表单的内容，恢复成默认的表单内容设定。例如，如下的代码：

```
<form id="form1" name="form1"method="post"action="">
      <input type="submit"name="submit"value="提交表单">
      <input type="reset"name="reset"value="重置表单">
</form>
```

9. 图像域

图像域是指可以用在提交按钮位置上的图片，这幅图片具有按钮的功能。使用默认的按钮形式往往会让人觉得单调，如果网页使用了较为丰富的色彩，或稍微复杂的设计，再使用表单默认的按钮形式甚至会破坏整体的美感。这时，可以使用图像域创建和网页整体效果相统一的图像提交按钮。例如，如下的代码：

```
<form id="form1" name="form1" method="post" action="">
      <input type="image"name="image"src="images/pic.gif">
</form>
```

10. 隐藏域

隐藏域在页面中对用户是不可见的，在表单中插入隐藏域的目的在于收集或发送信息，以利于被处理表单的程序所使用。浏览者单击发送按钮发送表单的时候，隐藏域的信息也被一起发送到服务器。例如，如下的代码：

```
<form id="form1" name="form1" method="post" action="">
      <input type="hidden"name="form_name" value="invest">
</form>
```

11. 菜单/列表

菜单是一种最节省空间的方式，正常状态下只能看到一个选项，单击按钮打开菜单后才能看到全部的选项。列表可以显示一定数量的选项，如果超出了这个数量，会自动出现滚动条，浏览者可以通过拖动滚动条来查看各选项。通过<select>和<option>标记可以设计页面中的菜单和列表效果。例如，如下的代码：

```
<form id="form1" name="form1" method="post" action="">
      请选择你喜欢的音乐: <br />
      <select name="music" size=4 multiple>
      <option value="rock"selected>摇滚乐
      <option value="pop">流行乐
      <option value="jazz">爵士乐
      <option value="nation">民族乐
      </select><br />
      <select name="city">
      <option value="beijing"selected>北京
      <option value="shanghai">上海
      <option value="nanjing">天津
      <option value="chongqing">重庆
      </select>
</form>
```

<select>标记和<option>标记的属性含义如表 9-7 所示。

表 9-7   **<select>标记和<option>标记的属性**

属性	描述
name	菜单或列表的名称
size	显示的选项数目
multiple	列表中的项目多选
value	选项值
selected	默认选项

12．多行文本域

多行文本域可以在其中输入更多的文本。例如，如下的代码：

```
<form id="form1" name="form1" method="post" action="">
请留言: <br />
<textarea name="comment"rows="5"cols="40">
</textarea>
</form>
```

9.2.2　<label>标签的作用

<lable>标签用于为每种类型的复选框提供标签。它可以通过包含定义复选框的<input>标签来绕排复选框，或者设置指定它标记哪些表单元素的 for 属性来紧邻它。一组单选按钮可以在一个<fieldset>标签中绕排，用来组合<input>标签和合适的<legend>标签。HTML 代码如下：

```
<label><span class="juli">联系方式: </span>手机</label>
  <input type="radio" name="dx" value="单选" id="dx_0" />
<label>座机</label>
  <input type="radio" name="dx" value="单选" id="dx_1" />
    应用 CSS 样式对单选按钮组进行设置：
    #dx_0,#dx_1 {
    background-color: blue;
    width: 40px;
    height: 15px;
}
```

完成单选按钮 CSS 样式的设置，在浏览器中预览页面，可以看到单选按钮的效果如图 9-1 所示。

图 9-1　单选按钮效果

9.2.3　文本框样式设计

通过 CSS 样式表同样可以对文本框设置字体、文本颜色和背景颜色等 CSS 规则。大多数浏览器中，文本框默认为白色背景和黑色文本，<input type="text">用 serif 字体显示，<textarea>用等宽字体显示，但是没有严格规则。下面学习用 CSS 样式表来修改这些浏览器的默认值，可以直接在上节的 CSS 样式中添加如下 CSS 规则，效果如图 9-2 所示。

```css
#username,#userpsd{
    border: 1px solid #3ca1af;
    height: 19px;
    width: 130px;
    background-color:#cdf5f3;
}
```

图 9-2   文本框效果

9.2.4   下拉列表样式设计

通过一个或者多个<option>标签周围包装<select>标签可以构造选择列表。如果没有给出 size 属性值，选择列表将是下拉列表；如果给出 size 属性值，它将是可滚动列表，显示 size 表示的尽可能多行。HTML 代码如下：

```html
<select name="zjzl" id="zjzl">
    <option id="zjzl1">身份证</option>
    <option id="zjzl2">学生证</option>
</select>
```

使用 CSS 样式对下拉列表样式进行控制，CSS 代码如下：

```css
select {
    border: 1px solid #d5d5d5;
    height: 19px;
    width: 80px;
    margin-right:50px;
}
#zjzl {
    color: #ffffff;
}
#zjzl1 {
    background-color:#00C;
}
#zjzl2 {
    background-color:#C06;
}
```

完成 CSS 样式的设置，在浏览器中预览页面，可以看到使有 CSS 样式实现的下拉列表效果，如图 9-3 所示。

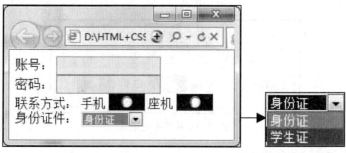

图 9-3   预览页面效果

9.3 CSS 3.0 中控制内容的新增属性

在 CSS 3.0 中新增了有关控制内容的属性 content，本节将向读者介绍有关 CSS 3.0 中的 content 属性。

content 属性用于在网页中插入生成内容，它与:before 以及:after 伪元素配合使用，可以将生成的内容放在一个元素内容的前面或后面。其定义的语法如下：

```
content: normal | string | attr() | uri() | counter()
```

- normal：默认值。
- string：插入文本内容。
- attr()：插入元素的属性值。
- uri()：插入一个外部资源（图像、声音、视频或浏览器支持的其他任何资源）。
- counter()：计数器，用于插入排序标识。

content 属性的兼容性如表 9-8 所示。

表 9-8　　　　　　　　　　　　　　content 属性的兼容性

类型	I E	Firefox	Chrome	Opera	Safari
版本	(×)IE 6 (×)IE 7 (√)IE 8	(×)Firefox 2.0 (√)Firefox 3.0 (√)Firefox 3.5	(×)Chrome 1.0.x (×)Chrome 2.0.x	(×)Opera 9.63	(√)Safari 3.1 (√)Safari 4

例如，如下的页面代码：

```
<!doctype html>
<html>
<head>
<meta charset="utf-8">
<title>无标题文档</title>
<style type="text/css">
.example {
    width: 500px;
    height: 50px;
    line-height: 50px;
    overflow: hidden;
    text-align: center;
    color: #FF0000;
    border: #993300 solid 2px;
    }
#example_01:before {
    content: "您使用的浏览器支持content属性";
    }
</style>
</head>
<body>
<div id="example_01" class="example"></div>
</body>
```

```
</html>
```

该页面在 IE 8 浏览器中的预览效果如图 9-4 所示。

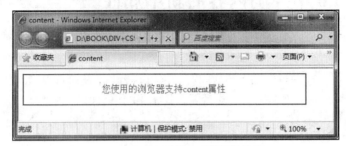

图 9-4　在 IE 8 浏览器中的预览效果

9.4　CSS 3.0 中颜色的新增属性

在 CSS 3.0 中新增了 4 种有关颜色设置的属性，它们分别是 HSL colors、HSLA colors、opacity 和 RGBA colors。

9.4.1　HSL cloors

HSL 色彩模式是工业界的一种颜色标准，是通过对色调（H）、饱和度（S）、亮度（L）3 个颜色通道的变化以及它们相互之间叠加而来的各种各样的颜色。HSL 即是代表色调、饱和度、亮度 3 个通道的颜色。这个标准几乎包括了人类视力所能感知的所有颜色，是目前运用最广的颜色系统之一。其定义的语法如下：

```
<length> | <percentage> | <percentage>
```

● <length>：hue（色调），0（或 360）表示红色，120 表示绿色，240 表示蓝色，当然，也可以取其他的数值来确定其他颜色。

● <percentage>：saturation（饱和度），取值为 0% ~ 100%。

● <percentage>：lightness（亮度），取值为 0% ~ 100%。

使用 HSL 方式设置颜色的兼容性如表 9-9 所示。

表 9-9　　　　　　　　　　　　HSL 方式设置颜色的兼容性

类型	IE	Firefox	Chrome	Opera	Safari
版本	(×)IE 6 (×)IE 7 (×)IE 8	(√)Firefox 3.0.10 (√)Firefox 3.5	(√)Chrome 2.0.x	(√)Opera 9.64	(√)Safari 4

9.4.2　HSLA colors

HSLA 是在 HSL 的基础上加一个颜色透明度（A）的设置。其定义的语法如下：

<length> | <percentage> | <percentage> | | <opacity>

HSLA 除了继承了 HSL 原有的属性外新增了 opacity 属性。

<opacity>：alpha（透明度），取值为 0 ~ 1。

使用 HSLA 方式设置颜色的兼容性与 HSL 方式设置颜色的兼容性相同。

9.4.3 opacity

opacity 属性用来设置一个元素的透明度，取值为 1 表示元素完全不透明，取值为 0 表示元素完全透明，1~0 之间的任何值都表示该元素的透明度。其定义的语法如下：

opctity：<length> | inherit

- <length>：由浮点数值和单位标识符组成的长度值，不可以为负值，默认值为 1。
- inherit：默认继承。

opacity 属性的兼容性与前面的 HSL 和 HSLA 相同。

9.4.4 RGBA colors

RGBA 是在 RGB 的基础上多了控制 Alpha 透明度的参数。R、G、B3 个参数，正整数数值的取值范围为 0~255，百分比数值的取值范围为 0%~100%，超出范围的数值将取其相近的值。注意，并不是所有的浏览器都支持使用百分比数值。A 参数的取值范围在 0~1 之间，不可以为负值。其定义的语法如下：

R（红色值）：正整数 | 百分数

G（绿色值）：正整数 | 百分数

B（蓝色值）：正整数 | 百分数

A（透明值）：取值范围是 0~1 之间

使用 RGBA 方式设置颜色的兼容性与前面的相同。

> RGB 色彩模式是工业界的一种颜色标准，是通过对红（R）、绿（G）、蓝（B）3 个颜色通道的变化以及它们相互之间的叠加得到的各种各样的颜色。RGB 即代表红、绿、蓝 3 个通道的颜色，这个标准几乎包括了人类视力所能感知的所有颜色，是目前运用最广泛的颜色系统之一。

9.4.5 使用 CSS 3.0 实现动态堆叠卡效果

很多 CSS 3.0 的新增属性在 IE 浏览器和 Dreamweaver 的设计视图中都还并未支持，所以在 Dreanweaver 的设计视图中看到的效果与实际在相应的浏览器中显示的效果是不同的。接下来我们利用 CSS 3.0 的新增属性通过一个简单的例子实现动态堆叠卡效果。

首先新建一个空白的 HTML 页面，插入 DIV 并输入文字代码如下：

```
<!doctype html>
<html>
<head>
<meta charset="utf-8">
<title>无标题文档</title>
</head>
<body>
<div id="box">
  <div id="title">产品简介卡</div>
    <div id="card">
    <ul>
    <li id="card-1"><h3>苹果树</h3><p>开花的苹果
        树落叶乔木，
        树高可达 15 米，
        栽培条件下
```

```
        一般高 3～5 米。</p></li>
        <li id="card-2">
          <h3>香蕉树</h3>
          <p>开花的苹果
      树落叶乔木，
      树高可达 15 米，
      栽培条件下
        一般高 3～5 米。</p></li>
        <li id="card-3">
          <h3>葡萄树</h3>
          <p>开花的苹果
      树落叶乔木，
      树高可达 15 米，
      栽培条件下
        一般高 3～5 米。</p></li>
        <li id="card-4">
          <h3>山楂树</h3>
          <p>开花的苹果
      树落叶乔木，
      树高可达 15 米，
      栽培条件下
        一般高 3～5 米。</p></li>
        <li id="card-5">
          <h3>葫芦树</h3>
          <p>开花的苹果
      树落叶乔木，
      树高可达 15 米，
      栽培条件下
        一般高 3～5 米。</p></li>
        </ul>
      </div>
</div>
</body>
</html>
```

在<head>标签内插入 CSS 样式内部代码，代码如下：

```
<style>
*{
    margin:0px;
    padding:0px;
    border:0px;
}
body{
    background:#0C0AEC;
    font-family:"宋体";
    font-size:12px;
    color:#000000;
    line-height:28px;
}
#box{
    width:760px;
    margin:0px auto;
    padding-top:50px;
```

```
}
#title{
    width:388px;
    height:89px;
    margin:0px auto;
    font-family:"宋体";
    font-size:48px;
    text-align:center;
    line-height:89px;
    color:#F8EFFE;
}
#card{
    margin-top:50px;
    text-align:center;
}
#card li{
    display:block;
    position:relative;
    list-style-type:none;
    width:130px;
    height:450px;
    background-color:#CC12E5;
    border:1px solid #666666;
    padding:25px 10px;
    margin-bottom:30px;
    float:left;
    -moz-border-radius:10px;
    -webkit-border-radius:10px;
    -moz-box-shadow:2px 2px 10px #000;
    -webkit-box-shadow:2px 2px 10px #000;
    -moz-transition:all 0.5 ease-in-out;
    -webkit-transition:all 0.5 ease-in-out;
}
#card h3{
    font-family:黑体;
    font-size:24px;
}
#card p{
    margin-top:30px;
    text-align:left;
}
#card-1{
    z-index:1;
    left:150px;
    top:40px;
    -webkit-transform:rotate(-20deg);
    -moz-transform:rotate(-20deg);
}
#card-2{
    z-index:2;
    left:70px;
    top:10px;
```

```
        -webkit-transform:rotate(-10deg);
        -moz-transform:rotate(-10deg);
}
#card-3{
    z-index:3;
    background-color:#41ED27;
}
#card-4{
    z-index:2;
    left:-70px;
    top:10px;
    -webkit-transform:rotate(10deg);
    -moz-transform:rotate(10deg);
}
#card-5{
    z-index:1;
    left:-150px;
    top:40px;
    -webkit-transform:rotate(20deg);
    -moz-transform:rotate(20deg);
}

#card-1:hover{
    z-index:4;
    -moz-transform:scale(1,1) rotate(-18deg);
    -webkit-transform:scale(1,1)
rotate(-18deg);
}
#card-2:hover{
    z-index:4;
    -moz-transform:scale(1,1) rotate(-8deg);
    -webkit-transform:scale(1,1)
rotate(-8deg);
}
#card-3:hover{
    z-index:4;
    -moz-transform:scale(1,1) rotate(2deg);
    -webkit-transform:scale(1,1)
rotate(2deg);
}
#card-4:hover{
    z-index:4;
    -moz-transform:scale(1,1) rotate(12deg);
    -webkit-transform:scale(1,1)
rotate(12deg);
}
#card-5:hover{
    z-index:4;
    -moz-transform:scale(1,1) rotate(22deg);
    -webkit-transform:scale(1,1)
rotate(22deg);
}
</style>
```

使用 Opera 浏览器浏览页面，效果如图 9-5 所示。

图 9-5　浏览页面效果

9.5　课堂练习——设置表单元素的边框

设计表单样式在网页设计中起到了重要的作用，使网页整体看起来简洁明朗，让用户一目了然。

视频位置：
光盘\视频\第 9 章\9-5-1.swf
源文件位置：
光盘\素材\第 9 章\9-5-1.html

9.5.1　设计分析

本案例通过设计表单样式来丰富登录页面，使页面看起来更加美观。

9.5.2　制作步骤

（1）新建 HTML 文件，将其保存为"光盘\素材\第 9 章\9-5-1.htm"，如下左图所示，继续新建 CSS 文件，并将其保存为"光盘\素材\第 9 章\CSS\9-5-1.css"，如下右图所示。

（2）打开"CSS 设计器"面板，在"源"选项下单击"添加 CSS 源"按钮，在下拉菜单中选择"附加现有的 CSS 文件"选项，弹出的对话框中选择要附加的 CSS 文件，如下图所示。

（3）在 CSS 文件中创建下左图所示的样式。切换到设计视图，选择"插入→DIV"命令，插入 id 为 box 的 DIV，如下右图所示。

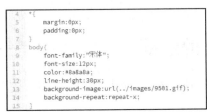
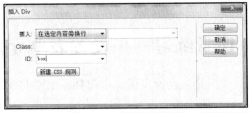

（4）切换到 CSS 文件，并创建名称为#box 的 CSS 样式，如下左图所示。返回 HTML 文件，在 id 为 box 的 DIV 内插入 id 为 title 的 DIV，并创建 CSS 样式，如下右图所示。

（5）继续在名称为 title 的 DIV 后插入名称为 text 的 DIV，并创建 CSS 样式，如下图所示。

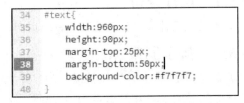

（6）在名称为 text 的 DIV 内输入文字，添加<ul>、<li>、<span>标签，并创建名称为#text li 的 CSS 样式，如下图所示。

```
12      <div id="text">
13          <ul>
14              <li>为了保护个人信息的安全，将国家居民身份证号码<span >ID登录</span>改成<span>Email账
            号登录</span></li>
15              <li>若出现"<span>电子邮件或密码错误</span>"的情况，希望您在找回密码后记得及时更改
            密码设置</li>
16              <li>在公共场合或者公用的电脑上请<span >取消勾选</span><span >"记住密码"选项</span>，
            谨防他人恶意篡改而导致个人<span >隐私泄露</span></li>
17          </ul>
18      </div>
```

```
41   #text li{
42       list-style:none;
43       background-image:url(../images/9504.gif);
44       background-repeat:no-repeat;
45       background-position:5px center;
46       padding-left:20px;
47   }
```

（7）在 CSS 文件内创建名称为.font、.font01 的类样式。返回设计视图，选择"窗口→属性"命令，选中需要设置的文字，在"属性"面板中单击"类"选项下拉菜单中的选项对文字进行设置，如下图所示。

```
48   .font{
49       font-weight:bold;
50       color:#da115d;
51   }
52   .font01{
53       font-weight:bold;
54   }
```

（8）返回设计视图，继续在名称为 text 的 DIV 后插入名称为 bottom 的 DIV，并创建 CSS 样式，如下图所示。

```
55   #bottom{
56       width:510px;
57       height:200px;
58       background-image:url(../images/9505.gif);
59       background-repeat:no-repeat;
60       background-position:left center;
61       padding-left:450px;
62   }
```

（9）用鼠标在名称为 bottom 的 DIV 内单击，选择"插入→表单"命令，在属性面板中设置表单的 id 为 form1。在"插入"面板的"表单"菜单下选择"文本"选项，在属性面板中设置相应的属性，并插入换行符，如下图所示。

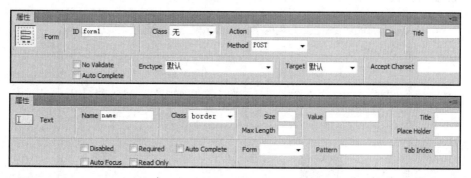

（10）继续在"插入"面板的"表单"菜单下选择"密码"选项。在属性面板中设置相应的属性，并插入换行符。在 CSS 文件中设置相应的 CSS 样式，如下图所示。

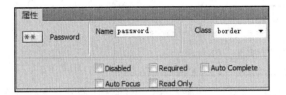
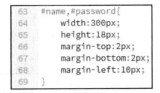

（11）在表单内插入图片，并设置 CSS 样式控制图片，如下图所示。

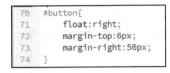

（12）继续选择"插入→表单→复选框"命令，在属性面板中设置相应的属性，并创建相应的 CSS 样式，如下图所示。

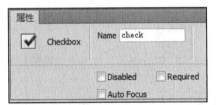

（13）在表单内部插入名称为 pic 的 DIV，在其内部插入图片，并在 CSS 文件中创建样式，如下图所示。

```
79  #pic{
80      width:465px;
81      height:21px;
82      padding-top:20px;
83      padding-bottom:20px;
84      text-align:right;
85  }
86  #pic img{
87      margin-left:3px;
88      margin-right:3px;
89  }
90  .border{
91      border:solid 1px #ad737a;
92  }
```

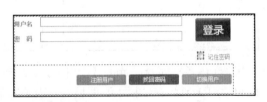

（14）保存文件，按快捷键 F12 浏览网页，效果如下图所示。

9.5.3 案例总结

通过本案例的实际操作，读者对 CSS 设置表单样式进行了知识点的进一步巩固。

9.6 课堂讨论

通过本章的学习，我们已经了解到在网页的制作过程中将如何设置表单样式，为了巩固加深对本章知识的掌握，本节提供了两个问题供读者讨论。

9.6.1 问题 1——在表单域中插入图像域的作用

使用"图像域"按钮在网页中插入图像域，插入的图像按钮与"提交表单"按钮的效果是一样的，同样具有提交表单的功能。但是如果需要插入一个"重设表单"按钮，就不可以使用"图像域"按钮来完成。

9.6.2 问题 2——表单的概念及表单在网页中的作用

表单是 Internet 用户与服务器进行信息交流的重要工具。通常，一个表单中包含多个对象，有时它们也被称为控件，如用于输入文本的文本域、用于发送命令的按钮、用于选择项目的单选按钮和复选框，以及用于显示选项列表的列表框等。

大量的表单元素使得表单的功能更加强大。表单在网页界面中起到的作用也不容忽视，它主要用来实现用户数据的采集，例如采集浏览者的姓名、邮箱地址和身份信息等数据。

9.7 课后练习——设置表单元素的背景颜色

本章介绍了如何设置表单样式，使得在网页中的表单不再只是单一的线条框架结构，接下来通过完成课后练习巩固知识点。

源文件地址：光盘\素材\第 9 章\9-7-1.html
视频地址：光盘\视频\第 9 章\9-7-1.swf

| （1）在表单中分别插入名称为 text、text01 的 DIV，并设置 CSS 样式。 | （2）新建文件，插入 DIV 和表单，并创建 CSS 样式制作出图所示的效果。 |

（3）保存文件，浏览效果如图所示。

（4）在 DIV 内部插入文本标签，制作出图所示的效果。

第 10 章
设置列表样式

本章简介：

　　列表让设计者能够对相关的元素进行分组，并制定相关结构。大多数网站都包含某种形式的列表，比如新闻列表、标题列表等。本章主要讲解如何通过 CSS 样式对网页中的列表进行控制，并且通过两个影视音乐网站实例，详细讲解页面中列表样式的应用。

学习重点：

- 列表控制概述
- 列表控制样式
- 使用列表制作菜单
- CSS 3.0 中其他模块的新增属性

10.1 列表控制概述

在网页中，列表元素是非常重要的应用形式。通过 CSS 样式控制列表，可以轻松地得到整齐直观的显示效果。

10.1.1 列表控制原则

列表形式在网站设计中占有很大比重，在显示信息时非常整齐直观，便于用户理解与点击。从出现网页开始到现在，列表元素一直是页面中非常重要的应用形式。

在早期的表格式网页布局中，列表恰恰也是表格用处最大的地方，如图 10-1 所示，第一个表格都是由多行多列的表格来完成的。当列表头部是图像时，则需要在原有基础上多加一列表格，用来插入图像，这样就增加了很多列表元素的代码，不便于设计者读取，如图 10-2 所示。

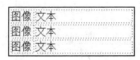

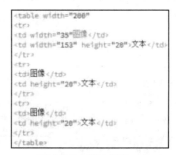

图 10-1 用表格构架列表   图 10-2 列表代码

CCS 布局中的列表提倡使用 HTML 中自带的 ul 和 ol 标签。这些标签在早期的 HTML 版本中就已经存在，由于当时 CSS 没有非常强大的样式控制，因此被设计者放弃，改为使用表格来控制。从 CSS 2 出现后，ul 和 ol 在 CSS 中拥有了较多的样式属性，设计者完全可以抛弃表格来制作列表。使用 CSS 样式来制作列表，还可以减少页面的代码数量，如图 10-3 和图 10-4 所示。

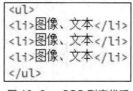

图 10-3 CSS 列表代码   图 10-4 列表效果

10.1.2 列表标签的使用

1. 无序列表<ul>

所谓无序列表，是指列表中的各个元素在逻辑上没有先后顺序的列表形式。如果列表中不需要描述一条信息的序号，则可以使用 ul 元素。大部分页面中的信息均可以用 ul 来描述。ul 与 li 标签配合使用，其中的每一个标签均为一条列表，所有 li 标签将被包含在 ul 标签中。

2. 有序列表<ol>

有序列表与上面讲的无序列表相反，表示列表的每一个元素都会有序列区分，从上至下可以为数字、字母等多种不同形式。多数人使用表格来制作有序列表，这样将会造成代码过于复杂。

10.2 列表样式控制

与控制背景一样，列表元素也提供了与图像、定位类似的标准的属性，虽然看似不多，但却对页面设计带来了意想不到的改观。使用 CSS 布局之后，最大的改变就是对相同的设计在不同的技术环境下拥有的新思路与做法，列表元素也是如此。

10.2.1 ul（无序列表）

所谓无序列表，是指列表中的各个元素在逻辑上没有先后顺序的列表形式。无序列表使用一组\<ul>\</ul>标签，标签中包含很多组\<li>\</li>，其中的每一组均为一条列表。例如下面的 HTML 代码，设计视图效果如图 10-5 所示。

```
<ul>
    <li>快来参加2010年斑马奔腾少年NBA挑战赛！</li>
    <li>公司入选"中华慈善奖"特此声明！</li>
    <li>今天，你会关灯一小时吗？</li>
    <li>质检大楼启用，空气净化器顺利下线</li>
 </ul>
```

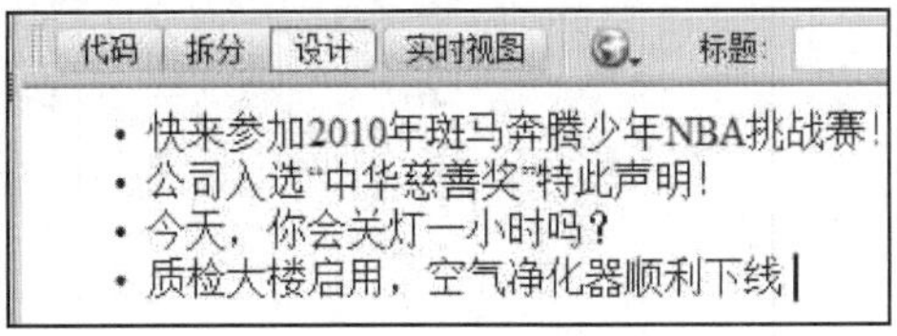

图 10-5　设计视图效果

10.2.2 ol（有序列表）

有序列表与无序列表恰恰相反，表示列表的每一元素都会有序列区分，从上至下可以为数字、字母等多种不同形式。HTML 中的有序列表是由\<ol>元素创建的，它包含每个列表项的\<li>标签。例如下面的代码，其页面效果如图 10-6 所示。

```
<ol>
    <li>快来参加2010年斑马奔腾少年NBA挑战赛！</li>
    <li>公司入选"中华慈善奖"特此声明！</li>
    <li>今天，你会关灯一小时吗？</li>
    <li>质检大楼启用，空气净化器顺利下线</li>
 </ol>
```

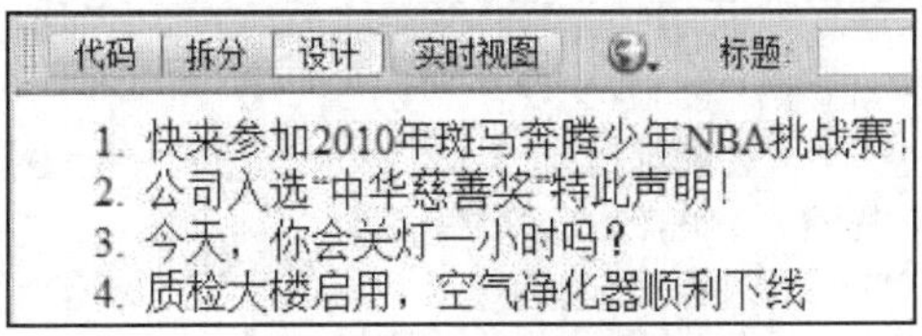

图 10-6　设计视图效果

10.2.3 定义列表

定义列表是一种特殊的列表形式，使用一组\<dl>\</dl>标签。列表中每个元素的标题使用\<dt>definition term\</dt>，后面跟随\<dd>definition description\</dd>，用于描述列表中元素的内容。与<ol>或者<ul>元素中的<li>标签不同的是，<dt>和<dd>标签没有设置为 list-item 的 display 属性，但它们具有 display 值 block，尽管<dd>标签通常具有额外 1.33em 的 margin-left 值。列表元素属性值如表 10-1 所示。

表 10-1　　　　　　　　　　　　　　列表元素属性值

属性	描述	可用值
list-style	用于设置列表的所有属性选项	list-style-type list-style-position list-style-image
list-style-image	设置图片作为列表中的项目符号	none url
list-style-position	设置项目符号的放置位置	inside outside
list-style-type	设置项目符号的几种默认样式	none disc circle square decimal lower-roman upper-roman lower-alpha upper-alpha

10.2.4　更改列表项目样式

当给<ul>或者<ol>标记设置 list-style-type 属性时，它们中间的所有<li>标记都将采用该设置，而如果对<li>标记单独设置 list-style-type 属性，则仅仅作用在该条项目上。例如：

```
li.soecial {
    list-style-type: square;                    <!--单独设置-->
}
<div id="box">
  <ul>
    <li>快来参加 2010 年斑马奔腾少年 NBA 挑战赛！</li>
    <li class="soecial">公司入选"中华慈善奖"特此声明！</li>
    <li>今天，你会关灯一小时吗？</li>
    <li>质检大楼启用，空气净化器顺利下线 </li>
    <li>万户业主集体关灯响应"幸福蓝光低碳行"</li>
    <li>幸运礼包珍宝任君选 </li>
  </ul>
</div>
```

此时的显示效果如图 10-7 所示，可以看到第二行列表的项目符号变成了方块，但是并没有影响其他编号。

图 10-7　CSS 定义列表

通常使用的 list-style-type 属性的值除了上面看到的方形和圆形编号以外还有很多，常用的如表 10-2 所示。

表 10-2　　　　　　　　　　　　　list-style-type 属性的值

值	效果
circle	空心圆列表符号
decimal	十进制数字标记（1，2，3...）
decimal-leading-zero	有前导零的十进制数字标记（01，02，03...）
disc	实心圆列表符号
lower-alpha	小写字母标记（a，b，c...）
lower-roman	小写罗马数字标记（i，ii，iii...）
none	列表之前不显示任何标记
square	正方形列表符号
upper-alpha	大写字母标记（A，B，C...）
upper-roman	大写罗马数字标记（Ⅰ，Ⅱ，Ⅲ...）
inherit	使用包含盒子的 list-style-type 值

提示　　<ol>的默认值是 decimal，<ul>的默认值是 disc，通过 display: list-item 创建的列表，默认值也是 disc。

10.3　使用列表制作菜单

当项目列表的项目符号可以通过设置 list-style-type 属性值为 none 时，制作各式各样的菜单和导航条成了项目列表的最大用处之一，通过 CSS 属性控制可以达到意想不到的效果。本节将向读者介绍如何使用列表标签制作实用的网页导航菜单。

10.3.1　无需表格的菜单

通过 CSS 样式对列表样式进行控制，可以方便快捷地制作出导航菜单的效果，这也是 DIV+CSS 布局中经常使用的制作导航菜单的方法，如下面实例。

首先建立 HTML 相关结构，将菜单的各个选项用列表<ul>表示并添加空链接，同时设置页面的背景颜色，代码如下：

```
<style>
```

```
<body>{
    background-color:#CCC;
}
</style>
<body>
<div id="box">
<ul>
    <li><a href="#">公司简介</a></li>
    <li><a href="#">音乐MP3</a></li>
    <li><a href="#">个人相册</a></li>
    <li><a href="#">我的博客</a></li>
    <li><a href="#">我的空间</a></li>
  </ul>
 </div>
</body>
```

然后设置 DIV 的宽度为固定像素，并设置文字字体及大小。设置项目列表<ul>的属性，将项目符号设置为不显示，代码如下：

```
#box{
    width:120px;
    font-size: 12px;
    font-family: "宋体";
}
#box ul {
    margin: 0px;
    padding: 0px;
    list-style-type: none;
}
```

接下来为<li>标记添加下画线，以分割各个超链接，并对超链接<a>标记进行设置，代码如下：

```
#box li {
    border-bottom: #ed9f9f solid 1px;
}
#box li a {
    display: block;
    padding: 5px 5px 5px 8px;
    text-decoration: none;
    border-left: 12px solid #711515;
    border-right: 1px solid #711515;
}
```

最后设置超链接的3个伪属性，以实现动态菜单的效果，代码如下：

```
#box li a:link {
    background-color: #c11136;
    color: #ffffff;
}
,#box li a:visited {
    background-color: #c11136;
    color: #ffffff;
}
#box li a:hover {
    background-color: #990020;
```

```
    color: #ffff00;
}
```

完成使用列表标签制作导航菜单，在浏览器中预览该导航菜单，效果如图 10-8 所示。

图 10-8 在浏览器中预览导航菜单效果

 display:block;是将元素设置为块元素，当鼠标移动到该块的任何部分时就会被激活。

10.3.2 菜单的横竖转换

导航菜单不仅只有竖直排列，很多时候要求页面的导航菜单能够在水平方向上显示。通过 CSS 属性的控制，可以轻松实现项目列表菜单的横竖转换。例如下面的代码，其页面效果如图 10-9 所示。

```
<style>
body{
    background-color:#ffdee0;
}
#box{
    font-size: 12px;
    font-family: "宋体";
}
#box ul {
    margin: 0px;
    padding: 0px;
    list-style-type: none;
}
#box li {
    float:left;
}
#box li a {
    display: block;
    padding: 5px 5px 5px 8px;
    text-decoration: none;
    border: 1px solid #711515;
    margin:2px;
}
#box li a:link {
    background-color: #c11136;
```

```
        color: #ffffff;
    }
#box li a:visited {
        background-color: #c11136;
        color: #ffffff;
    }
#box li a:hover {
        background-color: #990020;
        color: #ffff00;
    }
</style>
<body>
<div id="box">
<ul>
    <li><a href="#">公司简介</a></li>
    <li><a href="#">公司规模</a></li>
    <li><a href="#">企业培训</a></li>
    <li><a href="#">官方网站</a></li>
    <li><a href="#">企业论坛</a></li>
  </ul>
 </div>
</body>
```

图 10-9　横向导航菜单

10.4　CSS 3.0 中其他模块的新增属性

在 CSS 3.0 中新增了 4 种对网页中其他模块进行控制的属性,分别是 @media、@font-face、columns 和 speech。下面就分别对这 4 种新增的控制其他模块的属性进行简单的介绍。

10.4.1　@media

通过 media queries 功能可以判断媒介类型来实现不同的展现。其定义语句如下:

```
@media: <sMedia> { sRules }
```

- <sMedia>:指定设置名称。
- {sRules}:样式表定义。

通过这个特性可以让 CSS 更精确地作用于不同的媒介类型以及同一种媒介的不同条件(如分辨率、色数等)。media queries 功能的兼容性如表 10-3 所示。

表 10-3　　　　　　　　　　　media queries 功能的兼容性

类型	IE	Firefox	Chrome	Opera	Safari
版本	(×)IE 6.0 (×)IE 7.0 (×)IE 8.0	(×)Firefox 2.0 (×)Firefox 3.0 (√)Firefox 3.5	(√)Chrome 1.0.x (√)Chrome 2.0.x	(√)Opera 9.63	(√)Safari 3.1 (√)Safari 4.0

例如，如下的页面代码：

```
<style>
#box{
    color:#ffffff;
    font-weight:bold;
    padding:10px;
    text-align:center;
    background-color:#003399;
}
@media all and (min-width:300px){
    #box{
        background-color:#003399;
    }
}
@media screen and (max-width: 600px){
    #box{
        background-color:#F33;
    }
}
</style>
<body>
<div id="box">在Firefox浏览器可以
看到所定义的背景颜色</div>
</body>
```

在 Firefox 浏览器中预览该页面，可以看到当页面中应用定义样式的元素宽度小于 600 像素时，其背景颜色为红色；当页面元素的宽度大于 600 像素时，其背景颜色为蓝色，如图 10-10 所示。

图 10-10　在 Firefox 浏览器中预览效果

10.4.2　@font-face

通过@font-face 属性可以加载服务器端的文字文件，让客户端显示它没有安装的字体。其定义语句如下：

```
@font-face: { 属性:取值;}
```

- font-family: 设置文本的字体名称。
- font-style: 设置文本样式。
- font-variant: 设置文本大小写。

- font-weight: 设置文本的粗细。
- font-stretch: 设置文本是否横向拉伸变形。
- font-size: 设置文本字体大小。
- src: 设置自定义字体的相对路径或绝对路径，此属性只能在@font-face规则中使用。

eot格式字体的兼容性如表10-4所示。

表10-4　　　　　　　　　　　　　　　eot 格式字体的兼容性

类型	IE	Firefox	Chrome	Opera	Safari
版本	(√)IE 6.0 (√)IE 7.0 (√)IE 8.0	(×)Firefox 2.0 (×)Firefox 3.0	(×)Chrome 1.0.x (×)Chrome 2.0.x	(×)Opera 9.63	(×)Safari 3.1 (×)Safari 4.0

ttf 和 otf 格式字体的兼容性如表 10-5 所示。

表10-5　　　　　　　　　　　　　　ttf 和 otf 格式字体的兼容性

类型	IE	Firefox	Chrome	Opera	Safari
版本	(×)IE 6.0 (×)IE 7.0 (×)IE 8.0	(×)Firefox 2.0 (×)Firefox 3.0 (√)Firefox 3.5	(×)Chrome 1.0.x (×)Chrome 2.0.x	(×)Opera 9.63 (√)Opera 10	(√)Safari 3.1 (√)Safari 4.0

10.4.3　columns

multi-column layout 是 CSS 3.0 中新增的功能，可以通过 columns 属性同时定义多栏的数目和每栏的宽度。其定义语句如下：

```
columns: columns-width, columns-count
```

- columns-width: 定义每栏的宽度。
- columns-count: 定义栏目的数目。

针对不同引擎类型的浏览器，columns 属性需要写为不同的形式，如表 10-6 所示。

表10-6　　　　　　　　　　　　　　columns 属性的不同形式

引擎类型	Gecko	Webkit	Presto
columns		-webkit- columns	

columns 属性的兼容性如表 10-7 所示。

表10-7　　　　　　　　　　　　　　columns 属性的兼容性

类型	I E	Firefox	Chrome	Opera	Safari
版本	(×)IE 6.0 (×)IE 7.0 (×)IE 8.0	(×)Firefox2.0 (×)Firefox 3.0	(√)Chrome 1.0.x (√)Chrome 2.0.x	(×)Opera 9.63	(√)Safari 3.1 (√)Safari 4.0

10.4.4 speech

通过 speech 可以规定页面中哪一部分让机器来阅读。其定义语句如下：

```
speech: voice-volume, voice-balance, speak, pause-before, pause-after, pause,
rest-before, rest-after, rest, cue-before, cue-after, cue, mark-before, mark-after, mark,
voice-family, voice-rate, voice-pitch, voice-pitch-range, voice-stress, voice-duration,
phonemes
```

speech 的属性值如表 10-8 所示。

表 10-8   speech 的属性值

属性	取值	默认值
voice-volume	<number> | <percentage> | silent | x-soft | soft | mediue | loud | x-loud | inherit	mediue
voice-balance	<number> | left | center | right | leftwards | rightwards | inherit	center
speak	none | normal | spell-out | digits | liter-punctuation | no- punctuation | inherit	normal
pause-before,pause-after	<time> | none | x-weak | weak | medium | strong | x-strong | inherit	implementation dependent
pause	[<'pause-before'> || <'pause-after'>] | inherit	implementation dependent
rest-before, rest-after	<time> | none | x-weak | weak | medium | strong | x-strong | inherit	implementation dependent
rest	[<'rest-before'> || <'rest-after'>] | inherit	implementation dependent
cue-before, cue-after	<uri> [<number> | <percentage> | silent | x-soft | soft | medium | loud | x-loud | none | inherit]	none
cue	[<'cue-before'> || <'cue-after'>] | inherit	not defined for shorthand porperties
mark-before, mark-after	<string>	none
mark	[<'mark-before'> || <'mark-after'>]	not defined for shorthand porperties
voice-family	[[<specific-voice>|[<age>]<generic-voice>][<number>],]* [<specific-voice>|[<age>]<generic-voice>] [number] | inherit	implementation dependent
voice-rate	<percentage> | x-slow | slow | medium | fast | x-fast | inherit	implementation dependent

属性	取值	默认值
voice-pitch	\<number\> | \<percentage\> | x-slow | slow | medium | fast | x-fast | inherit	medium
voice-pitch-range	\<number\> | x-low | low | medium | high | x-high | inherit	implementation dependent
voice-stress	strong | moderate | none | reduced | inherit	moderate
voice-duration	\<time\>	implementation dependent
phonemes	\<string\>	implementation dependent

- voice-volume：设置音量。
- voice-balance：设置声音平衡。
- speak：设置阅读类型。
- pause-before,pause-after：设置暂停时的效果。
- pause：设置暂停。
- rest-before, rest-after：设置停止时的效果。
- rest：设置停止。
- cue-before, cue-after：设置提示时的效果。
- cue：设置提示。
- mark-before, mark-after：设置标注时的效果。
- mark：设置标注。
- voice-family：设置语系。
- voice-rate：设置比率。
- voice-pitch：设置音调。
- voice-pitch-range：设置音量范围。
- voice-stress：设置重音。
- voice-duration：设置音乐持续时间。
- phonemes：设置音位。

speech 属性的兼容性如表 10-9 所示。

表 10-9　　　　　　　　　　speech 属性的兼容性

类型	IE	Firefox	Chrome	Opera	Safari
版本	(×)IE 6.0 (×)IE 7.0 (×)IE 8.0	(×)Firefox 2.0 (×)Firefox 3.0	(×)Chrome 1.0.x (×)Chrome 2.0.x	(√)Opera 9.63	(×)Safari 3.1 (×)Safari 4.0

10.4.5 使用 CSS 3.0 实现选项卡式新闻块

在网页中经常可以看到选项卡式的新闻块，这种方式既可以节省页面空间，又可以增强页面的交互性。在 Dreamweaver 中，可以通过插入"Spry 选项卡式面板"来实现该功能，然后对相关的文件进行修改，但是这样比较麻烦。在本实例中，我们将通过 CSS 3.0 来实现选项卡式新闻块的效果。例如，如下的页面代码，其页面效果如图 10-11 所示。

```
<style>
*{
    margin:0px;
    padding:0px;
    border:0px
}
body{
    font-family:"宋体";
    font-size:12px;
    color:#7799D1;
    line-height:24px;
    background-color:#151736;
}
#box-title{
    width:516px;
    height:45px;
    background-image:url(images
/104501.jpg);
    background-repeat:no-repeat;
    margin: 20px auto 0px auto;
}
#box{
    width:494px;
    height:180px;
    background-color:#1f2c51;
    margin: 0 auto;
    padding:10px;
    position: relative;
    boder-left: 1px solid #253561;
    border-right: 1px solid #253561;
    border-bottom: 1px solid #253561;
}
#box p{
    width:494px;
    height:30px;
    text-align:center;
    font-weight:bold;
    line-height:30px;
    color:#FFF;
    display:block;
    cursor:hand;
    display:block;
}
#tab1 p{
    z-index:3;
```

```
    width:122px;
    background-color:#1f2c51;
    position:absolute;
    left:10px;
    top:10px;
    cursor:hand;
    border-top: 1px solid #29375c;
    border-left: 1px solid #29375c;
    border-right: 1px solid #29375c;
}
#box ul{
    position: absolute;
    width: 494px;
    display: block;
    position: absolute;
    left: 10px;
    top: 40px;
    height: 150px;
    border-top: 1px solid #29375c;
}
#tab1 ul{
    z-index:2;
}
#tab1 li{
    list-style-type:none;
    background-repeat:no-repeat;
    background-position: left center;
    padding-left: 15px;
    border-bottom: 1px dashed
#29375d;}
#tab2 p{
    position:absolute;
    width:122px;
    border-top:none;
    border-left:none;
    border-right:none;
    left:132px;
    top:10px;
    cursor:hand;
    border-top: 1px solid #29375c;
    border-left: 1px solid #29375c;
    border-right: 1px solid #29375c;
}
#tab2 ul{
    z-index:1;
    opacity:0;
}
#tab2 li{
    list-style-type:none;
    background-repeat:no-repeat;
    background-position: left center;
    padding-left:15px;
```

```
    border-bottom: 1px dashed #29375d;
}
#box:hover ul{
    z-index:0;
    opacity:0;
    -webkit-transition: opacity
.75s ease-in;
}
#tab1:hover p{
    z-index:4;
    background-color:#1f2c51;
    border-top: 1px solid #29375c;
    border-left: 1px solid #29375c;
    border-right: 1px solid #29375c;
}
#tab1:hover ul{
    z-index:3;
    opacity:1;
    -webkit-transition: opacity 2s ease-in;
}
#tab2:hover p{
    z-index:4;
    background-color:#1f2c51;
    border-top: 1px solid #29375c;
    border-left: 1px solid #29375c;
    border-right: 1px solid #29375c;
}
#tab2:hover ul{
    z-index:3;
    opacity:1;
    -webkit-transition: opacity
2s ease-in;
}
</style>
<body>
<div id="box-title"></div>
<div id="box">
  <div id="tab1">
  <p>游戏新闻</p>
   <ul>
   <li>《询问》2014 争霸赛"总
冠军"争夺战蓄势待发!!! </li>
   <li>《询问》携手天天管家,
超值礼包火热大派送...</li>
   <li>关于 2014 超级对抗
赛竞猜兑换公告</li>
   </ul>
   </div>
   <div id="tab2">
    <p>游戏公告</p>
   <ul>
   <li>2014 超级对抗"商场乐购"
```

```
活动公告</li>
    <li>《询问》"八月寻缘月"三重
好礼甜蜜奉送。</li>
    <li>关于 80 级搭装束腰带配方
兑换说明</li>
    </ul>
</div>
</div>
</body>
```

图 10-11　在 Chrome 浏览器中预览效果

10.5　课堂练习——制作游戏类网站页面

本实例将制作一个游戏类网站页面，在页面中多处应用了列表，所以列表的排版是否合理会直接影响页面的整体性和美观性，同时也会直接影响浏览者对网站的第一印象。本节将通过实例的制作来讲解如何创建列表。

视频位置：

光盘/视频/第 10 章/10-5.swf

源文件位置：

光盘/素材/第 10 章/10-5.html

10.5.1　设计分析

本实例将制作游戏网站页面，整个页面的上半部分以淡蓝色的背景为主体色彩，文字以黑色为主，同时加入了很多卡通人物，文字和图片的巧妙搭配，使整个页面看起来更加清晰明了。页面中多处使用了列表的形式来展示网页中的内容。

10.5.2　制作步骤

（1）选择"文件→新建"命令，新建一个空白的 HTML 页面，并保存为"光盘\素材\第 10 章\10-5.html"。新建一个 CSS 文件，并保存为"光盘\素材\第 10 章\CSS\10-5.css。

（2）切换到 HTML 页面中，单击"CSS 设计器"面板的"源"选项区右上角的"新建 CSS 源" 按钮，选择"附加现有的 CSS 文件"选项，在弹出的"使用现有的 CSS 文件"对话框中链接 CSS 文件，如下图所示。

（3）单击"确定"按钮完成链接，切换到 8-5.css 文件，创建名为*和名为 body 的 CSS 样式，如下左图所示。返回设计视图中，插入一个名为 logo 的 DIV，并继续在其内部插入一个名为 pic 的 DIV。切换到 10-5.css 文件中，创建 CSS 规则，如下右图所示。

```css
* {
    border: 0px;
    margin: 0px;
    padding: 0px;
}
body {
    font-family: "宋体";
    font-size: 12px;
    color: #000;
    background-image:
url(../images/bg10501.gif);
    background-repeat: repeat-x;
}
```

```css
#logo {
    width: 100%;
    height: 37px;
    overflow: hidden;
}
#pic {
    width: 60px;
    height: 34px;
    margin-left: 26px;
    margin-right: 26px;
    margin-top: 2px;
    float: left;
}
```

（4）返回设计视图中，在名为 pic 的 DIV 中插入图片 images/10501.gif。光标移至 id 为 pic 的 DIV 右方，插入一个名为 list 的 DIV，切换到 10-5.css 文件中，创建 CSS 规则，如下左图所示。返回 HTML 页面代码中，输入文本内容并为其应用相应的列表标签，如下右图所示。

```css
#list {
    width: 350px;
    height: 23px;
    float: left;
    padding-left: 16px;
    padding-top: 13px;
}
#list li {
    list-style-type: none;
    background-image: url(../images/10502.gif);
    background-repeat: no-repeat;
    background-position: left center;
    float: left;
    margin-right: 30px;
    padding-left: 10px;
}
```

```html
<div id="list">
    <ul>
        <li>首页</li>
        <li>社区</li>
        <li>家族</li>
        <li>会员</li>
        <li>活动</li>
    </ul>
</div>
```

（5）切换到设计视图中，光标移至 id 为 logo 的 DIV 下方，插入一个名为 box 的 DIV，删除 DIV 中多余的文本内容，插入一个名为 top 的 DIV。继续在名为 top 的 DIV 内部插入一个 id 为 menu 的 DIV，切换到 10-5.css 文件中，创建 CSS 规则，如下左图所示。返回设计视图中，在名为 menu 的 DIV 中依次插入图片 images/10503.gif、images/10504.gif、images/10505.gif、images/10506.gif，页面效果如下右图所示。

```css
#box {
    width: 884px;
    height: 100%;
    overflow: hidden;
    margin: 0px auto;
}
#top {
    width: 884px;
    height: 462px;
    background-image:
url(../images/bg10502.gif);
    background-repeat: no-repeat;
}
#menu {
    width: 873px;
    height: 60px;
    padding-top: 25px;
    padding-left: 10px;
}
```

（6）切换到 10-5.css 文件中，创建名为.img01、.img02、.img03 的 CSS 规则，如下左图所示。返回设计视图中，选中图片 images/10503.gif，在其属性中设置其 class 为 img01。用同样的方法设置图片 images/10504.gif、images/10505.gif，页面效果如下右图所示。

```
.img01 {
    margin-right: 66px;
}
.img02 {
    margin-right: 43px;
}
.img03 {
    margin-right: 27px;
}
```

（7）光标移至 id 为 menu 的 DIV 下方，插入一个名为 top_left 的 DIV，删除 DIV 中多余的文本内容，插入一个名为 left01 的 DIV。继续在名为 left01 的 DIV 内部插入一个 id 为 menu01 的 DIV，切换到 10-5.css 文件中，创建 CSS 规则，如下左图所示。返回设计视图中，页面效果如下右图所示。

```
#top_left {
    width: 420px;
    height: 376px;
    float: left;
    margin-right: 8px;
}
#left01 {
    width: 394px;
    height: 212px;
    margin-left: 26px;
    margin-top: 11px;
}
#menu01 {
    width: 384px;
    height: 18px;
    background-image: url(../images/bg10503.gif);
    background-repeat: no-repeat;
    text-align: right;
    padding-top: 7px;
    padding-right: 10px;
    padding-bottom: 17px;
}
```

（8）在名为 menu01 的 DIV 下方插入一个 id 为 pic01 的 DIV，切换到 10-5.css 文件中，创建相应的 CSS 规则，如下左图所示。返回设计视图中，插入图片 images/10507.gif，并输入相应的文本内容，选中刚刚插入的文本内容的标题，在其属性页面中单击 HTML 选项，在"类"选项下拉列表中选择 font 样式，页面效果如下右图所示。

```
#pic01 {
    width: 182px;
    height: 64px;
    color: #636267;
    line-height: 16px;
    float: left;
    margin-right: 15px;
    margin-bottom: 20px;
}
#pic01 img {
    float: left;
    margin-right: 6px;
}
.font {
    font-weight: bold;
}
```

（9）用相同的方法完成名为 pic02、pic03、pic04 的 DIV 以及相关内容的制作，其 CSS 代码如下左图所示，页面效果如下右图所示。

```
#pic02 {
    width: 182px;
    height: 64px;
    color: #636267;
    line-height: 16px;
    float: left;
    margin-right: 15px;
    margin-bottom: 20px;
}
#pic02 img {
    float: left;
    margin-right: 6px;
}
#pic03 {
    width: 182px;
    height: 64px;
    color: #636267;
    line-height: 16px;
    float: left;
    margin-right: 15px;
}
```

```
#pic03 img {
    float: left;
    margin-right: 6px;
}
#pic04 {
    width: 182px;
    height: 64px;
    color: #636267;
    line-height: 16px;
    float: left;
    margin-right: 15px;
}
#pic04 img {
    float: left;
    margin-right: 6px;
}
```

（10）在名为 left01 的 DIV 下方插入一个 id 为 left02 的 DIV，删除多余的文本内容，插入一个名为 left_pic 的 DIV，继续在名为 left_pic 的 DIV 内部插入一个 id 为 pic05 的 DIV。切换到 10-5.css 文件中，创建 CSS 样式，如下左图所示。返回设计视图中，在名为 pic05 的 DIV 中插入图片 images/10507.gif，输入相应的文本内容，并在其属性面板中为文本内容设置名为 font 的类样式，如下右图所示。

```
#left02 {
    width: 407px;
    height: 140px;
    margin-left: 13px;
    margin-top: 7px;
}
#left_pic {
    width: 275px;
    height: 140px;
    background-image:
url(../images/bg10504.gif);
    background-repeat: no-repeat;
    float: left;
}
```

```
#pic05 {
    width: 82px;
    height: 90px;
    margin-top: 36px;
    margin-left: 15px;
    text-align: center;
    color: #636267;
    float: left;
}
#pic05 img {
    margin-bottom: 6px;
}
```

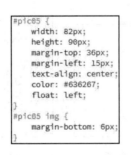

（11）光标移至名为 pic05 的 DIV 右侧，插入一个名为 pic06 的 DIV，切换到 10-5.css 文件中，新建相应的 CSS 规则，如下左图所示。切换到 HTML 页面代码中，插入图片并输入文本内容，完成列表的创建，页面效果如下右图所示。

```
#pic06 {
    width: 153px;
    height: 92px;
    margin-top: 36px;
    margin-left: 15px;
    float: left;
    color: #636267;
}
#pic06 dt {
    height: 38px;
    height: 15px;
    float: left;
    margin-top: 1px;
    margin-bottom: 1px;
    border-bottom: solid 1px #98dee8;
    padding-bottom: 1px;
}
```

```
#pic06 dd {
    width: 100px;
    height: 15px;
    line-height:15px;
    float: left;
    margin-top: 1px;
    margin-bottom: 1px;
    border-bottom: solid 1px #98dee8;
    padding-bottom: 1px;
}

#pic06 dt img {
    margin-right: 4px;
}
```

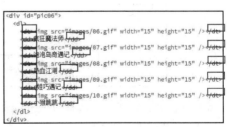

（12）切换到设计视图中，效果如下左图所示。参考名为 pic05 的制作方法，完成 id 为 pic07 的 DIV 的制作。CSS 规则及页面效果如下右图所示。

```
#pic07 {
    width: 112px;
    height: 104px;
    float: left;
    margin-left: 9px;
    background-image:
url(../images/bg10505.gif);
    background-repeat: no-repeat;
    padding-top: 36px;
    text-align: center;
    color: #626367;
}
#pic07 img {
    margin-bottom: 6px;
}
```

（13）在名为 top_left 的 DIV 右侧插入一个 id 为 top_center 的 DIV，切换到 10-5.css 文件中，创建一个 CSS 规则，如下左图所示。返回到设计视图中，插入图片 images/10513.gif，页面效果如下右图所示。

```css
#top_center {
    width: 257px;
    height: 367px;
    float: left;
    margin-top: 10px;
}
```

（14）光标移至名为 top_center 的 DIV 右侧，插入一个名为 top_right 的 DIV，删除多余的文本内容，在其内部插入一个名为 right01 的 DIV，切换至 10-5.css 文件中，设置相关的 CSS 规则，如下左图所示。返回到设计视图中，光标移至 id 为 right01 的 DIV 中，输入相应的文字，选中刚刚输入的文本内容，单击菜单栏中的"插入"按钮，选择"编号列表"选项，页面效果及 HTML 代码如下右图所示。

```css
#top_right {
    width: 190px;
    height: 297px;
    background-image: url(../images/bg10506.gif);
    background-repeat: no-repeat;
    float: left;
    margin-top: 77px;
    margin-left: 8px;
}
#right01 {
    width: 142px;
    height: 268px;
    margin-top: 30px;
    margin-left: 9px;
    text-height: 10px;
    line-height: 26px;
    padding-left: 30px;
}
```

（15）在名为 top 的 DIV 下方插入一个 id 为 bottom 的 DIV，切换至 10-5.css 文件中，新建 CSS 规则，如下左图所示。返回到设计视图中，光标移至刚刚插入的 DIV 中，插入图片 images/10514.gif，并输入相应的文本内容，页面效果如下右图所示。

```css
#bottom {
    width: 884px;
    height: 70px;
    margin-top: 30px;
    color: #333333;
    line-height: 19px;
}
#bottom img {
    margin-left: 53px;
    margin-right: 53px;
    float: left;
}
```

（16）完成页面的制作，选择"文件→保存"命令保存页面，并保存 10-5.css 文件。在浏览器中预览效果，如下图所示。

10.6　课堂讨论

通过本章的学习，我们掌握了设置列表的样式，从此网页设计和制作中可以不再使用单一的列表样式。

10.6.1　问题1——网页中文本分行与分段有什么区别

遇到文本末尾的地方，Dreamweaver 会自动进行分行操作，然而在某些情况下，我们需要进行强迫分行，将某些文本放到下一行去，此时在操作上，读者可以有两种选择：按键盘上的 Enter 键（为段落标签），在代码视图中显示为<P>标签；也可以按快捷键 Shift+Enter（为换行符，也被称为强迫分行），在代码视图中显示为
，可以使文本放到下一行去，这种情况下被分行的文本仍然在同一段落中。

10.6.2　问题2——如何不通过 CSS 样式更改项目列表前的符号效果

在设计视图中选中已有列表的其中一项，选择"格式→列表→属性"命令，弹出"列表属性"对话框，在"列表类型"下拉列表中选择"项目列表"选项，此时"列表属性"对话框上除"列表类型"下拉列表框外，只有"样式"下拉列表框和"新建样式"下拉列表框可用。"样式"下拉列表中共有 3 个选项，分别为"默认"、"项目符号"和"正方形"，它们用来设置项目列表里每行开头的列表标志。

10.7　课后练习——制作音乐列表

本章向读者讲述了如何设置列表样式，通过前面的学习，读者已经掌握了如何在网页中添加列表并设置样式，接下来就独自完成课后练习吧。

源文件地址：光盘\素材\第 10 章\10-7.html
视频地址：光盘\视频\第 10 章\10-7.swf

（1）新建文件，并链接外部 CSS 文件与 HTML 文件。	（2）利用 CSS 样式规则设置背景。

（3）插入 Flash 动画并制作导航菜单。

（4）利用本章学习的列表样式知识制作列表，保存文件并浏览网页。

第11章
设置页面超链接样式

本章简介:

　　超链接是整个互联网的基础,通过超链接能够实现页面的跳转、功能的激活等。超链接可以将每个页面串联在一起,然后通过设置超链接样式来控制链接元素的形式和颜色等变化。超链接的默认样式是蓝色下画线文本,对浏览者没有任何吸引力,需要通过CSS改变超链接文本的样式,以使超链接与整个页面风格一致。完成本章内容的学习后,读者应该能够熟练掌握页面中超链接文本样式的设置,以实现不同文本链接的效果。

学习重点:

- 超链接概述
- 超链接特效
- CSS 3.0 中用户界面的新增属性

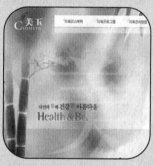

```
13.     }
14.  .box1:link{
15.      font-family:"宋体";
16.      font-size:12px;
17.      color:#666;
18.      text-decoration:none;
19.  }
20.  .box1:visited{
21.      font-family:"宋体";
22.      font-size:12px;
23.      color:#666;
24.      text-decoration:none;
```

```
    <div id="box">
10      <ul>
11      <li>关于官方网站系统升级
12      <li>智能宝宝向前冲海选赛
13      <li>网络晋级赛圆满结束,
14      <li>比赛抽奖开始啦,以电
15      <li>快快向前跑, 终级决赛
16      <li>关于智能宝宝向前冲的
17      <li>五一全家健身行活动开
18      <li>春天到了, 你还窝在家
19      <li>儿童成长健康讲座接受
20      <li>家庭亲子活动开始啦,
21      </ul>
22  </div>
```

11.1 超链接概述

超链接是网页中最重要、最根本的元素之一,网站中的每一个网页都是通过超链接的形式关联在一起的。如果页面之间彼此是独立的,那这样的网站是无法正常运行的。

11.1.1 超链接样式控制原则

在当今的网页制作中,几乎所有的漂亮网页都运用了 CSS 样式。有了 CSS 样式的控制,网页便会给人一种赏心悦目、工工整整的感觉,同时字体的变化也使主页变得更加生动活泼。虽然只有短短的十几行代码,得到的效果却不同凡响。

通过 CSS 样式对文本超链接的控制,可以实现很多页面中的链接文字效果,如图 11-1 所示。

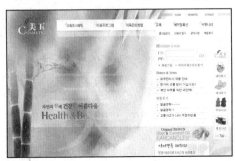 

图 11-1　页面链接文字效果

11.1.2 超链接控制属性

每个网页都是由超链接串联而成的,无论是从首页到每一个频道,还是进入到其他网站,都是由超链接完成页面跳转的。CSS 对于链接的样式控制是通过伪类来实现的。CSS 中提供了 4 个伪类,用于对链接样式进行控制,每个伪类用于控制链接在一种状态下的样式。根据访问者的操作,可以进行以下 4 种状态的样式设置。

- a:link:未被访问过的链接。
- a:active:鼠标单击的链接。
- a:hover:鼠标经过的链接。
- a:visited:已经访问过的链接。

(1) a:link:这种伪类链接应用于链接未被访问过的样式。在很多链接应用中,都会直接使用 a{}这样的样式,这种方法与 a:link 在功能上有什么区别?下面来实际操作一下。

HTML 代码如下:

```
<a>看有什么变化</a>
<a href="#">看有什么变化</a>
```

CSS 样式表代码如下:

```
        a {
color:#00FF00;
}
a:link {
color: #0000FF;
}
```

效果如图 11-2 所示,在预览效果中,使用 a {}的显示为绿色,而使用 a:link {}的显示为蓝色，也就是说，a:link{}只对代码中有 href=" " 的对象产生影响，即拥有实际链接地址的对象，而对直接用 a 对象嵌套的内容不会发生实际效果。

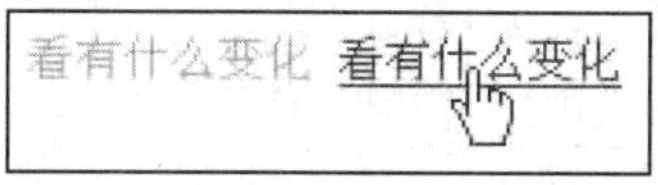

图 11-2　超链接预览效果（一）

（2）a:active：这种伪类链接应用于链接对象被用户激活时的样式。在实际应用中，这种伪类链接状态很少使用，且对于无 href 属性的 a 对象，此伪类不发生作用。:active 状态可以和:link 及 :visited 状态同时发生。

CSS 样式代码如下：

```
a {
text-decoration: none;
display: block;
padding: 20px;
float: left;
background-color: #666666;
color: #ffffff;
}
a:active {
background-color: #0099ff;
}
```

效果如图 11-3 所示，在预览效果中，初始背景为灰色，当光标单击链接而且还没有释放之前，链接块呈现出 a:active 中定义的蓝色背景。

图 11-3　超链接预览效果（二）

（3）a:hover：这种伪类链接用来设置对象在光标经过或停留时的样式，该状态是非常实用的状态之一，当光标指向链接时，改变其颜色或改变下画线状态，这些效果都可以通过 a:hover 状态控制实现，且对于无 href 属性的 a 对象，此伪类不发生作用。下面来实际操作一下。

接上段代码：

```
a :hover {
background-color: #ffcc00;
}
```

效果如图 11-4 所示，在预览效果中，当光标经过或停留在链接区域时，背景色由灰色变成了红色。

图 11-4　超链接预览效果（三）

（4）a:visited：这个伪类链接能够帮助我们设置被访问后的样式。对于浏览器而言，每一个链接被访问过之后，在浏览器内部会做上一个特定的标记，这个标记能够被 CSS 所识别，a:visited 就是能够针对浏览器检测已经被访问过后的链接进行样式设计。通过 a:visited 的样式设置，通常能够使访问过的链接呈现为较淡的颜色，或删除线的形式，提示用户该链接已经被点击过。通过以下的 CSS 代码，能够使访问后的链接呈现灰色，并呈现删除线标记。

```css
a:link{
    color: blue;
    text-decoration: none;
    }
a:visited{
    color: #999999;
    text-decoration: line-through;
    }
```

效果如图 11-5 所示，在预览效果中，被访问过的链接文本会由白色变成灰色，并添加了删除线。

图 11-5　超链接预览效果（四）

11.2　超链接特效

超链接既是 Internet 的核心，又是指向应用中某资源的路径，同时它也是一种允许我们同其他网页或站点之间进行链接的必要元素。将 HTML 网页文件和其他资源连接成一个巨大的网络，形成一个紧密联系的整体。超链接既可以定义在文字中，也可以定义在图片上，甚至图片的局部位置和其他形式的资源文件。当浏览者单击已经链接的文字或图片后，链接目标将显示在浏览器上，并且根据目标的类型来打开或运行。

11.2.1　文字式超链接

在网页中，文字的超链接是比较常见的超链接形式。下面通过示例向读者展示如何给文字添加超链接。

首先，在已经创建好的 HTML 页面中添加文字，如图 11-6 所示。

```html
1  <!doctype html>
2  <html>
3  <head>
4  <meta charset="utf-8">
5  <title>无标题文档</title>
6  </head>
7
8  <body>
9  <div>超链接既是Internet的核心又是指向应用中某资源的路径 <br/>
10 同时它也是一种允许我们同其他网页或站点之间进行链接的必要元素 <br/>
11 将HTML网页文件和其他资源连接成一个巨大的网络 <br/>
12 </div>
13 </body>
14 </html>
15
```

图 11-6　代码效果

然后，选中每一行文字，在"属性"面板中设置"链接"为"#"的空链接，如图 11-7 所示。

图 11-7　空链接

接着创建相应的文本超链接 CSS 样式，在"属性"面板的"类"下拉列表中选择刚定义的超链接样式应用，如图 11-8 所示。

```css
7    .box1{
8        font-family:"宋体";
9        font-size:12px;
10       color:#666;
11       text-decoration:none;
12
13   }
14   .box1:link{
15       font-family:"宋体";
16       font-size:12px;
17       color:#666;
18       text-decoration:none;
19   }
20   .box1:visited{
21       font-family:"宋体";
22       font-size:12px;
23       color:#666;
24       text-decoration:none;
25   }
26   .box1:active{
27       font-family:"宋体";
28       font-size:12px;
29       color:#0ff;
30       text-decoration:none;
31   }
32   .box1:hover{
33       font-family:"宋体";
34       font-size:12px;
35       color:#fc0;
36       text-decoration:none;
37   }
```

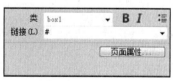

图 11-8　类样式

制作出的文本效果和代码，如图 11-9 所示。

代码　拆分　设计　实时视图　实时代码　检查　　◆　➡　C　file:///Uns

超链接既是Internet的核心又是指向应用中某资源的路径
同时它也是一种允许我们同其他网页或站点之间进行链接的必要元素
将HTML网页文件和其他资源连接成一个巨大的网络

图 11-9　超链接的文本和代码效果

```
41   <body>
42   <div><a href="#" class="box1">超链接既是Internet的核心又是指向应用中某资源的路径</a><br/>
43     <a href="#">同时它也是一种允许我们同其他网页或站点之间进行链接的必要元素</a><br/>
44     <a href="#">将HTML网页文件和其他资源连接成一个巨大的网络</a><br/>
45   </div>
46   </body>
47   </html>
48
```

图 11-9　超链接的文本和代码效果（续）

11.2.2　按钮式超链接

CSS 能够帮助我们实现不同状态下的链接样式，利用这种链接样式，可以制作具有交互特性的元素。下面通过 CSS 样式制作不同形式的链接按钮效果。

创建如下 CSS 规则：

```
a {
display: block;
        float: left;
        font-family: Arial,Helvetica,sans-serif;
        font-size: 12px;
        font-weight: bold;
        line-height: 20px;
color: black;
}
```

为了制作按钮效果，使用 display:block（显示：块）使链接成为一个盒状对象，以方便制作按钮效果。本实例中需要创建两种不同的 CSS 规则，CSS 样式表代码如下：

```
.botton {
    text-decoration: none;
    border: 1px solid #ffffff;
    border-bottom-color: #000066;
    border-right-color: #000066;
    background-color: #d4d0c8;
    }
    .botton:hover {
    border: 1px solid #ffffff;
    border-top-color: #808080;
    border-left_color: #808080;
    background-color: #d4d0c8;
}
```

为了给按钮制作立体效果，在样式设定中对按钮的 4 个边框进行颜色设置，使上边框和左边框为白色，使右边框和下边框为深蓝色。

切换到代码视图，输入代码如下：

```
<a href="#" class="botton"> 首页 </a>
```

最终效果如图 11-10 所示，在预览效果中，可以看到利用 CSS 定义的按钮效果。不同的状态呈现出不同的效果，读者可以通过更换不同的颜色来设置不同的按钮效果。

图 11-10　按钮效果

11.2.3 浮雕式超链接

除了为超链接设置"背景颜色"外，还可以将背景图片加入到超链接的伪属性中，从而制作出更多的绚丽效果。

伪类是一种特殊的选择符，能被浏览器自动识别。其最大的用处是在不同状态下可以对超链接定义不同的样式效果，是 CSS 本身定义的一种类。CSS 样式中用于超链接的伪类有如下 4 种。

除了为超链接设置"背景颜色"属性外，还可以将背景图片也加入到超链接的伪属性中，这样就可以制作出更多的绚丽效果。

创建如下 CSS 规则：

```
a {                              /*统一设置所有链接样式*/
    width: 132px;
    height: 26px;
    float: left;
    text-align: center;                    /*文字居中*/
    color: #FFF;
    font-size: 15px;
}
a:link,a:visited{
    padding: 10px 0px 0px 0px;
background-image: url(images/9203.gif);
background-repeat: no-repeat;
    text-decoration: none;                 /*去除下画线*/
}
a:hover {
    padding: 10px 0px 0px 0px;
background-image: url(images/9204.gif);
background-repeat: no-repeat;
    text-decoration: none;
    color: #FF0;
}
```

此时页面的效果如图 11-11 所示。读者还可以根据自己的需要，制作相同格式的背景图片，从而实现各种不同的效果。

图 11-11 最终效果

11.3 CSS 3.0 中用户界面的新增属性

在 CSS 3.0 中新增了 4 种有关网页用户界面控制的属性，分别是 box-sizing、resize、outline（outline-width、outline-style、outline-offset、outline-color）和 nav-index（nav-up、nav-right、nav-down、nav-left）。下面分别对这 4 种新增的用户界面控制属性进行简单介绍。

11.3.1 box-sizing

box-sizing 属性可以改变容器的盒模型组成方式，其定义的语法如下：

```
box-sizing :content-box | border-box | inherit
```

- content-box：此值维持 CSS 2.1 盒模型的组成模式，border | padding | content {element width = border+padding +content}；
- border-box：此值改变 CSS 2.1 盒模型的组成模式，content | padding | content {element width = content}；
- inherit：默认继承。

11.3.2　resize

在 CSS 3.0 中新增了区域缩放调节功能的设置，通过新增的 resize 属性，就可以实现页面中元素的区域缩放操作，调节元素的尺寸大小。

resize 属性的语法格式如下：

```
resize: none | both | horizontal | vertical | inherit;
```
- none：不提供元素尺寸调整机制，用户不能操纵调节元素的尺寸。
- both：提供元素尺寸的双向调整机制，让用户可以调节元素的宽度和高度。
- horizontal：提供元素尺寸的单向水平方向调整机制，让用户可以调节元素的宽度。
- vertical：提供元素尺寸的单向垂直方向调整机制，让用户可以调节元素的高度。
- inherit：默认继承。

11.3.3　outline

outline 属性用于为元素周围绘制轮廓外边框，通过设置一个数值使边框边缘的外围偏移，可以起到突出元素的作用。

outline 属性的语法格式如下：

```
outline: [outline-color] || [outline-style] || [outline-width] || [outline-offset] | inherit;
```
- outline-color：该属性值用于指定轮廓边框的颜色。
- outline-style：该属性值用于指定轮廓边框的样式。
- outline-width：该属性值用于指定轮廓边框的宽度。
- outline-offset：该属性值用于指定轮廓边框偏移位置的数值。
- inherit：默认继承。

11.3.4　nav-index

nav-index 属性是 HTML 4 中 tabindex 属性的替代品，从 HTML 4 中引入并做了一些很小的修改。该属性为当前元素指定了其在当前文档中导航的序列号。导航的序列号指定了页面中元素通过键盘操作获得焦点的顺序。该属性可以存在于嵌套的页面元素当中。

nav-index 属性的语法格式如下：

```
nav-index: auto | <number> | inherit
```
- auto：采用默认的切换顺序。
- number：该数字（必须为正整数）指定了元素的导航顺序。1 表示最先被导航。如果多个元素的 nav-index 值相同，则按照文档的先后顺序进行导航。
- inherit：默认继承。

为了能在页面中按顺序获取焦点，页面元素需要遵循一定的规则。

（1）该元素支持 nav-index 属性，而被赋予正整数属性值的元素将会被优先导航。将按钮 nav-index 属性值从小到大进行导航。属性值无须按次序，也无须以特定的值开始。拥有同一 nav-index 属性值的元素将以它们在字符流中出现的顺序进行导航。

（2）对那些不支持 nav-index 属性或者 nav-index 属性值为 auto 的元素，将以它们在字符流中出现的顺序进行导航。

（3）对那些禁用的元素，将不参与导航的排序。

11.3.5　使用 CSS 3.0 实现动态菜单效果

如果想在网页中实现动态导航菜单的效果，通常都需要使用 JavaScript 或者 Flash 动画。现在通过 CSS 3.0 同样可以轻松地实现动态导航菜单效果。本节我们就通过 CSS 3.0 实现一个动态导航菜单效果，其主要是运用了 CSS 3.0 中新增的 background-size、transition、border-radius 和 box-shadow 属性。这些新增属性在前面的章节中都进行了详细的介绍。

接下来我们将实际的运用与知识点结合，制作一个简单的动态导航菜单。

首先新建一个空白的 HTML 页面，在代码视图中的 \<head\>…\</head\> 标签内输入如下代码。

```
<style>
* {
    margin: 0px;
    padding: 0px;
}
body {
    font-family:"宋体";
    font-size:12px;
    background-color:#E2E2E2;
}
</style>
```

在 \<body\>…\</body\> 标签内插入名称为 menu 的 DIV，并在内部输入文字，创建项目列表。继续在 \<style\>…\</style\> 标签内输入如下代码。

```
#menu{
    position:relative;
    top:30px;
    left:30px;
    width:200px;
}
```

页面效果如图 11-12 所示。

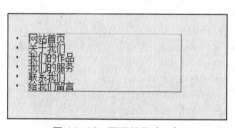

图 11-12　页面效果（一）

选中导航菜单中的文字，在"属性"面板的"链接"内输入"#"，为各个菜单选项添加空连接，代码如下：

```
<div id="menu">
  <ul>
    <li><a href="#">网站首页</a></li>
    <li><a href="#">关于我们</a></li>
    <li><a href="#">我们的作品</a></li>
    <li><a href="#">我们的服务</a></li>
    <li><a href="#">联系我们</a></li>
    <li><a href="#">给我们留言</a></li>
  </ul>
</div>
```

分别定义名称为#menu ul和#menu li的CSS样式，代码如下：

```css
#menu ul{
    display:block;
    padding:60px 0px;
    list-style-type:none;
    background-color:#ffffff;
    -webkit-background-size:50% 100%;
}
#menu li{
    margin:5px 0px 0px 0px;
}
```

可以看到页面的效果如图11-13所示。

图11-13　页面效果（二）

继续定义名称为#menu a的CSS样式，代码如下：

```css
#menu a{
    display:block;
    width:100px;
    padding:7px 15px;
    background-color:#cbcbcb;
    background-repeat:no-repeat;
    text-decoration:none;
    -webkit-transition:all 0.3s ease-out;
    -webkit-border-bottom-right-radius:10px;
    -webkit-border-top-right-radius:10px;
    -webkit-box-shadow:2px 2px 4px #888;

}
```

继续输入如下代码。

```css
#menu a:hover{
    padding:7px 15px 7px 30px;
    background-color:#F007EF;
    background-repeat:no-repeat;
    color:#333333;
}
```

完成导航菜单的制作，保存并浏览页面，效果如图11-14所示。

图 11-14　在 Opera 浏览器中浏览页面效果

11.4　课堂练习——定义超链接样式

本章介绍了如何设置页面超链接样式，使得制作的网页又进一步的丰富了。为了加深读者对知识点的记忆，接下来将讲述一个案例的制作过程。

11.4.1　设计分析

本案例将结合本章所讲述的知识点，向读者讲述如何把所学的知识运用到实践中。本案例利用 DIV+CSS 的布局方式结合页面超链接样式的设置，完成一个简单的超链接页面。

视频位置：
光盘\视频\第 11 章\11-4.swf
源文件位置：
光盘\素材\第 11 章\11-4.html

11.4.2　制作步骤

（1）新建空白的 HTML 页面，保存文件为"光盘\素材\第 11 章\11-4.html"，如下左图所示。继续新建 CSS 文件，并经其保存为"光盘\素材\第 11 章\css\11-4.css"，如下右图所示。

（2）切换到 HTML 页面中，单击"CSS 设计器"面板的"源"选项区右上角的"新建 CSS 源" 按钮，选择"附加现有的 CSS 文件"选项，在弹出的"使用现有的 CSS 文件"对话框中单击"浏览"按钮，然后选择链接 CSS 文件，如下图所示。

（3）单击"确定"按钮完成链接，切换到 11-4.css 文件，创建名为*和 body 的 CSS 样式，如下左图所示。返回设计视图中，插入一个名为 box 的 DIV，如下右图所示。

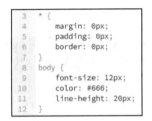 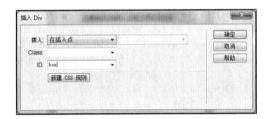

（4）切换到 11-4.css 文件中，创建 CSS 规则，如下图所示。

```
13  #box {
14      width: 253px;
15      height: 360px;
16      background-image: url(../images/6601.jpg);
17      background-repeat: no-repeat;
18      margin: 10px auto 0px auto;
19      padding: 55px 35px 13px 68px;
20  }
```

（5）在名称为 box 的 DIV 内输入文字，并插入项目列表，如下左图所示。切换到 CSS 文件，创建名称为#box li 的 CSS 样式，如下右图所示。

```
9   <div id="box">
10    <ul>
11      <li>关于官方网站系统升级优化的说明</li>
12      <li>智能宝宝向前冲海选赛开始啦，快报名吧！</li>
13      <li>网络晋级赛圆满结束，终级决赛即将开始</li>
14      <li>比赛抽奖开始啦，以电子券形式发放</li>
15      <li>快快向前跑，终级决赛</li>
16      <li>关于智能宝宝向前冲的比赛说明</li>
17      <li>五一全家健身行活动开始啦，欢迎报名参加</li>
18      <li>春天到了，你还窝在家里吗？快出来走走吧！</li>
19      <li>儿童成长健康讲座接受预约</li>
20      <li>家庭亲子活动开始啦，详细内容可以咨询...</li>
21    </ul>
22  </div>
```

```
21  #box li {
22      list-style-type: none;
23      background-color: #EFEFEF;
24      line-height: 28px;
25      margin-bottom: 8px;
26      padding-left: 10px;
27  }
```

（6）继续创建名称分别为.link1:link、.link2:link 的类样式，如下图所示。

```
28    .link1:link {
29        color: #376d06;
30        text-decoration: none;
31    }
```

```
44    .link2:link {
45        color: #376d06;
46        text-decoration: underline;
47    }
```

（7）继续创建下图所示的 CSS 样式。

```
32    .link1:hover {
33        color: #F30;
34        text-decoration: underline;
35    }
36    .link1: active {
37        color: #F00;
38        text-decoration: underline;
39    }
40    .link1:visited {
41        color: #999;
42        text-decoration: line-through;
43    }
```

```
48    .link2:hover {
49        color: #03F;
50        text-decoration: none;
51        margin-top: 1px;
52        margin-left: 1px;
53    }
54    .link2:active {
55        color: #333;
56        text-decoration: none;
57        margin-top: 1px;
58        margin-left: 1px;
59    }
60    .link2:visited {
61        color: #606;
62        text-decoration: overline;
63    }
```

（8）选中第一行文字，分别添加空链接和应用类样式，如下图所示。

（9）使用相同的方法完成其他文字的设置。保存文件，浏览页面，效果如下图所示。

11.4.3　案例小结

本案例通过简单的操作来将我们学到的知识点巧妙地运用到实践中，不仅加深了读者对知识点的记忆，也加强了实践操作的动手能力。

11.5 课堂讨论

本章介绍了如何设置页面超链接样式，通过本章的学习，你掌握了多少呢？接下来思考一下下面的问题吧。

11.5.1 问题 1——什么是超链接

超链接是指从一个网页指向一个目标的链接关系，这个目标可以是另一个网页，也可以是相同网页上的不同位置，还可以是一个图片、一个电子邮件地址、一个文件，甚至是一个应用程序。用来超链接的对象，可以是一段文本或者是一个图片。

按照链接路径的不同，超链接分为：

● 内部链接；

● 外部链接；

● 脚本链接。

按照使用对象的不同，超链接又可以分为：

● 图像超链接；

● E-mail 链接；

● 锚记链接；

● 多媒体文件链接；

● 空链接。

11.5.2 问题 2——如何识别网页中的超链接

当网页包含超链接时，外观形式为彩色（一般为蓝色）且带下画线的文字或图片，单击这些文本或图片，可跳转到相应位置。鼠标指向添加了超链接的对象时，鼠标样式会发生改变。

11.6 课后练习——制作页面的文本链接

通过本章的学习，相信读者已经掌握了如何设置页面超链接样式，接下来再通过课后的练习加深对知识点的记忆吧。

源文件地址：光盘\素材\第 11 章\11-6.html
视频地址：光盘\视频\第 11 章\11-6.swf

（1）新建并保存 HTML 页面，添加内部 CSS 样式代码。	（2）插入图片制作背景。

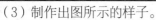

（3）制作出图所示的样子。

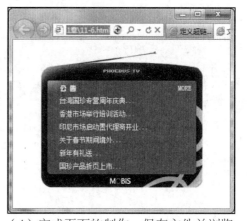

（4）完成页面的制作，保存文件并浏览。

PART 12

第 12 章
使用 JavaScript 搭建动态效果

本章简介:

JavaScript 和 CSS 样式一样,都是可以在客户端浏览器上解析并执行的脚本语言,所不同的是,JavaScript 是类似 C++和 Java 等的基于对象的语言。通过 JavaScript 与 CSS 相配合,可以实现很多动态的页面效果。本章将向读者介绍有关 JavaScript 的相关基础知识,并介绍如何在 Dreamweaver 内使用 JavaScript 制作动态效果。

学习重点:

- 什么是 JavaScript
- 使用 JavaScript 实现动态效果
- 制作动态菜单效果

12.1 什么是 JavaScript

JavaScript 最早是由网景（Netscape）公司开发出来的一种跨平台的、面向对象的脚本语言。最初这种脚本语言只能在网景公司的浏览器——Netscape 中使用，目前几乎所有的主流浏览器都支持 JavaScript。

JavaScript 是对 ECMA 262 语言规范的一种实现，是一种基于对象和事件驱动并具有安全性能的脚本语言。它与 HTML（超文本标记语言）、Java 脚本语言一起实现在一个 Web 页面中链接多个对象，与 Web 客户端进行交互的作用，从而可以开发客户端的应用程序等。它是通过嵌入到标准的 HTML 语言中实现的，弥补了 HTML 语言的缺陷。

12.1.1 JavaScript 概念

早期，在 Web 页面中进行的所有操作都必须传回服务器，然后由服务器进行集中处理，处理完毕后，再将处理的结果通过网络传回到客户端的浏览器中供用户查看使用。即使是最简单的验证用户输入的数据是否有效的过程，比如通过判断输入字符串是否包含 "@" 符号来判断用户输入的 E-mail 地址是否有效，也必须由服务器来完成。在这种模式下，一旦 Web 访问量增加，服务器的负担就会加重。这一时期的客户端/服务器结构并不是真正意义上的客户端/服务器结构。人们期待一种新的技术来实现真正意义上的客户端/服务器结构，即在客户端也可以进行交互处理，从而减轻服务器的负担，加快网络的传输速度。JavaScript 正是在这种背景下产生的。

JavaScript 是 Netscape 公司开发出的一种脚本语言，最初的名字是 LiveScript，是为了扩展 HTML 的功能，用于替代复杂的 CGI 程序来处理网页中的表单信息，为网页增加动态效果的。当 Java 出现后，Netscape 和 Sun 公司一起开发了一种新的脚本语言，它的语法和 Java 类似，最后被命名为 JavaScript。

自诞生以来，JavaScript 已经取得了广泛的支持，支持者包括 IBM、Oracle、Apple、Borland、Sybase、Informix 等。这不仅仅表现在浏览器中得到了越来越多的支持，也包括在其他的各种应用程序中得到了应用。在新的 Windows 操作系统中，也可以使用脚本来制定需要完成的任务。

JavaScript 语言也是由一种编程语言演变而来的。一种编程语言通常是由另一种编辑语言演变而来的，例如，Java 是由 C++演变来的，而 C++是从 C 演变来的。Netscape 最初开发了 LiveScript 语言，在 Navigator 和 Web 服务器中加入了基本的脚本功能，当 Navigator 2.0 中加进了 Java 小程序支持后，Netscape 把 LiveScript 变成了 JavaScript。最初的 JavaScript 不过是 LiveScript 的更名，但随后每次新的 Navigator 版本都使 JavaScript 的功能有所改进和完善。

 JavaScript 是一种新的描述语言，它可以被嵌入到 HTML 的文件中。JavaScript 语言可以做到响应事件，而不用任何网络来回传输资料。所以当使用者输入数据时，它不用经过传给服务器端处理再传回来的过程，可以直接在客户端进行处理。

Microsoft 作为软件界的领跑者，意识到了 Web 脚本的重要性，自然不甘心在 Web 脚本的竞争中落后。但是由于得不到 Netscape 在技术上的许可，Microsoft 开发了一个自己的脚本语言——JScript，并在自己的浏览器 Microsoft Internet Explorer 3.0 及更高版本中对其提供了强有力的支持。由于 Microsoft 在软件市场中的优势，JScript 很快得到了广泛的支持和应用。早期的 JScript 1.0 只是很粗糙地和 JavaScript 1.1 兼容，Netscape 在其浏览器 Navigator 3.0 及其以后的版本中也对 JScript 提供了支持。随着 JavaScript 版本的增多和浏览器平台的不同，众多的网页编写者感到难以取舍，也增加了额外的工作量。

鉴于脚本语言开发商之间的竞争给网页编写者带来的麻烦，Microsoft、Netscape 和其他脚本语言商决定成立一个国际组织，并将其命名为 ECMA，专门从事脚本语言标准的制订。ECMA 制订的脚本语言标准被称为 ECMAScript，所有开发商的脚本语言都支持这一标准。尽管有 ECMA 标准的存在，Netscape 和 Microsoft 都有其各自的脚本语言——JavaScript 和 JScript，这两种语言都对 ECMA 标准进行了扩展。

虽然有其他语言的竞争，JavaScript 还是成了标准的 Web 脚本语言。大部分人认为 JavaScript 只是用来编写客户端的 Web 应用程序，其实 JavaScript 还可以用来编写服务器端的应用程序。

JavaScript 支持 Web 浏览器和服务器脚本。浏览器脚本用于生成插件和 Java 小应用程序相关联的动态 Web 页面。JavaScript 支持这些特性，定义专用事件处理函数和提供动态产生 HTML 等特殊编程功能。

在服务器方面，JavaScript 用于更方便地开发处理表单数据、进行数据库搜索和实现专用 Web 应用程序的脚本。服务器脚本比 CGI 程序更紧密地联系在 Web 服务器上。开发人员必须用 Netscape 的 LiveWire 工具库开发服务器端脚本。

JavaScript 是被嵌入到 HTML 中的，最大的特点便是和 HTML 的结合。当 HTML 文档在浏览器中被打开时，JavaScript 代码才被执行。JavaScript 代码使用 HTML 标记<script>…</script>嵌入到 HTML 文档中。JavaScript 扩展了标准的 HTML，为 HTML 标记增加了事件，通过事件驱动来执行 JavaScript 代码。在服务器端，JavaScript 代码可以作为单独的文件存在，但也必须通过在 HTML 文档中调用才能起作用。

下面的代码就是将 JavaScript 代码嵌入到 HTML 文档中。

```html
<!doctype html>
<html>
<head>
<meta charset="utf-8">
<title>在 HTML 文档中嵌入 JavaScript 代码</title>
<script language="javascript">
<!--
  window.defaultStatus="使用 HTML 标记嵌入 JavaScript 代码"
  function rest() {
      document.form1.text1.value= "嵌入 JavaScript 代码"
    }
//-->
</script>
</head>
<body>
<center>
  <h1>JavaScript 示例</h1>
  <hr />
  <form name="form1">
   <input type="text" name="text1" size="40" value="输入信息" />
   <br />
   <br />
```

```
          <input type="button" value="查看信息" onclick="rest()" />
        </form>
      </center>
    </body>
  </html>
```

在浏览器中预览该页面，效果如图 12-1 所示。单击页面中的"查看信息"按钮，效果如图 12-2 所示。

图 12-1　预览页面效果

图 12-2　单击按钮后的效果

JavaScript 语句的写法是区分大小写的，比如函数 newCreate()和 NewCreate()是不一样的。

JavaScript 程序中的 WHILE 语句应该为小写的 while，而写为 WHILE 是错误的。

12.1.2　JavaScript 的特点

JavaScript 作为可以直接在客户端浏览器上运行的脚本程序，有着自身独特的功能和特点，具体归纳如下。

1．简单性

JavaScript 是一种脚本编写语言，它采用小程序段的方式实现编程。像其他脚本语言一样，JavaScript 也是一种解释性语言，它提供了一个简易的开发过程。它的基本结构形式与 C、C++、VB 和 Delphi 十分类似。但它不像这些语言一样，需要先编译，而是在程序运行过程中被逐行地解释。它与 HTML 标记结合在一起，从而方便用户的使用和操作。

2．动态性

相对于 HTML 语言和 CSS 语言的静态而言，JavaScript 是动态的，它可以直接对用户或客户的输入做出响应，无须经过 Web 服务程序。它对用户的响应是以事件驱动的方式进行的。在主页中执行了某种操作所产生的动作，就称为"事件"，比如按下鼠标、移动窗口和选择菜单等都可以视为事件。当事件发生后，可能会引起相应的事件响应。

3．跨平台性

JavaScript 是依赖于浏览器本身，而与操作环境无关的脚本语言。只要能运行浏览器，且浏览器支持 JavaScript 的计算机就可以正确执行它，无论这台计算机安装的是 Windows、Linux、Macintosh 还是其他操作系统。

4．安全性

JavaScript 被设计为通过浏览器来处理并显示信息，但它不能修改其他文件中的内容。换句话说，它不能将数据存储在 Web 服务器或者用户的计算机上，更不能对用户文件进行修改或者删除操作。

5．节省 CGI 的交互时间

随着互联网的迅速发展，有许多 Web 服务器提供的服务要与浏览者进行交流，从而确定浏览者的身份和所需要服务的内容等，这项工作通常由 CGI/Perl 编写相应的接口程序与用户进行交互来完成。很显然，通过网络与用户的交互一方面增大了网络的通信量，另一方面影响了服务器的性能。

JavaScript 是一种基于客户端浏览器的语言，用户在浏览的过程中，填表、验证的交互过程只是通过浏览器对调入 HTML 文档中的 JavaScript 源代码进行解释执行来完成的，即使是必须调用 CGI 的部分，浏览器只将用户输入验证后的信息提交给远程的服务器，大大减少了服务器的开销。

12.1.3　JavaScript 的应用范围

JavaScript 比大多数人想象的情况要复杂和强大得多，所以它也比大多数人的想象要危险得多。在 Web 应用领域，JavaScript 的应用范围仍然是相当广泛的。

1．JavaScript 能做什么

JavaScript 脚本语言由于效率高、功能强大等特点，可以完成许多工作，例如，表单数据合法性验证、网页特效、交互式菜单、动态页面、数值计算，以及在增加网站的交互功能、提高用户体验等方面获得了广泛的应用，可见 JavaScript 脚本编程能力不一般。发展到今天，JavaScript 的应用范围已经大大超出了一般人的想象。现在，在大部分人眼里，JavaScript 表现最出色的领域依然是用户的浏览器，即我们所说的 Web 应用客户端。我们需要判断哪些交互是适合用 JavaScript 来实现的。

前面已经提到过，JavaScript 真正强大之处在于它支持基于浏览器和文档的对象，下面列出并解释了客户端的 JavaScript 和它支持对象的重要能力。

（1）控制文档的外观和内容（动态页面）。

JavaScript 可以利用动态生成框架这一技术完全地替换一个传统的服务器端脚本。使用 JavaScript 脚本可以对 Web 页面的所有元素对象进行访问，并使用对象的方法操作其属性，以实现动态页面效果，其典型应用如扑克牌游戏等。JavaScript 的 Document 对象的 write()方法，可以在浏览器解析文档时把任何 HTML 文本写入文档中。Document 对象的属性允许指定文档的背景颜色、文本颜色及文档中的超链接文本颜色。这种技术在多框架文档中更加适用。

（2）用 cookie 读写客户状态。

cookie 使得网页能够"记住"一些客户的信息，例如用户以前访问过该站点。cookie 是客户永久性存储或暂时存储的少量数据。服务器将 cookie 发送给客户，客户将它们存储在本地。当客户请求同一个网页或相关的网页时，它可以把相关的 cookie 传回服务器，服务器能够利用这些 cookie 的值来改变发送回客户的内容。

　　　最早，cookie 由服务器端脚本专用的，虽然它们被存储在客户端，但是却只有服务器才能够对它们进行读写操作。JavaScript 改变了这个规则，因为 JavaScript 程序能够读写 cookie 的值，还可以根据 cookie 的值动态地生成文档内容。

（3）网页特效。

使用 JavaScript 脚本语言，结合 DOM 和 CSS，能够为网页创建绚丽多彩的特效，如渐隐

渐现的文字、带链接的跑马灯效果、自动滚屏效果、可折叠打开的导航菜单效果、鼠标感应渐显图片效果等。JavaScript 可以改变<img>标记显示的图像，从而产生图像翻转和动画的效果。使用 JavaScript 脚本可以创建具有动态效果的交互式菜单，完全可以与 Flash 制作的页面导航菜单相媲美。

（4）对浏览器的控制。

有些 JavaScript 对象允许对浏览器的行为进行控制。Windows 对象支持弹出对话框以向用户显示简单消息的方法，还支持从用户获取简单输入信息的方法。JavaScript 没有定义可以在浏览器窗口中直接创建并操作框架的方法，但是它能够动态生成 HTML 的能力，却可以让你使用HTML 标记创建任何想要的框架布局。JavaScript 还可以控制在浏览器中显示哪个网页。Location对象可以在浏览器的任何一个框架或窗口中加载并显示出任意的 URL 所指的文档。History 对象则可以在用户的浏览历史中前后移动、模拟浏览的 forward 按钮和 back 按钮的动作。

（5）与 HTML 表单交互（表单数据合法性验证）。

JavaScript 脚本语言能够与 HTML 表单进行交互。使用 JavaScript 能有效地验证客户端提交的表单数据的合法性，能够对文档中某个表单的输入元素的值进行读写操作。这种能力是由 Form 对象及它含的表单元素对象提供的。JavaScript 与基于服务器的脚本相比有一个明显的优势，那就是 JavaScript 代码是在客户端执行的，所以不必把表单的内容发送给服务器，再让服务器执行。如果提交的表单数据合法，则执行下一步操作，否则返回错误提示信息。

  客户端的 JavaScript 脚本代码还可以对输入的表单数据进行预处理，这就大大减少了要发送给服务器的数据量。在某些情况下，客户端的 JavaScript 甚至还可以消除对服务器上脚本的需要。

（6）与用户交互。

JavaScript 脚本语言能够定义事件处理器，即在特定的事件发生时要执行的代码段。这些事件通常都是用户触发的，例如把鼠标移动到一个超文本链接、或单击了表单中的 Submit 按钮。JavaScript 可以触发任意一种类型的动作来响应用户事件。

（7）数值计算。

JavaScript 脚本将数据类型作为对象，并提供丰富的操作方法，使得 JavaScript 可以用于数值计算。JavaScript 可以执行任何运算，这包含浮点数据类型、操作这种类型的算术运算符及所有的标准浮点运算函数。JavaScript 可以编写执行任意计算的程序。

  JavaScript 脚本的应用远非仅仅如此而已，Web 应用程序开发者能将其与 XML有机结合，并嵌入 Java Applet 和 Flash 等小插件，这样就能实现功能强大并集可视性、动态性和交互性于一体的 HTML 网页，吸引更多的人来浏览该网站。

2．JavaScript 不能做什么

客户端 JavaScript 给人留下深刻的印象，但这些功能只限于与浏览器相关的任务或与文档相关的任务。由于客户端的 JavaScript 只能用于有限的环境中，所以它没有语言所必需的特性。这里所说的是客户端JavaScript受到浏览器的制约，并不意味着JavaScript本身不具备独立特性。由于客户端 JavaScript 受制于浏览器，而浏览器的安全环境和制约因素并不是绝对的，操作系统、用户权限、应用场合都会对其产生影响，具体有以下几点。

（1）除了能够动态生成浏览器要显示的 HTML 文档（包括图像、表格、框架、表单和

字体等）之外，JavaScript 不具有任何图形处理能力。

客户端 JavaScript 虽然不具备直接的图形图像处理能力，但是浏览器为图形图像处理提供了足够丰富的样式。另外，可以利用 JavaScript 动态生成 HTML 元素的特性，在浏览器上绘制点和曲线。利用浏览器支持的元素样式，JavaScript 可以方便地缩放、旋转图片及设定滤镜，通过程序控制在页面上生成由 HTML 元素构成的点和直线，从而实现 JavaScript 的绘图功能。要实现稍微复杂一些的 2D、3D 矢量绘图功能，可以借助其他一些浏览器支持的第三方插件，比如 IE 支持的 VML，以及标准的 CSV 插件等。JavaScript 对 VML 和 CSV 的控制与控制标准的 HTML DOM 元素一样方便。

（2）出于安全性方面的考虑，客户端的 JavaScript 不允许对文件进行读写操作。

显而易见，你一定不想让一个来自某个站点的不可靠程序在自己的计算机上运行，并且随意篡改你的信息。实际上，有一些手段依然能够突破 JavaScript 脚本语言对文件进行读写操作的限制。在本地运行的 JavaScript 可以通过 Windows 系统提供的一组被称为 FSO（File System Objects）的 API 来操作本地文件。另外，通过某些安装插件的方式可以在一些安全级别设定比较低的客户端进行有限的文件读写。

（3）除了能够引发浏览器下载任意 URL 所指的文档及把 HTML 表单的内容发送给服务器端脚本或电子邮件地址之外，JavaScript 不支持任何形式的联网技术。

客户端 JavaScript 可以控制的数据传输只限于应用层，它不支持 TCP/IP、UDP 等传输层协议和 Socket 接口，这显然是因为它仅能利用浏览器实现数据传输而本身不具有发送和接收数据的功能。

JavaScript 在带给用户好处的同时也制造了太多的麻烦，相当多的灾难都是由被错误使用的 JavaScript 引起的，例如有一些代码本不应该出现在那个位置，而另一些代码则根本就不应该出现。由于 JavaScript 过于强大，甚至超越了浏览器的制约范围，于是麻烦就不可避免地产生了。

12.1.4　CSS 与 JavaScript

JavaScript 与 CSS 样式都是可以直接在客户端浏览器解析并执行的脚本语言，通常意义上认为 CSS 是静态样式的设定，而 JavaScript 则是动态地实现各种功能。

通过 JavaScript 与 CSS 样式很好地接合，可以制作出许多奇妙而实用的效果。在本章后面的内容中将详细地进行介绍，读者也可以将 JavaScript 实现的各种精美效果应用到自己的页面中。

12.2　使用 JavaScript 实现动态效果

JavaScript 可以实现一些非常绚丽多彩的图片效果，例如相册和图片滑动。在以往的 Dreamweaver CS6 中，我们使用 Spry 工具来实现，而在 Dreamweaver CC 中，我们使用 jQuery 来实现。

jQuery 是一套跨浏览器的 JavaScript 库，它简化了 HTML 与 JavaScript 之间的操作。jQuery 由 John Resig 在 2006 年 1 月的 BarCamp NYC 上发布第一个版本，目前由 Dave Methvin 领导的开发团队进行开发。全球前 10000 个访问量最高的网站中，有 59% 使用了 jQuery。jQuery 是目前最受欢迎的 JavaScript 库。

接下来了解一下在 Dreamweaver CC 中的 jQuery。Dreamweaver CC 中将 jQuery 功能分到两个面板中，如图 12-3 所示。

图 12-3 选项展示

每一个选项中分别拥有不同的选项，实现不同的功能，如图 12-4 所示。

图 12-4 jQuery Mobile 和 jQuery UI

12.2.1 使用 JavaScript 的方法

JavaScript 程序本身不能独立存在，它依附于某个 HTML 页面，在浏览器端运行。JavaScript 本身作为一种脚本语言可以放在 HTML 页面中的任何位置，但是浏览器解释 HTML 时是按先后顺序的，所以放在前面的程序会被优先执行。

1．使用<script>标签嵌入 JavaScript 代码

在 HTML 代码中输入 JavaScript 时，需要使用<script>标签。在<script>标签中，language 属性声明要使用的脚本语言，该属性一般被设置为 JavaScript，不过也可以使用该属性声明 JavaScript 的确切版本，例如 JavaScript 1.2。使用<script>标签嵌入 JavaScript 代码的方法如下：

```
<html xmlns="http://www.w3.org/1999/xhtml">
<head>
<meta http-equiv="Content-Type" content="text/html; charset=utf-8" />
<title>嵌入 JavaScript 代码</title>
```

```
<script type="text/javascript">
<!--
JavaScript 语句
-->
</script>
</head>
<body>
</body>
</html>
```

浏览器通常会忽略未知标签，因此在使用不支持 JavaScript 的浏览器阅读网页时，JavaScript 代码也会被阅读。为了防止这种情况的发生，可以通过在脚本语言的第 1 行输入 "<!--"，在最后一行输入 "-->" 的方式注销代码。为了不给使用不支持 JavaScript 浏览器的浏览者带来麻烦，在编写 JavaScript 程序时应尽量加上注释代码。

2．调用外部 JS 脚本文件

在 HTML 文件中可以直接嵌入 JavaScript 脚本代码，还可以将脚本文件保存在外部，通过 <script> 标签中的 src 属性指定 URL 来调用外部 JS 脚本文件。外部 JavaScript 脚本文件就是包含 JavaScript 代码的纯文本文件。链接外部 JavaScript 文件的格式如下：

  <script type="text/javascript" src="***.js"></script>

这种方法在多个页面中使用相同的脚本语言时非常有用。通过指定 <script> 标签的 src 属性，就可以使用外部的 JavaScript 文件了。在运行时，这个 JS 文件的代码全部嵌入到包含的页面中，页面程序可以自由使用，这样就可以做到代码的重复使用。

3．直接位于事件处理部分的代码中

一些简单的脚本可以直接放在事件处理部分的代码中。例如下面的代码直接将 JavaScript 代码加入到 onClick 事件中。

  <a href="#" onClick="javascript:window.close()"><img src="images/close.gif" /></a>

<a> 标签为 HTML 中的超链接标签，单击该超链接时调用 onClick() 方法。onClick 特性声明一个事件处理函数，即响应特定事件的代码。

12.2.2　JavaScript 中的数据类型和变量

程序如同计算机的灵魂，JavaScript 更是如此，程序的运行需要操作各种数据值，这些数据值在程序运行时暂时存储在计算机的内存中。本小节将介绍 JavaScript 中的数据类型和变量。

1．数据类型

JavaScript 提供了 6 种数据类型，其中 4 种基本的数据类型用来处理数字和文字。下面对各种数据类型分别进行介绍。

（1）string（字符串）类型

字符串是放在单引号或双引号之间的（可以使用单引号来输入包含双号的字符串，反之亦然），如 "student"、"学生" 等。

（2）数值数据类型

JavaScript 支持整数和浮点数，整数可以为正数、0 或者负数；浮点数可以包含小数点，也可以包含一个 "e"（大小写均可，在科学记数法中表示 "10 的幂"），或者同时包含这两项。

（3）boolean 类型

boolean 值有 true 和 false。这两个特殊值不能用作 1 和 0。

（4）undefined 数据类型

一个为 undefined 的值就是指在变量被创建后，但未给该变量赋值时具有的值。

（5）null 数据类型

null 值指没有任何值，什么也不表示。

（6）object 类型

除了上面提到的各种常用类型外，对象也是 JavaScript 中的重要组成部分。例如 Window、Document、Date 等，这些都是 JavaScript 中的对象。

2．变量

在 JavaScript 中，使用 var 关键字来声明变量。JavaScript 中声明变量的语法格式如下：

```
var var_name;
```

在对变量进行命名时，需要遵循以下规则。

（1）变量名由字母、数字、下画线和美元符号组成。

（2）变量名必须以字母、下画线或美元符号开始。

（3）变量名不能使用 JavaScript 中的保留关键字。

JavaScript 中使用等号（＝）为变量赋值，等号左边是变量，等号右边是数值。对变量赋值的语法如下：

```
变量 ＝ 值；
```

JavaScript 中的变量分为全局变量和局部变量两种。其中局部变量就是在函数里定义的变量，在这个函数里定义的变量仅在该函数中有效。如果不写 var，直接对变量进行赋值，那么 JavaScript 将自动把这个变量声明为全局变量。

例如，下面的代码是在 JavaScript 中声明变量。

```
var student_name;          //没有赋值
var old=24;                //数值类型
var male=true;             //布尔类型
var author="isaac"         //字符串
```

12.2.3　JavaScript 中的程序语句

JavaScript 中提供了多种用于程序流程控制的语句，这些语句可以分为选择和循环两大类。选择语句包括 if、switch 等，循环语句包括 while、for 等。本小节将介绍 JavaScript 中常见的程序语句。

1．if 条件语句

if…else 语句是 JavaScript 中最基本的控制语句，通过该语句可以改变语句的执行顺序。JavaScript 支持 if 条件语句，在 if 语句中将测试一个条件，如果满足该条件测试，则执行相关的 JavaScript 代码。

if…else 条件语句的基本语法如下：

```
if(条件) {
执行语句1
}
else {
执行语句2
}
```

当表达式的值为 true 时，执行语句 1，否则执行语句 2。如果 if 后的语句有多行，则必须使用大括号将其括起来。

2．switch 条件语句

当判断条件比较多时，为了使程序更加清晰，可以使用 switch 语句。使用 switch 语句时，表达式的值将与每个 case 语句中的常量进行比较，如果匹配，则执行该 case 语句后的代码；如果没有一个 case 的常量与表达式的值相匹配，则执行 default 语句。当然，default 语句是可选的。如果没有匹配的 case 语句，也没有 default 语句，则什么也不执行。

switch 条件语句的基本语法如下：

```
switch(表达式) {
case 条件 1;
语句块 1
case 条件 2;
语句块 2
…
default
语句块 N
}
```

switch 语句通常使用在有多种出口选择的分支结构上，例如信号处理中心可以对多个信号进行响应，针对不同的信号均有相应的处理。

3．for 循环语句

遇到重复执行指定次数的代码时，使用 for 循环语句比较合适。在执行 for 循环中的语句前，有 3 个语句将得到执行，这 3 个语句的运行结果将决定是否进入 for 循环体。

for 循环语句的基本语法如下：

```
for(初始化；条件表达式；增量) {
语句；
…
}
```

初始化总是一个赋值语句，用来给循环控制变量赋初始值；条件表达式是一个关系表达式，决定什么时候退出循环；增量定义循环控制变量循环一次后按什么方式变化。这 3 个部分之间使用分号（；）隔开。

例如 for(i=1; i<=10; i++)语句，首先给 i 赋初始值为 1，判断 i 是否小于等于 10，如果是，则执行语句，之后值增加 1。再重新判断，直到条件为假，结束循环。

4．while 循环语句

当重复执行动作的情形比较简单时，就不需要使用 for 循环语句，可以使用 while 循环语句。while 循环语句在执行循环体前测试一个条件，如果条件成立，则进入循环体，否则跳到循环体后的第一条语句。

```
while 循环语句的基本语法如下：
while （条件表达式） {
语句；
…
}
```

条件表达式是必选项，以其返回值作为进入循环体的条件。无论返回什么样类型的值，都被作为布尔型处理，为 true 时进入循环体。语句部分可以由一条或多条语句组成。

12.2.4　JavaScript 中的运算符

在定义完变量后，就可以对其进行赋值和计算等一系列操作了，这一过程通常又通过表达式来完成，而表达式中的一大部分是在做运算符处理。运算符是用于完成操作的一系列符号。在 JavaScript 中，运算符包括算术运算符、逻辑运算符和比较运算符。

1. 算术运算符

在表达式中起运算作用的符号称为运算符。在数学里，算术运算符可以进行加、减、乘、除和其他数学运算。

JavaScript 中的算术运算符包括+（加）、-（减）、*（乘）、/（除）、%（取模）、++（递增1）、--（递减1）。

2. 逻辑运算符

程序设计语言还包含一种非常重要的运算——逻辑运算。逻辑运算符比较两个布尔值（true 或 false），然后返回一个布尔值。

JavaScript 中的逻辑运算符包括!（逻辑非）、&&（逻辑与）和//（逻辑或）。

3. 比较运算符

比较运算符是比较两个操作数的大、小或相等的运算符。比较运算符的基本操作是首先对其操作数进行比较，再返回一个 true 或 false 值，表示给定关系是否成立，操作数的类型可以任意。

JavaScript 中的比较运算符包括<（小于）、>（大于）、<=（小于等于）、>=（大于等于）、=（等于）和!=（不等于）。

12.3　课堂练习——制作动态菜单效果

本章介绍了如何使用 Java Script 搭建动态效果，通过前面的学习相信读者已经对更多 Java Script 搭建动态效果有了一定的了解，接下来让我们一起来完成课堂练习吧。

12.3.1　设计分析

jQuery UI 是包含底层用户交互、动画、特效和可更换主题的可视控件。本案例将通过 jQuery UI 功能来实现简单的动态菜单效果。

视频位置：
光盘\视频\第 12 章\12-5.swf

源文件位置：
光盘\光盘\第 12 章\12-5.html

12.3.2　制作步骤

（1）选择"文件→新建"命令，弹出"新建文档"对话框，设置如下左图所示。单击"创建"按钮，新建一个空白文档，将该页面保存为"光盘\素材\第12章\12-3.html"。用相同的方法新建一个CSS样式表文件，将其保存为"光盘\素材\第12章\css\12-3.css"，如下右图所示。

（2）单击"CSS样式"面板上的打开"CSS设计器"面板，在"源"选项下单击"添加CSS源"按钮，选择"附加现有的CSS文件"选项，在弹出的对话框中单击"浏览"按钮，然后选择要附加的CSS文件。设置如下左图所示。单击"确定"按钮，切换到12-3.css文件中，创建名为*的通配符CSS规则和名为body的标签CSS规则，如下右图所示。

```css
*{
    margin:0px;
    padding:0px;
    border:0px;
}
body{
    font-family:"宋体";
    font-size:12px;
    color:#7e7e7e;
    line-height:48px;
    background-image:url(../images/8901.jpg);
    background-repeat:no-repeat;
    background-position:center -150px;
}
```

（3）返回到设计视图中，可以看到页面的效果，如下左图所示。将光标放置在页面中，插入名为bg的Div，切换到12-3.css文件中，创建名为#bg的CSS规则，如下右图所示。

```css
#bg{
    width:100%;
    height:50px;
    background-image:url(../images/8902.png);
    background-repeat:repeat-x;
    border-top:#00aad2 solid 2px;
}
```

（4）返回到设计视图中，可以看到页面的效果，如下左图所示。将光标移至名为bg的Div中，将多余文字删除，插入名为menu的Div，切换到12-3.css文件中，创建名为#menu的CSS规则，如下右图所示。

```
#menu{
    width:968px;
    height:50px;
    margin:0px auto;
}
```

（5）返回到设计视图中，可以看到页面的效果，如下左图所示。将光标移至名为 menu 的 Div 中，将多余文字删除，单击"插入"面板上"jQuery UI"选项卡中的"Tabs"选项，如下右图所示。

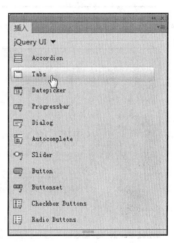

（6）返回到设计视图中，可以看到页面的效果，如下左图所示。切换到代码视图中，代码如下右图所示。

```
25  <div id="Tabs1">
26    <ul>
27      <li><a href="#tabs-1">Tab 1</a></li>
28      <li><a href="#tabs-2">Tab 2</a></li>
29      <li><a href="#tabs-3">Tab 3</a></li>
30    </ul>
31    <div id="tabs-1">
32      <p>内容 1</p>
33    </div>
34    <div id="tabs-2">
35      <p>内容 2</p>
36    </div>
37    <div id="tabs-3">
38      <p>内容 3</p>
39    </div>
40  </div>
```

（7）在代码内部添加如下图所示的文字。

```
25        <div id="Tabs1">
26            <ul>
27                <li><a href="#tabs-1">首页</a></li>
28                <li><a href="#tabs-2">核心服务</a></li>
29                <li><a href="#tabs-3">设计领域</a></li>
30                <li><a href="#tabs-4">精品案例</a></li>
31                <li><a href="#tabs-5">卓越技术</a></li>
32                <li><a href="#tabs-6">解决方案</a></li>
33                <li><a href="#tabs-7">关于我们</a></li>
34                <li><a href="#tabs-8">联系我们</a></li>
35            </ul>
36            <div id="tabs-3">
37                <p>金融银行证券</p>
38                <p>集团上市企业</p>
39                <p>房地产楼盘</p>
40                <p>IT科技</p>
41                <p>娱乐时尚流行</p>
42                <p>其他</p>
43            </div>
44            <div id="tabs-4">
45                <p>平面设计类</p>
46                <p>3D动画</p>
47                <p>室内装饰业</p>
48                <p>软件开发专利</p>
49            </div>
50            <div id="tabs-5">
51                <p>PHP网站开发</p>
52                <p>J2EE网站设计</p>
53                <p>网站定制开发</p>
54                <p>大型网站设计</p>
55            </div>
56            <div id="tabs-6">
57                <p>企业网站建设</p>
58                <p>门户网站策划</p>
59                <p>行业网站建设</p>
60                <p>品牌网站改造</p>
61            </div>
62            <div id="tabs-7">
63                <p>我们是谁</p>
64                <p>成绩认可</p>
65                <p>知名客户</p>
66                <p>新闻</p>
67                <p>设计原则</p>
68            </div>
69            <div id="tabs-8">
70                <p>在线洽谈</p>
71                <p>远程协助</p>
72                <p>视频交流</p>
73                <p>发送邮件</p>
74            </div>
75        </div>
```

（8）保存文件并浏览页面，效果如下图所示。

12.3.3　案例总结

本案例以实现简单的动态菜单效果来向读者讲述了 JavaScript 动态效果的搭建。本课堂练习的完成使得读者掌握了基本的 JavaScript 动态功能的实现方法。

12.4　课后讨论

通过本章 JavaScript 的学习，读者已经初步了解了一些使用 JavaScript 搭建动态效果的方法，接下来思考与讨论下面的问题。

12.4.1　问题 1——JavaScript 可以对浏览器进行控制吗

有些 JavaScript 对象允许对浏览器的行为进行控制。Windows 对象支持弹出对话框，以向用户显示简单消息的方法，还支持从用户处获取简单输入信息的方法。JavaScript 没有定义可以在浏览器窗口中直接创建并操作框架的方法，但是能够动态生成 HTML 的能力却可以让用户使用 HTML 标签创建任何想要的框架布局。JavaScript 还可以控制在浏览器中显示哪个网页。Location 对象可以在浏览器的任何一个框架或窗口中加载并显示出任意 URL 所指的文档。History 对象则可以在用户的浏览历史中前后移动模拟浏览器的"前进"和"后退"按钮的功能。

12.4.2 问题 2——JavaScript 如何实现与用户交互

JavaScript 脚本语言能够定义事件处理器，即在特定的事件发生时要执行的代码段。这些事件通常都是用户触发的，例如把鼠标移动到一个超文本链接或单击了表单中的"提交"按钮。JavaScript 可以通过触发任意一种类型的动作来响应应用用户事件。

12.5　课后练习——制作可以折叠的相册

通过前面的学习，想必读者已经知道如何使用 JavaScript 来搭建动态效果了，那接下来就独立完成本节的课后练习吧。

源文件地址：光盘\素材\第 12 章\12-7.html
视频地址：光盘\视频\第 12 章\12-7.swf

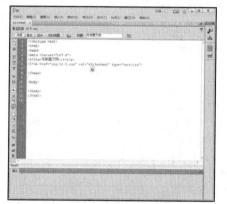

（1）新建 HTML 空白页面和 CSS 文件，并将外部 CSS 文件附加到 HTML 页面。

（2）创建 CSS 通配符，设置背景效果。

（3）插入 jQuery UI 选项。

（4）完成页面的制作，保存并浏览页面。

第 13 章
CSS 与 XML 和 Ajax 的
综合使用

本章简介:

　　Ajax 是使用客户端脚本与 Web 服务器交换数据的 Web 应用开发方法。使用 Ajax，用户可以创建接近本地桌面应用的直接、高可用、更丰富、更动态的 Web 用户界面。XML 结合了 SGML 和 HTML 的优点并消除其缺点，从实现功能来看，XML 主要用于数据的存储，而 HTML 则主要用于数据的显示。本章主要向读者介绍 CSS 与 XML 和 Ajax 结合应用的一些方法。

学习重点:

- XML 基础
- XML 与 CSS 的应用
- Ajax 基础
- Ajax 与 CSS 的综合运用

13.1 XML 基础

XML 是一种元标记语言，所谓"元标记"就是开发者可以根据自己的需要定义自己的标记，比如开发者可以定义如下标记<name>、<book>。任何满足 XML 命名规则的名称都可以标记，这就为不同的应用程序打开了大门。

13.1.1 总线简介

XML 是一种可以用来创建自定义标记的语言。XML 结合了 SGML 和 HTML 的优点并消除其缺点，从实现功能来看，XML 主要用于数据的存储，而 HTML 则主要用于数据的显示。

XML 是 HTML 的替代物，由于它具有 HTML 无法具备的优势，所以在不远的将来，网页文件的格式或许是 XML 而不是 HTML。目前，XHTML 这个处于 XML 与 HTML 之间的过渡语言得到了很大的发展，就能充分说明这个趋势。

13.1.2 XML 的特点

XML 实际上是 Web 表示结构化信息的一种标准文本格式，并且与 HTML 一样都符合 SGML（Standard Generalized Markup Language，标准通用标记语言）标准的语言，它没有复杂的语法和包罗万象的数据定义。XML 语言具有如下特点。

（1）在 XML 元标记语言里，任何满足 XML 命名规则的名称都可以作为标记，这样就能用 XML 定义不同种类的网页，而 HTML 是一种预定义标记语言，它只认识<html>等已经定义的标记，不能识别用户自己定义的标记。

如下所示的代码就是一个简单的 XML 文档,可以看到 XML 中的各个标记都是自定义的。

```
<?xml version="1.0" encoding="utf-8"?>
<图书统计>
  <Photoshop>
    <书名>Photoshop CS5 创意设计</书名>
    <版次>第一版</版次>
    <作者>张三</作者>
    <定价>50.00</定价>
    <页码>568 页</页码>
  </Photoshop>
  <Flash>
    <书名>Flash CS4 完全自学手册</书名>
    <版次>第一版</版次>
    <作者>李四</作者>
    <定价>68.00</定价>
    <页码>532 页</页码>
  </Flash>
  <Dreamweaver>
    <书名>Dreamweaver CS4 商业网站全接触</书名>
    <版次>第二版</版次>
    <作者>王二</作者>
    <定价>45.00</定价>
    <页码>486 页</页码>
  </Dreamweaver>
</图书统计>
```

该 XML 页面在浏览器中的预览效果如图 13-1 所示。

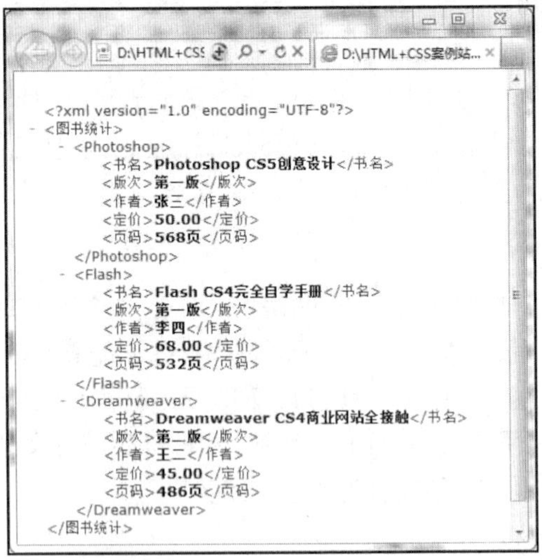

```
<?xml version="1.0" encoding="UTF-8"?>
- <图书统计>
  - <Photoshop>
      <书名>Photoshop CS5创意设计</书名>
      <版次>第一版</版次>
      <作者>张三</作者>
      <定价>50.00</定价>
      <页码>568页</页码>
    </Photoshop>
  - <Flash>
      <书名>Flash CS4完全自学手册</书名>
      <版次>第一版</版次>
      <作者>李四</作者>
      <定价>68.00</定价>
      <页码>532页</页码>
    </Flash>
  - <Dreamweaver>
      <书名>Dreamweaver CS4商业网站全接触</书名>
      <版次>第二版</版次>
      <作者>王二</作者>
      <定价>45.00</定价>
      <页码>486页</页码>
    </Dreamweaver>
</图书统计>
```

图 13-1　XML 页面预览效果

（2）XML 是一种严格的语义结构化语言，它描述了文档的结构和语义。

例如，要在 HTML 语言里描述一名学生，可以表述如下：

```
<p>
    Student  name
</p>
<ul>
    <li> Student_id </li>
    <li> Student_age </li>
    <li> Student_class </li>
</ul>
```

其中使用多种 HTNL 的标签定义学生的属性，而在 XML 中，同样的数据可以表示成如下：

```
<student>
    <title> Student name </title>
    <id> Student _id </id>
    <age> Student_age </age>
    <class> Student_class </class>
</student>
```

在上述代码中可以看出，XML 是有明确语义，并且语言是结构化的，所以 XML 是一种简单的纯文本的数据格式。

（3）XML 语言可以用于数据交换，这主要是因为 XML 表示的信息独立于操作平台，这里的平台既可以理解为不同的应用程序，也可以理解为不同的操作系统，它描述了一种规范。通过 XML，我们可以在微软公司的 Word 程序和 Adobe 公司的 Acrobat 程序之间交换信息，也可以在不同的数据库之间交换数据信息。

（4）XML 文档由 DTD 和 XML 两部分文本组成。所谓的 DTD（Document Type Defination），简单地说就是一组标识符的语法规则，表明 XML 文本是怎样组成的，比如通过 DTD 程序可以表示一个 <student> 标记必须有一个子标记 <id>，或者可以表示一定要有标记 <age> 等，DTD 可以理解成是 XML 程序的"说明文档"。当然，一个简单的 XML 文本也可以没有 DTD。

SGML（Standard Generalized Markup Language，通用标识语言标准）是标志语言的标准，也就是说，所有标志语言都是依照 SGML 制定的，当然也包括 HTML。SGML 的覆盖面很广，凡是有一定格式的文件都属于 SGML，HTML 是 SGML 在网络上最常见的文件格式。

13.1.3　XML 的结构和基本语法

任何一门语言都有自己特有的语法。XML 作为一种新兴的标记语言，当然也有自己的语法，而且可以用"简单"、"严格"来概括它的语法特点。"简单"是指用户在编写 XML 文档时只需要遵守很有限的语法规则；"严格"则是指必须遵从 XML 的语法规则，否则编写的 XML 文档将不能被处理。

1. XML 文档结构

在介绍 XML 文件的语法之前，先介绍一下 XML 的文档结构，代码如下：

```xml
<?xml version="1.0" encoding="utf-8" standalone="yes"?>
<!--下面是一个学生名单列表-->
<学生列表>
  <学生>
    <学号>201020101</学号>
    <姓名>王小妹</姓名>
    <性别>女</性别>
    <班级>10 电子商务 1</班级>
    <出生日期>1988-10-24</出生日期>
  </学生>
  <学生>
    <学号>201020102</学号>
    <姓名>张三</姓名>
    <性别>男</性别>
    <班级>10 计算机 2</班级>
    <出生日期>1987-4-5</出生日期>
  </学生>
</学生列表>
```

一个 XML 文档最基本的构成包括 XML 声明和 XML 元素。在上面这段代码中，第 1 行是 XML 声明；第 2 行是注释；第 3~18 行是 XML 文档中的各个元素。

从以上代码中可以看出，与 HTML 一样，XML 也是一个基于文本的标记语言，用标记（<>）来表示数据。不同的是，XML 的标记说明了数据的含义，而不是如何显示它。

XML 文档的内容由一个根元素构成，这个根元素的名称是"学生列表"，它由开始标记"<学生列表>"和结束标记"</学生列表>"括起来。开始标记与结束标记之间就是这个元素的内容。由于各元素内容被各自的元素标记所包含，在 XML 中，各种数据的分类查找和处理变得非常容易。

2. XML 文档声明

XML 中规定，每个文档都必须以 XML 声明开头，其中包括声明 XML 的版本及所使用的字符集等信息。

XML 声明是处理指令的一种，处理指令比较复杂，XML 声明相对简单一些，形象地说，它的作用就是告诉 XML 处理程序："下面这个文档是按照 XML 文档的标准对数据进行置换。"

提示　XML 文档的前面不允许有任何其他的字符，甚至是空格，也就是说，XML 声明必须是 XML 文档中的第一个内容。这一点读者在处理 XML 文档时必须注意。

一个 XML 文档的声明格式如下：

`<?xml version="1.0" encoding="utf-8" standalone="yes"?>`

● 像所有的处理指令一样，XML 声明也是由 "<?" 开始、"?>" 结束。

● "<?" 后的 XML 表示该文件是一个 XML 文件。

● version="1.0"表示该文件遵循的是 XML 1.0 标准。在 XML 声明中要求必须指定 version 的属性值，指明所采用的 XML 版本号。并且，它必须在属性列表中排在第一位。

● encoding="utf-8"表示该文件使用是 utf-8 字符集。

提示　XML 规范中列出了一大堆编码类型。一般情况下，用户只需要知道几种常见的编码就可以了，例如，简体中文编码 gb2312；繁体中文编码 big5；压缩的 Unicode 编码 utf-8；压缩的 UCS 编码 utf-16。采用哪种编码取决于文档中用到的字符集。

● standalone="yes"表示该文件未引用其他外部的 XML 文件。standalone 属性表明 XML 文档是否和一个外部的文档类型配套使用。因此，如果该属性设置为 "yes"，说明该文档是一个独立的文档。相反，如果这个属性设置为 "no"，则有可能有这样一个配套的 DTD 文档。

提示　指令与标记一样，都不属于文档的内容，都是根据 XML 规范添加进文档的附加信息。但标记用于标注文档的内容，而指令则用于控制文档的使用。无论是解析器还是最终处理 XML 文档的应用程序，都要根据指令所提供的控制信息对文档进行分析，否则将无法正确解读文档。

3．XML 中的处理指令

处理指令是用来给处理 XML 文档的应用程序提供信息的。也就是说，XML 分析器可能对它并不感兴趣，而把这些信息原封不动地传递给应用程序，然后由这个应用程序来解释这个指令，遵照它所提供的信息进行处理，或者再把它原封不动地传给下一个应用程序。而 XML 声明是一个处理指令的特例。

XML 中处理指令的格式如下：

`<?处理指令名 处理指令信息?>`

由于 XML 声明的处理指令名是 xml，因此其他处理指令名不能再用 xml。例如，下面的代码中使用了一个处理指令来指定用于该 XML 配套使用的样式表类型及文件名。

`<?xml-stylesheet type=" text/css " href=" paixu.css " ?>`

➢ `<?……?>`表示该行是一条指令。

➢ xml-stylesheet 表示该指令用于设定文档所使用的样式表文件。

➢ type=" tex/css " 指定文档所使用的样式表文件为 CSS 文件。如果为 XSL 样式表文件，则该属性应该为 type=" text/xsl " 。

➢ href=" paixu.css " 指定样式表文件的地址。

4．XML 中的注释

注释用于对语句进行某些提示或说明，带有适当注释语句的 XML 文档不仅使其他人容易读懂、易于交流，更重要的是，它可以让用户更加方便地对文档进行修改。注释可以在标记之外的任何地方添加。

在 HTML 中，注释的起始和终止界定符分别为"<!--"和"-->"，在 XML 文档中，注释的方法完全相同。不过，在 XML 文档中添加注释时，需要注意以下几个问题。

（1）注释不可以出现在 XML 声明之前，XML 声明必须是文档的首行。下面的代码示例是错误的。

```
<!--这是一个错误的文档-->
<?xml version="1.0" encoding="utf-8" standalone="yes"?>
<Notebook Computer Price>
The price is 22000
</Notebook Computer Price>
```

（2）注释不能出现在标记中，下面的代码示例是错误的。

```
<Notebook Computer Price<!--这是一个错误的文档-->>
```

（3）注释中不能出现连续两个连字符，即"--"，下面的代码示例是错误的。

```
<!--这是一个错误--的文档-->
```

（4）注释中可以包含元素，只要元素中不包含"--"。此元素也可以成为注释的一部分，在解析时被忽略。

（5）在使用一对注释符号表示注释文本时，要保证其中不再包含另一对注释符号。

5．XML 元素与标记

元素是 XML 文档内容的基本单元。元素相当于放置 XML 文档内容的容器。在 XML 文档中，所有的"内容"都必须被各种各样、大大小小的容器封装起来，然后在容器上贴上对所放置内容进行说明的标记。这些容器连同容器上的标记表示出文档的意义和逻辑结构。当然，这种对于意义和逻辑结构的表示是否准确、清晰，分解得正确与否、标记标识得贴切与否有直接的关系。从语法上说，一个元素包含一个起始标记、一个结束标记及标记之间的数据内容，其形式如下：

```
<标记>数据内容</标记>
```

标记是编写 XML 文档必须用到的，在 HTML 中所使用的标记都是已经定义好的，有各自固定的格式。而在 XML 中没有一个固定的标记，可以按自己的需要来定义和使用标记。标记把 XML 文件与纯文本内容分开。

　　　XML 与 HTML 不同，HTML 中有些标记并不需要关闭（即不一定有结束标记），有些语法上要求有半闭标记的即使漏了半闭标记，浏览器也能照常处理。而在 XML 中，每个标记必须保证严格的关闭。关闭标记的名称与打开标记的名称必须相同，关闭名称前加上"/"。由于 XML 对大小写敏感，在关闭标记时注意不要使用错误的标记。

XML 中标记的名称必须符合以下规则。

● 必须以英文名称或中文名称或者下画线"_"开头。

● 在使用默认编码集的情况下，名称可以由英文字母、数字、下画线"_"、连字符"-"和点号"."构成。在指定了编码集的情况下，名称中除了上述字符外，还可以出现该字符集中的合法字符。

➢ 名称中不能含有空格。

➢ 名称中含有英文字母时，对大小写是敏感的。

> 元素是 XML 文档的灵魂，它构成一个 XML 文档的主要内容。XML 元素由 XML 标记来定义。XML 的标记有两种：非空标记与空标记。相应地，XML 元素也就有非空元素与空元素之分。

6. XML 属性

HTML 中用属性来精确地控制网页的显示方式。与标记一样，这些属性都是预先定义好的。在 XML 中使用属性就自由多了，用户可以自定义所需要的标记属性。在开始标记与空标记中可以有选择地包含属性，属性会代表引入起始标记的数据。可以使用一个属性存储关于该元素的多个数据。

属性是元素的可选组成部分，其作用是对元素及其内容的附加信息进行描述，由"="分割开的属性名和属性值构成。在 XML 中，所有的属性必须用引号括起来，这一点与 HTML 有所区别。其形式如下：

```
<标记名 属性名="属性值",属性名="属性值",......>内容</标记名>
```

例如：

```
<价格 货币类型="RMB">2000</价格>
```

对于空元素，其使用形式如下：

```
<标记名 属性名="属性值",属性名="属性值",....../>
```

例如：

```
<矩形 width="200" height="120" />
```

一般来说，具有描述性特征，不需要显示出来的都可以通过属性来表示，属性的命名规则与标记的命名规则相似。

13.1.4　HTML 与 XML

XML 可以很好地描述数据的结构，有效地分离数据的结构和表示，可以作为数据交换的标准格式。而 HTML 是用来编写 Web 页面的语言，HTML 把数据和数据的显示外观捆绑在一起，如果只想使用数据而不需要显示外观，可以想象，将数据和外观分离是多么的困难。HTML 不允许用户自定义标记，目前的 HTML 大约有 100 多个标记。HTML 不能体现数据的结构，只能描述数据的显示格式。

从某种意义上说，XML 能比 HTML 提供更大的灵活性，但是它却不可能代替 HTML 语言。实际上，XML 和 HTML 能够很好地在一起工作。XML 与 HTML 的主要区别就在于 XML 是用来存储数据的，在设计 XML 时它就被用来描述数据，其重点在于什么是数据，如何存储数据；而 HTML 是被设计用来显示数据的，其重点在于如何显示数据。

如下所示的代码是一个 HTML 调用 XML 数据的范例，该 HTML 代码如下：

```
<!doctype html>
<html>
<head>
<meta charset="utf-8">
<title>HTML 调用 XML 数据</title>
<style type="text/css">
p{
    font-family:"宋体";
    font-size:14px;
    }
</style>
```

```
<script language="javascript" event="onload" for="window">
  var xmlDoc = new ActiveXObject("Microsoft.XMLDOM");
  xmlDoc.async="false";
  xmlDoc.load("13-1-4.xml");         //调用 XML 文件
  var nodes = xmlDoc.documentElement.childNodes;
  uname.innerText = nodes.item(0).text;
  sex.innerText = nodes.item(1).text;
  age.innerText = nodes.item(2).text;
  from.innerText = nodes.item(3).text;
</script>
</head>
<body>
  <p><b>姓名：</b> <span id="uname"></span></p>
  <p><b>性别：</b> <span id="sex"></span></p>
  <p><b>年龄：</b> <span id="age"></span></p>
  <p><b>来自：</b> <span id="from"></span></p>
</body>
</html>
所调用的 XML 文件代码如下：
<?xml version="1.0" encoding="utf-8"?>
<member>
  <uname>王小二</uname>
  <sex>男</sex>
  <age>28</age>
  <from>北京</from>
</member>
```

这样就实现了 XML 数据文档与 HTML 显示的分离。如果再调用 CSS 样式文件，则 HTML 的作用就是显示框架，而 CSS 起美化作用，XML 则只负责管理数据。在浏览器中预览该 HTML 页面，显示效果如图 13-2 所示。

图 13-2　HTML 调用 XML 数据

13.1.5　什么是"格式良好的"XML 文件

一般地，一个 XML 文档包含一个序言。虽然可以根据自己的需要构造出许多标记，但是 XML 文档也必须遵循结构性规则。如果一个 XML 文档是非格式良好的、非结构性的，那么 XML 处理器对这个 XML 文档的解释就会出错。在 XML 中，一个 XML 文档应该是有效的，而且是格式良好的。

1．格式良好的 XML 文档

虽然 XML 没有固定的标记规范，但它还是有一定语法规范的。如果一个 XML 文档包含一个或多个元素，各元素都有正确嵌套，并且正确地使用了属性和实体参考，符合 XML 的基本语法规范，那么就认为这个 XML 文档是格式良好的。要保证编写的 XML 文档是格式良好的，必须遵循以下 XML 的基本规则。

- XML 文档的开始必须是 XML 声明。
- 保证每一个开始标记都有对应的结束标记。
- 文档只能包含一个能够包含全部其他元素的元素，那就是根元素或文档元素，该元素无任何部分出现在其他元素中。
- 各元素之间正确地嵌套，不得交叉。
- 元素必须正确关闭。
- 属性值必须加引号。
- 正确使用实体参考。

XML 的文档可以看作是实体的组合，实体声明后就可以在其他地方引用。解析时，解析器将用文本或二进制数据来代替该实体。实体声明有两大类：通用实体声明和参数实体声明。通用实体声明在引用时以 "&" 开始，以 ";" 结束；参数实体声明引用时以 "%" 开始，以 ";" 结束。在 XML 文档中，符号 "<" 和 ">" 是被 XML 处理器解释成标记特定部分的，当需要在元素内容中出现这些特定符号时，就不能直接输入这些符号。在 XML 文档中要用实体参考来分别代表它们。XML 中预定义义的实体如表 13-1 所示。

表 13-1　　　　　　　　　　XML 中预定义的实体

实体参考	字符
&amp;	&
&lt;	<
&gt;	>
&apos;	'
&quot;	"

2. 有效的 XML 文档

如果一个 XML 文档与一个文档类型定义（DTD）相关联，而该 XML 文档符合 DTD 的各种规则，那么称这个 XML 文档是有效的。注意：DTD 对于 XML 文档来说并不是必需的，但 XML 文档要由 DTD 来保证其有效性。所以要保证 XML 文档的有效性，就必须在 XML 文档中引入 DTD，而且有 DTD 的 XML 文档会使 XML 文档让人读起来更容易，更容易找出文档中的错误。

13.2　XML 与 CSS 的应用

CSS 能作用到 HTML 文件上，同样也能够作用到 XML 文件上，我们可以采用在 HTML 文件中定义样式的方法，在 XML 文件里通过 CSS 来规范网页的样式。

13.2.1 在 XML 中链接 CSS 样式

XML 关心的是数据的结构，并能很好、方便地描述数据，但它不提供数据的显示功能，因此，浏览器不能直接显示 XML 文件中标记的文本内容。如果想让浏览器显示 XML 文件中标记的文本内容，那么必须以某种方式告诉浏览器如何显示。W3C 为 XML 数据显示发布了两个建议规范：CSS 和 XSL（可扩展样式语言）。本节主要介绍如何将 CSS 样式表文件链接到 XML 文档。

1．使用 xml:stylesheet 处理指令

使用 CSS 样式表来格式化 XML 文档内容，首先需要创建 XML 文档，例如，此处我们创建一个学生列表 XML 文档，代码如下：

```xml
<?xml version="1.0" encoding="utf-8"?>
<xueshengliebiao>
  <xuesheng>
    <xuesheng_id>201020101</xuesheng_id>
    <xingming>王小妹</xingming>
    <xingbie>女</xingbie>
    <banji>电子商务1</banji>
    <chushengnianyue>1985-1-2</chushengnianyue>
  </xuesheng>
  <xuesheng>
    <xuesheng_id>201020102</xuesheng_id>
    <xingming>张小二</xingming>
    <xingbie>女</xingbie>
    <banji>电子商务5</banji>
    <chushengnianyue>1984-9-19</chushengnianyue>
  </xuesheng>
</xueshengliebiao>
```

这是一个没有应用样式表的 XML 文档，如果直接在浏览器中预览该 XML 文档，看到的是文档的源文件，如图 13-3 所示。

图 13-3 未使用样式表的 XML 文档在浏览器中的效果

因为没有应用 CSS 样式表，浏览器根本不知道应该如何处理元素内容的显示方式，所以只能原样显示。为了显示学生列表信息，需创建 CSS 样式表文件，代码如下：

```css
xuesheng {
    display: block;
    margin-top: 10px;
    }
```

```
xuesheng_id {
    display: block;
    font-size: 16px;
    font-weight: bold;
    }
chushengnianyue {
    font-size: 16px;
    font--weight: bold;
    font-style: italic;
    color: #FF0000;
    }
```

创建完 CSS 样式表后，为了在 XML 文档中使用该 CSS 样式表，需要在 XML 文档中添加粗体显示的代码部分。

```
<?xml version="1.0" encoding="utf-8"?>
<?xml-stylesheet type="text/css" href="style/13-2-1.css"?>
<xueshengliebiao>
  ...
</xueshengliebiao>
```

其中，"<?xml-stylesheet?>"是处理指令，用于告诉解析器 XML 文档显示时应用了 CSS 样式表；type 用于指定样式表文件的格式，CSS 样式表使用"text/css"，XSL 样式使用"text/xsl"；href 用于指定使用的样式表的 URL，该 URL 可以是本地路径或是基于 Web 服务器的相对路径或绝对路径。注意：应用样式表的处理指令只能放在 XML 文档的声明之后。

应用了 CSS 样式表后的 XML 文档在浏览器中的预览效果如图 13-4 所示。

图 13-4　使用样式表的 XML 文档在浏览器中的效果

2．使用@import 指令

@import 指令用于在 CSS 文档中引用保存于其他独立文档中的样式表，使用格式如下：

@import url(URL);

其中，URL 是被引用的 CSS 样式表的地址，可以是本地或网络上的文件的绝对路径或相对路径。@import 指令在使用时必须注意以下几点。

● 　@import 指令必须放置在 CSS 文件的开头，即@import url 指令的前面不允许出现其他的规则。

● 　如果被引用的样式表中的样式与引用者的样式冲突，则引用者中的样式优先。

● 　@import 指令末尾的分号（;）不能缺少。

13.2.2　实现隔行变色的表格

通过 CSS 样式可以对 HTML 中的<table>等相关的表格元素进行控制，从而实现各种各样的表格效果。对于用 XML 表示的数据，同样可以采用类似的方法，使得数据表格看上去友好、实用。

首先建立 XML 数据表格，它与 HTML 中的<table>不一样，通常需要对不同类型的单元格采用不同的标记。该 XML 文档的代码如下：

```xml
<?xml version="1.0" encoding="utf-8"?>
<list>
  <caption>会员列表</caption>
  <title>
    <uname>用户名</uname>
    <level>级别</level>
    <birth>注册时间</birth>
    <from>来自</from>
    <qq>联系 QQ</qq>
  </title>
  <member>
    <uname>smile</uname>
    <level>音乐达人</level>
    <birth>2003-12-25</birth>
    <from>北京</from>
    <qq>123534</qq>
  </member>
  <member class="altrow" >
    <uname>天亮说晚安</uname>
    <level>音乐小子</level>
    <birth>2008-6-21</birth>
    <from>广东深圳</from>
    <qq>112987354</qq>
  </member>
  <member>
    …
  </member>
    …
</list>
```

在浏览器中预览该 XML 页面，可以看到该 XML 页面的效果，如图 13-5 所示。

图 13-5　XML 文档的预览效果（一）

新建一个空白的 CSS 文档 13-2-2.css，对整个<list>数据列表进行整体的绝对定位，并适当地调整位置、文字大小和字体等，代码如下：

```css
list {
    font-family: 宋体;
    font-size: 12px;
    position: absolute;          /*绝对定位*/
    top: 0px;
    left: 0px;
    padding: 4px;
    }
```

返回 XML 文档中，在 XML 文档声明后添加链接 CSS 样式的代码如下：

```xml
<?xml-stylesheet type="text/css" href="style/13-2-2.css"?>
```

在浏览器中预览该 XML 页面，可以看到该 XML 页面的效果，如图 13-6 所示。在预览页面中，可以看到数据紧密地堆砌在一起，原因在于 XML 的数据默认都不是块元素，而是行内元素。

图 13-6　XML 文档的预览效果（二）

在 CSS 样式文件中添加 CSS 样式表，将各个行都设置为块，代码如下：

```css
caption {
    display: block;              /*块元素*/
    }
title {
    display: block;              /*块元素*/
    }
member {
    display: block;              /*块元素*/
    }
```

在浏览器中预览该 XML 页面，可以看到该 XML 页面的效果，如图 13-7 所示。这样，各条数据之间都换行，数据排列较原来清晰了很多。

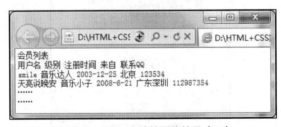

图 13-7　XML 文档的预览效果（三）

在 CSS 样式文件中添加 CSS 样式表，为各条数据加入相应的颜色和空隙等属性，代码如下：

```css
caption {
    display: block;                          /*块元素*/
    margin-bottom: 3px;
    font-size: 18px;
```

```
        font-weight: bold;
        text-align: center;
        }
title {
        display: block;                    /*块元素*/
        background-color: #6CACF3;         /*背景颜色*/
        border: 1px solid #3A6DAB;         /*边框*/
        margin-bottom: -1px;               /*解决边框重叠的问题*/
        padding: 4px 0px 4px 0px;
        }
member {
        display: block;                    /*块元素*/
        background-color: #F1F8FE;         /*背景颜色*/
        border: 1px solid #3A6DAB;         /*边框*/
        margin-bottom: -1px;               /*解决边框重叠的问题*/
        padding: 4px 0px 4px 0px;
        }
```

 在上面的 CSS 样式代码中为各数据行设置边框时，边框不再有表格的 border-collapse 属性，因此可以将 margin-bottom 设置为-1，从而使得各行的上下边框重叠。

在浏览器中预览该 XML 页面，可以看到 XML 页面的效果，如图 13-8 所示。

接下来需要通过 CSS 样式实现隔行变色的效果，在 CSS 样式文件中添加如下的 CSS 样式代码：

```
member.altrow {
        background-color: #ffffff;
        }
```

在浏览器中预览该 XML 页面，可以看到页面中数据行的背景颜色隔行变色的效果，如图 13-9 所示。

图 13-8 XML 文档的预览效果（四）

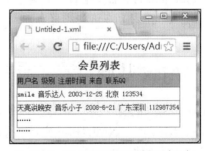

图 13-9 XML 文档的预览效果（五）

最后在 CSS 样式文件中为各个行内块设置相应的 CSS 样式，代码如下：

```
title uname,title level,title birth,title from,title qq {
        font-weight: bold;
        color: #FFFFFF;
        padding: 0px 8px 0px 8px;
        }
uname,level,birth,from,qq {
        padding: 0px 8px 0px 8px;
        }
```

```
uname {
    width:100px;
    }
level {
    width: 80px;
    }
birth {
    width: 90px;
    }
from {
    width: 70px;
    }
qq {
    width: 80px;
    }
```

完成 CSS 样式的设置，返回 XML 文档中，在浏览器中预览该 XML 文档，可以看到该 XML 页面的效果，如图 13-10 所示。

图 13-10　XML 文档的预览效果（六）

 Firefox 等一些浏览器并不支持 XML 文件中行内元素的 width 属性，也不支持 CSS 常用的属性覆盖方法，即 "member.altrow" 的样式风格不能覆盖 member 的样式风格，因此在这些浏览器中显示的效果并不理想。

13.3　Ajax 基础

Ajax 并不是什么新技术，而是指一种方法。它使用几种现有技术——包括 CSS 样式表、JavaScript、XHTML、XML 和可扩展样式语言转换（XSLT），开发外观及操作类似于桌面软件的 Web 应用软件。

13.3.1　Ajax 简介

在传统的 JavaScript 编程中，如果希望从服务器上的文件或数据库中得到任何的信息，或者向服务器发送信息的话，就必须利用一个 HTML 表单向服务器 GET 或 POST 数据。而用户则需要单击"提交"按钮来发送或获取信息，等待服务器的响应，然后一个新的页面会加载结果。

由于每当用户提交输入后服务器都会返回一个新的页面，传统的 Web 应用程序变得运行缓慢，且越来越不友好。

通过使用 Ajax，可以通过 JavaScript 中的 XMLHttpRequest 对象，直接与服务器来通信。通过使用 HTTP 请求，Web 页可以向服务器进行请求，并得到来自服务器的响应，而不加载页面。用户可以停留在同一个页面，并且不会注意到脚本在后台请求过页面，或向服务器发送过数据。

Ajax 并不是一门新的语言或技术，他实际上是几项技术按一定的方式组合在一起，在共同的协作中发挥各种的作用，他包括：

- 使用 XHTML 和 CSS 标准化呈现
- 使用 DOM 实现动态显示和交互
- 使用 XML 和 XSLT 进行数据交换与处理
- 使用 XMLHttpRequest 进行异步数据读取
- 最后使用 JavaScript 绑定和处理所有数据

Ajax 的工作原理相当于在用户和服务器之间加了一个中间层，使用户操作与服务器响应异步化。并不是所有的用户请求都提交给服务器，像一些数据验证和数据处理等都交给 Ajax 引擎自己来做，只有确定需要从服务器读取新数据时再由 Ajax 引擎代为向服务器提交请求。

如图 13-11 所示的是百度地图（http://map.baidu.com）的网页截图，当用户在地图中任意地拖动、缩放时，刷新的不是整个页面，而仅仅是地图区域的一块，整个页面浏览起来十分的流畅，用户好像在浏览自己本地的一个应用程序一样。

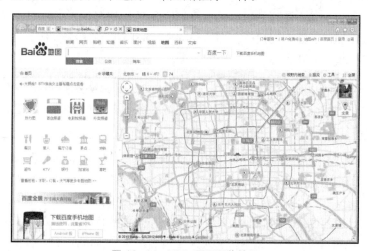

图 13-11 XML 页面预览效果

百度地图是一个典型的 Ajax 的成功案例，用户与服务器之间的交互是通过异步的请求来完成的，并且页面上仅仅是局部刷新，而不像传统页面那样整页刷新。

在 Ajax 之前的互联网地图是一种完全不同的交互模式。地图也明显划分成很多个小块，缩放控件和导航链接可能会在地图的边缘。每次单击这些控件，都会引起整个页面的刷新，用户的操作总是被打断。与百度地图相比，之前的交互方式显示缓慢并且不友好。

13.3.2 Ajax 的关键元素

Ajax 并不是单一的技术，而是几种技术的集合。要灵活地运用 Ajax，必须深入了解这些不同的技术，以及它们在 Ajax 中所扮演的角色。

1．JavaScript

JavaScript 是一种粘合剂，使 Ajax 应用的各部分集成在一起。JavaScript 是通用的脚本语言，用来嵌入在某种应用之中。在 Ajax 中，JavaScript 主要用来传递用户界面上的数据到服务器端并返回处理结果。

2．CSS

CSS 为 Web 页面元素提供了简单而又强大的方法，即一种可重用的可视化样式的定义方法，它以一致的方式定义和使用可视化样式。在 Ajax 应用中，用户界面的样式可以通过 CSS 独立修改。

3．DOM（文档对象模型）

DOM 以一组可以使用 JavaScript 操作的可编程对象展现出 Web 页面的结构。通过使用脚本修改 DOM，Ajax 应用程序可以在运行时改变用户界面，或者高效地重绘页面中的某个部分。

4．XMLHttpRequest 对象

XMLHttpRequest 对象允许 Web 程序员从 Web 服务器以后台活动的方式获取数据。数据格式通常是 XML，但是也可以很好地支持任何基于文本的数据格式。也可以通过其他的方法从服务器获取数据，但 XMLHttpRequest 是最为灵活和通用的工具。

JavaScript 就像胶水一样将组成 Ajax 的各个部分黏合在一起，定义应用的工作流和业务逻辑。通过使用 JavaScript 操作 DOM 来改变和刷新用户界面，不断地重绘和重新组织显示给用户的数据，并处理用户基于鼠标和键盘的交互。CSS 为应用提供了一致的外观，并且为以编程方式操作 DOM 提供了强大的捷径。XMLHttpRequest 对象则用来与服务器进行异步通信，在用户工作时提交用户的请求并获取最新的数据。

Ajax 中的 4 个主要组件：JavaScript 定义了业务规则和程序流程，应用程序使用 XMLHttpRequesst 对象以后台方式从服务器获得的数据，通过 DOM 和 CSS 来改变界面的外观。

Ajax 的 4 种技术之中，CSS、DOM 和 JavaScript 这 3 个都不是新面孔，它们以前合在一起被称为动态 HTML，简称 DHTML。DHTML 可以为 Web 页面创造新奇古怪的、交互性很强的界面，但是它永远也无法克服需要完全刷新整个页面的问题。问题在于，如果没有和服务器通信的能力，空有漂亮的界面，还是无法实现一些真正有意义的功能。Ajax 除了大量使用 DHTML 外，还可以发送异步请求，这大大延长了 Web 页面的寿命。通过与服务器进行异步通信，无需打断用户正在界面上执行的操作，Ajax 与其前任 DHTML 相比，为用户带来了真正的价值。

更加方便的是，所有这些技术都已经预先安装在绝大多数的现代 Web 浏览器之中，包括 IE、Firefox、Mozilla、Opera 以及苹果公司的 Safari 等。但是，这些技术的实现细节在不同的浏览器之间，甚至在同一浏览器的不同版本之间存在着较大的差异，这就是所谓的跨浏览器不兼容问题。随着近些年网络技术的发展，跨浏览器不兼容问题已经得到了很好的改善。

Ajax 的一个最大的特点就是无需刷新页面便可向服务器传输或读写数据，又称无刷新更新页面，这一特点主要得益于 XMLHttp 组件的 XMLHttpRequest 对象。这样就可以使应用程序只同服务器进行数据层面的交换，而不用每次都刷新界面，也不用每次将数据处理的工作提交给服务器来完成，这样既减轻了服务器的负担，又加快了响应速度，缩短了用户等待时间。

13.3.3　Ajax 的优势

在大多数网站中，页面的至少 90%都是一样的，比如：结构、格式、页头、页尾、广告等，所不同的只是一小部分的内容，但每次服务器都会生成所有的页面返回给客户端，这无形中是一种浪费，不管是对于用户的时间、带宽、CPU 耗用，还是对于 ISP 来说，可以说是巨大的损失。

而 Ajax 可以作为客户端和服务器的中间层来处理客户端的请求，并根据需要向服务器端发送请求，用什么就取什么、用多少取多少，就不会有数据的冗余和浪费，减少了数据下载总量，而且更新页面时不用重新载入全部内容，只更新需要更新的那部分即可，相对于纯后台处理并重新载入的方式而言，缩短了用户等待时间，也把对资源的浪费降到最低，是基于标准化的并被广泛支持的技术，并且不需要插件或下载小程序，所以 Ajax 对于用户和 ISP 来说是双赢的。

Ajax 使 Web 中的数据与显示分离，而在以前，这两者是没有清晰的界限的，数据与显示的分离有利于分工合作，减少非技术人员对页面的修改造成的 Web 应用程序错误，提高效率，也更加适用于现在的发布系统。它可以把以前的一些服务器负担的工作转嫁到客户端，利用客户端闲置的处理能力来处理。

13.3.4　实现 Ajax 的步骤

Ajax 的主要作用是异步调用和局部刷新。要实现异步调用，就需要使用 XMLHttpRequest 对象，要实现局部刷新，就需要使用 JavaScript 和 DOM。本节将向读者介绍使用 XMLHttpRequest 对象和 JavaScript 来实现 Ajax 的方法。

如果需要完整地实现一个 Ajax 异步调用和局部刷新，通常需要经过以下几个步骤。

（1）创建 XMLHttpRequest 对象，也就是创建一个异步调用对象。

不同的浏览器使用异步调用对象有所不同，在 IE 浏览器中，异步调用使用的是 XMLHttp 组件中的 XMLHttpRequest 对象，而在 Netscape、Firefox 浏览器中则直接使用 XMLHttpRequest 组件。因此，在不同的浏览器中创建 XMLHttpRequest 对象的方法有所不同。

（2）创建一个新的 HTTP 请求，并指定该 HTTP 请求的方法、URL 及验证信息。

创建了 XMLHttpRequest 对象之后，必须为它创建 HTTP 请求，用于说明 XMLHttpRequest 对象要从哪里获取数据。通常，要获取的数据可以是网站中的数据，也可以是本地文件中的数据。

（3）设置响应 HTTP 请求状态变化的函数。

创建完 HTTP 请求后，就可以将 HTTP 请求发送给 Web 服务器了。然而，发送 HTTP 的目的是为了可以接收从服务器中返回的数据。从创建 XMLHttpRequest 对象开始，到发送数据、接收数据，XMLHttpRequest 对象一共会经历 5 种状态。

（4）发送 HTTP 请求。

在经过以上几个步骤的设置之后，就可以将 HTTP 请求发送到 Web 服务器上去了。发送 HTTP 请求可以使用 XMLHttpRequest 对象的 send()方法。

（5）获取异步调用返回的数据。

设置了响应 HTTP 请求状态变化的函数，当 XMLHttpRequest 对象的 readyState 属性值改变时，会自动激活该函数。如果 XMLHttpRequest 对象的 readState 属性值等于 4，则表示异步调用过程完成，就可以通过 XMLHttpRequest 对象的 responseText 属性或 responseXml 属性来获取数据了。

（6）使用 JavaScript 和 DOM 实现局部刷新。

实现 Ajax 的步骤通常为：创建 XMLHttpRequest 对象→ 创建 HTTP 请求 → 设置响应 HTTP 请求状态的函数→发送 HTTP 请求→ 获取服务器返回的数据→ 刷新网页局部内容。

1. 客户端脚本语言

客户端脚本语言可以说是 Ajax 的核心，无论 Ajax 功能有多么强大，如果没有客户端脚本语言的支持，都形如虚设。从创建 HTTP 请求到发送 HTTP 请求，从接收服务器端返回的数据到处理并显示这些数据，都离不开客户端脚本语言。

Ajax 的主要作用是异步调用和局部刷新，其实使用客户端脚本语言即使不通过 Ajax 也可以实现局部刷新的功能。

使用 JavaScript 技术进行局部刷新的速度是最快的，因为该技术在数据一次性下载完毕后，就不再需要与服务器进行互动了，这是使用 JavaScript 技术进行局部刷新的优势，但也同样是它的缺点。因为在使用 JavaScript 技术进行局部刷新时，必须要将所有可能出现的数据都下载到客户端，这样就会让客户端代码变得十分冗长。

2. 服务器端脚本语言

如果说客户端脚本语言是 Ajax 的核心，那么异步存取就是 Ajax 的灵魂。在异步存取时，通常都会与服务器互动。如果要和服务器进行互动，就需要使用服务器端的脚本语言。常用的服务器端脚本语言有 ASP、JSP、PHP、ASP.NET 等。

3. Ajax 与服务器互动

在数据量比较大的情况下，使用 iFrame 技术进行网页局部刷新，对服务器的压力是最大的。因为每一次加载数据，都必须与服务器进行一次交互，这样会影响整个系统的响应速度。而使用 Ajax 技术实现局部刷新就不会发生这种情况，因为 Ajax 取回数据之后会将数据放在内存中，方便重复调用。

13.3.5　使用 CSS 的必要性

CSS 是网页设计制作中使用已久的部分，无率是在传统的 Web 应用还是在 Ajax 应用中，CSS 都是一种使用非常频繁的技术。CSS 样式表提供了集中定义各种视觉样式的方法，并且可以非常方便地设置在页面的元素上。CSS 样式表可以定义一些明显的样式元素，例如颜色、边框、背景图片、透明度和大小等。此外，CSS 样式表还可以定义元素相互之间的布局以及简单的用户交互功能。

CSS 在 Ajax 中永远扮演着页面美术师的角色。无论 Ajax 采用何种底层的运作方式，异步调用也好，局部刷新也罢，任何时候显示在用户面前的都是一个页面。有页面的存在，就必须有页面的框架设计以及美工制作，而 CSS 则对显示在用户浏览器上的界面进行着美化。

例如，打开百度地图的页面（http://map.baidu.com/），如图 13-12 所示，无论它的 Ajax 底层通信如何实现，也无论地图的浏览如何使用局部刷新，对于页面上的各个<div>块以及文字的颜色和大小等参数，都离不开 CSS 的整体设置。

如果在浏览器中查看页面的源代码，也可以看到，众多的<div>块以及 CSS 属性占据了源代码的很多部分，如图 13-13 所示。在未来的很多年内，无论网页的交互技术如何发展，界面设计永远都是需要的，CSS 将页面的显示效果分离出来的思想是永远不会改变的。

图 13-12　百度地图页面

图 13-13　页面源代码中的 CSS

13.4　Ajax 与 CSS 的综合运用

在网站页面中，Ajax 可以与 CSS 一同使用，其中 Ajax 负责网站的动态效果及一些互动的操作；而 CSS 负责网站的样式设置。这两种技术在一起使用，会使网站具有互动性的同时还会有完美的外观样式。

13.5　课堂练习——制作动态网站相册

通过本章的学习，读者已经简单了解了 CSS 与 XML 和 Ajax 的综合使用，接下来通过简单的例子来实现对知识点运用的掌握。

视频位置：
光盘\视频\第 13 章\13-5-1.swf
源文件位置：
光盘\素材\第 13 章\13-5-1.html

13.5.1　设计分析

通过使用 JS 文件可以实现对网页动态效果的控制，本案例将已经创建好的 JS 文件连接到创建的 HTML 文件中，使页面的内容呈现出动态效果。

13.5.2　制作步骤

（1）新建 HTML 文件并将其存储为"光盘\素材\第 13 章\13-5-1.html"，如下左图所示。继续新建 CSS 文件，并将其保存为"光盘\素材\第 13 章\css\13-5-1.css"，如下右图所示。

 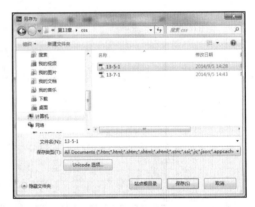

（2）打开"CSS 设计器"面板，在"源"选项下单击"添加 CSS 源"按钮，选择"附加现有的 CSS 文件"选项，在弹出的对话框中单击"浏览"按钮，然后选择要附加的 CSS 文件，如下图所示。

（3）切换到 CSS 文件，创建如下左图所示的 CSS 样式。返回设计视图，选择"插入→DIV"命令，插入名称为 box 的 DIV，如下右图所示。

```
3    * {
4        margin: 0px;
5        padding: 0px;
6        border: 0px;
7    }
8    body {
9        font-size: 12px;
10       color: #FFF;
11       line-height: 20px;
12       background-image:url(../images/13501.jpg);
13       background-position: center top;
14   }
```

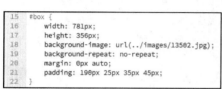

（4）返回 CSS 文件，创建名称为#box 的 CSS 样式，如下左图所示。返回设计视图，在名称为 box 的 DIV 内插入名称为 center 的 DIV，如下右图所示。

```
15   #box {
16       width: 781px;
17       height: 356px;
18       background-image: url(../images/13502.jpg);
19       background-repeat: no-repeat;
20       margin: 0px auto;
21       padding: 190px 25px 35px 45px;
22   }
```

（5）切换到 CSS 文件，创建名称为#center 的 CSS 样式，如下左图所示。继续在名称为center 的 DIV 内插入名称为 slider 的 DIV，如下右图所示。

```
23   #center {
24       position: absolute;
25   }
```

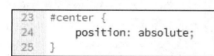

（6）继续创建名称为#slider 的 CSS 样式，如下左图所示。继续创建名称分别为#slider .slide、#slider .text、#slider .diapo 的类样式，如下右图所示。

```
34   #slider .slide {
35       position: absolute;
36       top: 0px;
37       height: 333px;
38       width: 500px;
39       background: #000;
40       overflow: hidden;
41       border-left: #000 solid 1px;
42       cursor: default;
43   }
44   #slider .text {
45       position: absolute;
46       color: #FFF;
47       font-size: 14px;
48       font-weight: bold;
49       line-height: 45px;
50       text-align: left;
51       width: 470px;
52       left: 10px;
53   }
54   #slider .diapo {
55       position: absolute;
56       filter: alpha(opacity=100);
57       opacity: 1;
58
59   }
```

```
26   #slider {
27       position: absolute;
28       width: 781px;
29       height: 356px;
30       top: 17px;
31       overflow: hidden;
32       background: #F0F2E4;
33   }
```

（7）返回设计视图，插入 DIV，选中 DIV，在属性面板的 Class 下拉列表中选择"text"选项，如下左图所示。继续插入 DIV 应用相应的类样式，选择"插入→图像"命令插入图片，并应用相应的类样式，如下右图所示。

（8）使用相同的方法完成其他 DIV 和图片的插入，如下图所示。

（9）为实现动态效果，将下面的代码插入到<head>标签内，代码如下：

```
<script type="text/jscript" src="js/13-5-1.js"></script>
```

（10）保存文件，按快捷键 F12 并浏览页面，效果如下图所示。

 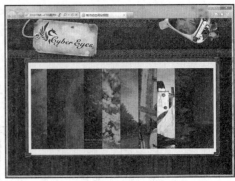

13.5.3　案例总结

本案例通过简单的代码连接外部 JS 文件实现页面的完美动态效果，将简单的静态网页变得更加优美。

13.6　课堂讨论

CSS 与 XML 和 Ajax 的综合使用将使网页变得更加丰富、美观。学完本章节的内容，我们只是对其进行初步的了解。下面回答两个相关的问题。

13.6.1　问题 1——导入 CSS 样式表与链接 CSS 样式表有什么区别

导入 CSS 样式表和链接 CSS 样式表的目的都是将一个独立的外部 CSS 样式表文件引入到一个网页中，二者最大的区别在于链接 CSS 样式表使用 HTML 的标签引入外部 CSS 样式表文件，而导入 CSS 样式表则是使用 CSS 样式规则引入外部 CSS 样式表文件。

13.6.2　问题 2——使用 RevealTrans 滤镜为什么需要添加 JavaScript 脚本

因为 RevealTrans 滤镜同样是一个高级 CSS 滤镜，必须与 JavaScript 脚本相结合才能够产生图像切换的动态效果，单纯地添加 RevealTrans 滤镜不会产生效果。

13.7　课堂练习——制作网站页面

掌握本章的知识点后，再依据前面所学的知识完成下面的课后练习。

源文件地址：光盘\素材\第 13 章\13-7-1.html
视频地址：光盘\视频\第 13 章\13-7-1.swf

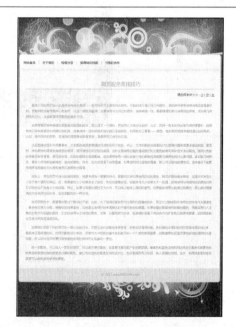

（1）创建 HTML 文件与 CSS 文件，设置相应的 CSS 样式制作图所示的效果。

（2）将"光盘\素材\第 13 章\sucai.text"打开，将内容复制到网页中设置相应的文字样式。

```
6    <script type="text/javascript">
7        function docontent(size) {
8            var content = document.all ? document.all['text'] : document.getElementById('text');
9            content.style.fontSize = size + 'px';
10       }
11   </script>
```

（3）在<head>标签内插入图所示的代码。

（4）保存文件，浏览效果，用鼠标单击文本标题，选择字体大小为"大"。

第 14 章

HTML5.0 和 CSS 高级运用

本章简介：

利用 CSS 布局时，可以通过修改样式表的定义使页面呈现完全不同的外观，而当网站拥有十几个甚至上百个页面时，修改页面链接的样式表文件就可以修改页面的外观，从而大大地减少工作量。本章将讲述有关 HTML 5.0 的相关知识以及 CSS 的高级运用技巧。

学习重点：

- HTML 5.0 简介
- Id 与 dass
- DIV 与 span 对象
- CSS 代码的简写

14.1 HTML 5.0 简介

HTML 5.0 是近十年来 Web 标准最巨大的飞跃。和以前的版本不同，HTML 5.0 并非仅仅用来表示 Web 内容，它的使命是将 Web 带入一个成熟的应用平台。在这个平台上，视频、音频、图像、动画，以及同计算机的交互标准化。尽管 HTML 5.0 的实现还是有很长的路要走，但是 HTML 5.0 正在改变 Web。

14.1.1 HTML 5.0 标签

W3C 在 2010 年 1 月 22 日发布了最新的 HTML 5.0 工作草案。HTML 5.0 的工作组包括 AOL、Apple、Google、IBM、Microsoft、Mozilla、Nokia、Opera 以及数百个其他的开发商。HTML 5.0 的最新特效有音频、视频、图片、函数、客户端数据存储以及交互式文档。其他特性包括新的页面元素，如<header>、<section>、<footer>、<figure>等。

通过指定如何处理所有 HTML 元素以及如何从错误中恢复的精确规则，HTML 5.0 改进了操作性，并减少了开发的成本。HTML 5.0 标签如表 14-1 所示。

表 14-1   HTML 5.0 标签

标签	描述	HTML 4.0	HTML 5.0
<!--……-->	定义注释	√	√
<!DOCTYPE>	定义文档类型	√	√
<a>	定义超链接	√	√
<abbr>	定义缩写	√	√
<acronvm>	HTML 5.0 中已不支持，定义首字母缩写	√	×
<address>	定义地址元素	√	√
<applet>	HTML 5.0 中已不支持，定义 applet	√	×
<area>	定义图像映射中的区域	√	√
<article>	HTML 5.0 新增，定义 article	×	√
<aside>	HTML 5.0 新增，定义页面内容之外的内容	×	√
<audio>	HTML 5.0 新增，定义声音内容	×	√
<b>	定义粗体文本	√	√
<base>	定义页面中所有链接的基准 URL	√	√
<basefont>	HTML 5.0 中已不支持，请使用 CSS 代替	√	×
<bdo>	定义文本显示的方向	√	√
<big>	HTML 5.0 中已不支持，定义大号文本	√	×
<blockquote>	定义长的引用	√	√
<body>	定义 body 元素	√	√
 	插入换行符	√	√

标签	描述	HTML 4.0	HTML 5.0
\<button\>	定义按钮	√	√
\<canvas\>	HTML 5.0 新增，定义图形	×	√
\<caption\>	定义表格标题	√	√
\<center\>	HTML 5.0 中已不支持，定义居中的文本	√	×
\<cite\>	定义引用	√	√
\<code\>	定义计算机代码文本	√	√
\<col\>	定义表格列的属性	√	√
\<colgroup\>	定义表格式的分组	√	√
\<command\>	HTML 5.0 新增，定义命令按钮	×	√
\<datagrid\>	HTML 5.0 新增，定义树列表中的数据	×	√
\<datalist\>	HTML 5.0 新增，定义下拉列表	×	√
\<dataemplate\>	HTML 5.0 新增，定义数据模板	×	√
\<dd\>	定义自定义的描述	√	√
\<del\>	定义删除文本	√	√
\<details\>	HTML 5.0 新增，定义元素的细节	×	√
\<dialog\>	HTML 5.0 新增，定义对话	×	√
\<dir\>	HTML 5.0 中已不支持，定义目录列表	√	×
\<div\>	定义文档中的一个部分	√	√
\<dfn\>	定义自定义项目	√	√
\<dl\>	定义自定义列表	√	√
\<dt\>	定义自定义的项目	√	√
\<em\>	定义强调文本	√	√
\<embed\>	HTML 5.0 新增，定义外部交互内容或插件	×	√
\<event-source\>	HTML 5.0 新增，为服务器发送的事件定义目标	×	√
\<fieldset\>	定义 fieldset	√	√
\<figure\>	HTML 5.0 新增，定义媒介内容的分组以及它们的标题	×	√
\<font\>	HTML 5.0 已不支持，定义文本的字体、尺寸和颜色	√	×
\<footer\>	HTML 5.0 新增，定义 section 或 page 的页脚	×	√
\<form\>	定义表单	√	√
\<frame\>	HTML 5.0 中已不支持，字义子窗口（框架）	√	×

标签	描述	HTML 4.0	HTML 5.0
<frameset>	HTML 5.0 中已不支持，定义框架的集	√	×
<h1> ~ <h6>	定义标题 1 ~ 标题 6	√	√
<head>	定义关于文档的信息	√	√
<header>	HTML 5.0 新增，定义 section 或 page 的页眉	×	√
<hr>	定义水平线	√	√
<html>	定义 HTML 文档	√	√
<i>	定义斜体文本	√	√
<iframe>	定义行内的子窗口（框架）	√	√
<img>	定义图像	√	√
<input>	定义输入域	√	√
<ins>	定义插入文本	√	√
<isindex>	HTML 5.0 中已不支持，定义单行的输入域	√	×
<kbd>	定义键盘文本	√	√
<label>	定义表单控件的标注	√	√
<legend>	定义 fieldset 中的标题	√	√
<li>	定义列表的项目	√	√
<link>	定义资源引用	√	√
<m>	HTML 5.0 新增，定义有记号的文本	×	√
<map>	定义图像映射	√	√
<menu>	定义菜单列表	√	√
<meta>	定义元信息	√	√
<meter>	HTML 5.0 新增，定义预定义范围内的度量	×	√
<nav>	HTML 5.0 新增，定义导航链接	×	√
<nest>	HTML 5.0 新增，定义数据模板中的嵌套点	×	√
<noframes>	HTML 5.0 中已不支持，定义 noframe 部分	√	×
<noscript>	HTML 5.0 中已不支持，定义 noscript 部分	√	×
<object>	定义嵌入对象	√	√
<ol>	定义有序列表	√	√
<optgroup>	定义选项组	√	√
<option>	定义下拉列表中的选项	√	√

标签	描述	HTML 4.0	HTML 5.0
\<output\>	HTML 5.0 新增，定义输出的一些类型	×	√
\<p\>	定义段落	√	√
\<param\>	为对象定义参数	√	√
\<pre\>	定义预格式化文本	√	√
\<progress\>	HTML 5.0 新增，定义任何类型任务的进度	×	√
\<q\>	定义短的引用	√	√
\<rule\>	HTML 5.0 新增，为升级模板定义规则	×	√
\<s\>	HTML 5.0 中已不支持，定义加删除线的文本	√	×
\<samp\>	定义样本计算机代码	√	√
\<script\>	定义脚本	√	√
\<section\>	HTML 5.0 新增，定义 section	×	√
\<select\>	定义可选列表	√	√
\<small\>	HTML 5.0 中已不支持，定义小号文本	√	×
\<source\>	HTML 5.0 新增，定义媒介源	×	√
\<span\>	定义文档中的 section	√	√
\<strike\>	HTML 5.0 中已不支持，定义加删除线的文本	√	×
\<strong\>	定义强调文本	√	√
\<style\>	定义样式定义	√	√
\<sub\>	定义上标文本	√	√
\<sup\>	定义下标文本	√	√
\<table\>	定义表格	√	√
\<tbody\>	定义表格的主体	√	√
\<td\>	定义表格单元	√	√
\<textarea\>	定义文本区域	√	√
\<tfoot\>	定义表格的脚注	√	√
\<th\>	定义表头	√	√
\<thead\>	定义表头	√	√
\<time\>	HTML 5.0 新增，定义日期/时间	×	√
\<title\>	定义文档的标题	√	√
\<tr\>	定义表格行	√	√
\<tt\>	HTML 5.0 中已不支持，定义文本	√	×

标签	描述	HTML 4.0	HTML 5.0
<u>	HTML 5.0 中已不支持，定义下画线文本	√	×
<ul>	定义无序列表	√	√
<var>	定义变量	√	√
<video>	HTML 5.0 新增，定义视频	×	√
<xmp>	HTML 5.0 中已不支持，定义预格式文本	√	×

14.1.2　HTML 5.0 事件属性

HTML 元素可以拥有事件属性，这些属性在浏览器中触发行为，例如当用户单击一个 HTML 元素时启动一段 JavaScript 脚本。表 14-2 列出的事件属性可以把它们插入到 HTML 中来定义事件行为。

HTML 5.0 中的新事件有 onabort、onbeforeunload、oncontextmenu、ondrag、ondragend、ondragenter、ondragleave、ondragover、ondragstart、ondrop、onerror、onmessage、onmousewheel、onresize、onscroll 和 onunload。不再支持 HTML 4.0.1 的属性是 onreset。

表 14-2　　　　　　　　　　HTML 5.0 所支持的事件属性

属　性	值	描　述	HTML 4.0	HTML 5.0
onabort	script	发生 abort 事件时运行脚本	×	√
onbeforeonload	script	在元素加载前运行脚本	×	√
onblur	script	当元素失去焦点时运行脚本	√	√
onchange	script	当元素改变时运行脚本	√	√
onclick	script	在鼠标单击时运行脚本	√	√
oncontextmenu	script	当菜单被触发时运行脚本	×	√
ondblclick	script	当鼠标双击时运行脚本	√	√
ondrag	script	只要脚本被拖动就运行脚本	×	√
ondragend	script	在拖动操作结束时运行脚本	×	√
ondragenter	script	当元素被拖动到一个合适的放置目标时运行脚本	×	√
ondragleave	script	当元素离开合法的放置目标时执行脚本	×	√
ondragover	script	只要元素正在合法的放置目标上拖动时就执行脚本	×	√
ondragstart	script	当拖动操作开始时执行脚本	×	√
ondrop	script	当元素正在被拖动时执行脚本	×	√

属 性	值	描 述	HTML 4.0	HTML 5.0
onerror	script	当元素加载的过程中出现错误时执行脚本	×	√
onfocus	script	当元素获得焦点时执行脚本	√	√
onkeydown	script	当按钮被按下时执行脚本	√	√
onkeypress	script	当按键被按下时执行脚本	√	√
onkeyup	script	当按钮松开时执行脚本	√	√
onload	script	当文档加载时执行脚本	√	√
onmessage	script	当 message 事件触发时执行脚本	×	√
onmousedown	script	当鼠标按钮按下时执行脚本	√	√
onmousemove	script	当鼠标指针移动时执行脚本	√	√
onmouseover	script	当鼠标指针移动到一个元素上时执行脚本	√	√
onmouseout	script	当鼠标指针移出元素时执行脚本	√	√
onmouseup	script	当鼠标按钮松开时执行脚本	√	√
onmousewheel	script	当鼠标滚轮滚动时执行脚本	×	√
onreset	script	HTML 5.0 已不支持，当表单重置时执行脚本	√	×
onresize	script	当元素调整大小时运行脚本	×	√
onscroll	script	当元素滚动条被滚动时执行脚本	×	√
onselect	script	当元素被选中时执行脚本	√	√
onsubmit	script	当表单提交时运行脚本	√	√
onunload	script	当文档卸载时运行脚本	×	√

14.1.3 HTML 5.0 标准属性

在 HTML 中，标签拥有属性，在 HTML 5.0 中新增的属性有 contenteditable、contextmenu、draggable、irrelevant、ref、registrationmark、template，不再支持 HTML 4.0 中的 accesskey 属性。

表 14-3 中所列出的属性是通用于每个标签的核心属性和语言属性。

表 14-3 　　　　　　　　　　　　　　HTML 5.0 标准属性

属 性	值	描 述	HTML 4.0	HTML 5.0
accesskey	character	设置访问一个元素的键盘快捷键	√	×
class	class_rule or style_rule	元素的类名	√	√

属 性	值	描 述	HTML 4.0	HTML 5.0
contenteditable	true false	设置是否允许用户编辑元素	×	√
contextmenu	id of a menu element	给元素设置一个上下文菜单	×	√
dir	ltr rtl	设置文本方向	√	√
draggable	true false auto	设置是否允许用户拖动元素	×	√
id	id_name	元素的唯一 id	√	√
irrelevant	true false	设置元素是否相关，不显示非相关的元素	×	√
lang	language_code	设置语言码	√	√
ref	url of elementID	引用另一个文档或文档上另一个位置，仅在 template 属性设置时使用	×	√
registrationmark	registration mark	为元素设置拍照，可以用于任何 <rule>元素的后代元素，除了 <nest>元素	×	√
style	style_definition	行内的样式定义	√	√
tabindex	number	设置元素的 tab 顺序	√	√
template	url or elementID	引用应该应用到该元素的另一个文档或本文档上的另一个位置	×	√
title	tooltip_text	显示在工具提示中的文本	√	√

14.1.4　使用 HTML 5.0 实现动感页面效果

使用 HTML 5.0 中的新增标签<canvas>与新增时间属性 onresize，同 JavaScript 脚本相结合，可以制作动感十足的页面效果。

首先新建空白的 HTML 页面，插入名称为 screen 的 DIV，并在页面头部添加 CSS 样式代码。

```
<style type="text/css">
html{
    overflow:hidden
}
body,.screen{
    background:#000;
    overflow:hidden;
    width:100%;
    height:100%;
    position:absolute;
```

```
    margin:0;
    padding:0;
}
#screen{
    left:0;
    top:0;
    zoom:1;
}
#screen span{
    position:absolute;
    font-size:0;
    line-height:0;
    overflow:hidden;
}
</style>
```

继续在<head>标签内插入如下代码。

```
<script type="text/javascript">
var BeautifullMath = function () {
var obj = [], xm = 0, ym = 0, axe = 0, aye = 0, parts = 500, scr, txe, tye, nw, nh;
var addEvent = function (o, e, f) {
window.addEventListener ? o.addEventListener(e, f, false) : o.attachEvent('on'+e,
function(){f.call(e)})
}
var resize = function () {
nw = scr.offsetWidth * .5;
nh = scr.offsetHeight * .5;
}
var init = function (n, f) {
if(!!n) parts = n;
scr = document.getElementById('screen');
addEvent(document, 'mousemove', function(e){
e = e || window.event;
xm = e.clientX;
ym = e.clientY;
});
resize();
addEvent(window, 'resize', resize);
__init(f);
setInterval(run, 16);
}
var __init = function (f) {
for (var i=0; i<parts; i++) {
var o = {};
o.p = document.createElement('span');
scr.appendChild(o.p);
var r = i/parts, j, a, b;
j = i % (parts * .5);
a = Math.floor(j)/200+(Math.floor(j/2)%10)/5* Math.PI * 2;
b = Math.acos(-0.9+(j%4)*0.6);
r = !!f?f(r):r-r*r+.5;
var sbr = Math.sin(b) * r;
o.x = Math.sin(a) * sbr;
o.y = Math.cos(a) * sbr;
o.z = Math.cos(b) * r;
obj.push(o);
o.transform = function () {
```

```
var ax = .02 * txe,
ay = .02 * tye,
cx = Math.cos(ax),
sx = Math.sin(ax),
cy = Math.cos(ay),
sy = Math.sin(ay);
//rotation
var z = this.y * sx + this.z * cx;
this.y = this.y * cx + this.z * -sx;
this.z = this.x * -sy + z * cy;
this.x = this.x * cy + z * sy;
//3d
var scale = 1 / (1 + this.z),
x = this.x * scale * nh + nw - scale * 2,
y = this.y * scale * nh + nh - scale * 2;
//set style
var p = this.p.style;
if (x >= 0 && y >=0 && x < nw * 2 && y < nh * 2) {
var c = Math.round(256 + (-this.z * 256));
p.left = Math.round(x) + 'px';
p.top = Math.round(y) + 'px';
p.width = Math.round(scale * 2) + 'px';
p.height = Math.round(scale * 2) + 'px';
p.background = 'rgb('.concat((c),',',(c),',',(1024-c),')');
p.zIndex = 200 + Math.floor(-this.z * 100);
} else p.width = "0px";
}
}
}
var run = function () {
var se = 1 / nh;
txe = (ym - axe) * se;
tye = (xm - aye) * se;
axe += txe;
aye += tye;
for (var i = 0, o; o = obj[i]; i++) o.transform();
}
return {init:init}
}();
onload = function () {
BeautifullMath.init();
}
</script>
```

保存页面，在浏览器中浏览效果，如图 14-1 所示。

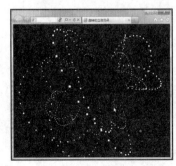 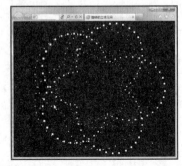

图 14-1　页面浏览效果

14.2　id 与 class

在早期的网站布局中使用表格时，常常会使用类样式表对页面中的一些字体、链接等元素进行控制，在 HTML 中对对象应用样式表的方法都是 class。而使用了 DIV+CCS 制作符合 Web 标准的网站，class 与 id 会频繁地出现在 XHTML 代码及 CSS 样式表中。

14.2.1　id 是什么

id 是 XHTML 元素的一个属性，用于标识元素名称，class 对于网页来说主要功能就是用于对象的样式设置，而 id 除了能够定义样式外，还可以作为服务于网站交互行为的一个特殊标识。无论是 class 还是 id，都是 XHTML 所有对象支持的一种公共属性，也是其核心属性。

id 名称是对网页中某一个对象的唯一标识，这种标识用于用户对这个对象进行交互行为的编写及样式定义。如果在一个页面中出现了两个重复的 id 名称，并且页面中有对此 id 进行操作的 JavaScript 代码的话，JavaScript 将无法正确地判断所要操作的对象位置而导致页面出错。每个定义的 id 名称在使用上要求每个页面中只能出现一次，如果一个 DIV 中使用了 id＝"box" 这样的标识后，在该页面中的其他任何地方，无论是 DIV 还是别的对象，都不能再次使用 id＝"box" 进行定义。

14.2.2　什么情况下使用 id

在不考虑使用 JavaScript 脚本，而使用 XHTML 代码结构及 CSS 样式应用的情况下，应有选择性地使用 id 属性对元素进行标识。使用时应具备如下原则。

1．样式只能使用一次

如果有段样式代码在页面中只能够使用一次，那么可以使用 id 进行标识。例如，在网页中，一般 logo 图像只会在网页顶部显示一次，在这种情况下可以使用 id。

HTML 代码如下：

```
<div id＝"logo"><img src＝"logo.gif"/></div>
CSS 代码如下：
    #logo {
        width:值;
        height:值;
    }
```

2．用于对页面的区域进行标识

对于编写 CSS 来说，很多时候需要考虑页面的视觉结构与代码结构，而在实际的 XHTML 代码中，也需要对每个部分进行有意义的标识，这种时候 id 就派上用场了。使用 id 对页面中的区域进行标识，有助于 CSS 样式的编写，也可以增加 XHTML 结构的可读性。

对于网页的顶部和底部，可以使用 id 进行具有明确意义的标识。

HTML 代码如下：

```
    <div id＝"top">… /</div>
    <div id＝"bottom">…</div>
对于网页的视觉结构框架，也可采用 id 进行标识：
    <div id＝"left_center">…</div>
    <div id＝"main_center">…</div>
    <div id＝"right_center">…</div>
```

id 除了对页面元素进行标识外，也可以对页面中的栏目区块进行标识：

```
    <div id＝"news">…</div>
    <div id＝"login">…</div>
```

对页面中栏目区块进行了明确的标识后，CSS 编码就会容易得多，例如对页面中的导航元素，CSS 可以通过包含结构进行编写：

```
#top ul{…}
#top li{…}
#top a{…}
#top img{…}
```

14.2.3　class 是什么

class 直译为类、种类。class 是相对于 id 的一个属性，如果说 id 是对单独的元素进行标识，那么 class 则是对一类元素进行标识。与 id 是完全相反的，每个 class 名称在页面中可以重复使用。

class 是 CSS 代码重用性最直接的体现，在实际使用中可将大量通用的样式定义为一个 class 名称，在 XHTML 页面中重复使用 class 标识来达到代码重用的目的。

14.2.4　什么情况下使用 class

1．某一种样式在一个页面中需要出现多次

如果网页中经常要出现红色或白色的文本，而又不希望每次都给文本加样式，可使用 class 标识，定义如下类样式：

```
.font_01 { color:#ff0000; }
.font_02 { color:#FFFFFF; }
```

在页面设计中，不管是 span 对象还是 p 对象或 div 对象，只要需要蓝色文本，就可以通过 class 指派样式表名称，使当前对象中的文本应用样式。如：

```
<span class="font_01">内容</span>
<p class="font_01">内容</p>
<div class="font_01">内容</div>
```

类似于这样的设置字体颜色的样式表，只需在样式表文件中定义一次，就可同时使用在页面中的不同元素上。

2．通用和经常能使用的元素

在整个设计中，不同页面中常常能用到一些所谓的页面通用元素，比如页面中多个部分可能都需要一个 768×90 的广告区，而这个区域并不总是存在的，也有可能同时出现两个。对于这种情况，就可以将这个区域定义为一个 class 并编写相应的样式表，例如：

```
.ggq {
width:768px;
height:90px;
}
```

当页面中某处需要出现 768×90 尺寸的广告区域时，就可直接将其 class 设置为定义的类型样式表 ggq。

14.3　DIV 与 span 对象

XHTML 中的 DIV 与 span 对于应用 CSS 布局的设计者来说是两个常用的标签。利用这两个标签，加上 CSS 对其样式进行控制，可以很方便地实现各种效果。

DIV 标签简单而言是一个区块容器标签，即<div>与</div>之间相当于是一个容器，可容纳段落、表格、图片等各种 XHTML 元素。

span 标签与 DIV 标签一样，作为容器标签而被广泛地应用在 XHTML 语言中，在与中间同样可以容纳各种 XHTML 元素，从而形成独立的对象。

在使用上，DIV 与 span 标签的属性几乎相同，但是在实际的页面应用上，DIV 与 span 在使用方式上有很大的差别，如下实例就可以看出 DIV 与 span 的不同。

```
HTML 代码如下：
<div id="box">div 容器 1</div>
    <div id="box">div 容器 2</div>
    <span id="span1">span 容器 1</span>
    <span id="span2">span 容器 2</span>
CSS 代码如下：
#box1,#box2,#span1,#span2 {
    border:1px solid #00f;
    padding:10px;
}
```

预览效果如图 14-2 所示。

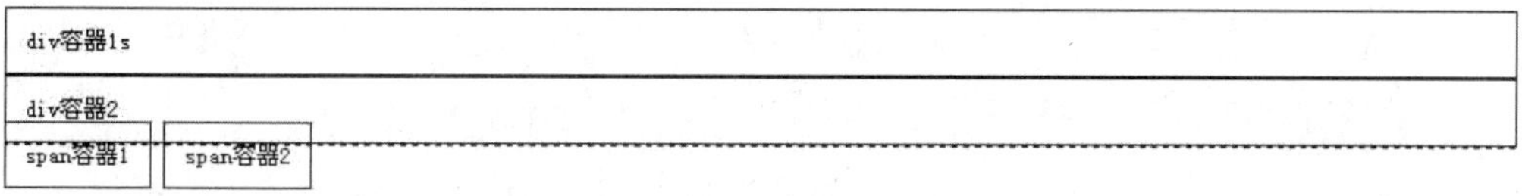

图 14-2　DIV 容器与 span 容器

从预览效果可以看到，在相同的 CSS 样式的情况下，由于 DIV 与 span 元素两者默认的显示模式（display）不同，所以在显示上也不同，所以两个 DIV 对象之间出现了换行关系，而两个 span 对象则是同行左右关系。

对于 XHTML 中的每一个对象而言，它们都拥有自己默认的显示模式，DIV 对象的默认显示模式是 display:inline;，而 span 作为一个行间内联对象，是以行内链接的方式进行显示的。

因为两个对象有不同的显示模式，所以在实际的页面使用中，两个对象有着不同的用途。DIV 对象是呈现一个块状的内容，如导航区域等显示为块状的内容进行结构编码，并进行样式设计，而作为内联对象的 span 标签，则可以对行内元素进行结构编码以方便样式表设计，在 span 默认状态下是不会破坏行中元素的顺序的。例如，在一大段文本中，需要将其中一段或某几个文字改为其他颜色，可以为这一部分内容使用 span 标签，在进行样式设计时并不会改变一整段文本的显示方式。

14.4　CSS 代码的简写

CSS 样式表的缩写是指将多个 CSS 属性集合到一起的编写方式，这种写法能够缩简大量的代码，使其更加方便阅读。本节将向大家分别介绍各种 CSS 样式表的简写方法。

14.4.1　font 样式简写

字体样式的简写包括字体、字号、行高等属性，使用方法如下：

Font:font-style（样式）、font-variant（变体）、font-weight（粗细）、font-size（大小）、font-height（行高）、font-family（字体）

font 字体样式的传统写法如下：

```
.font_01 {
    font-family: "宋体";
    font-size: 12px;
    font-style: italic;
    line-height: 20px;
```

```
        font-weight: bold;
        font-variant: normal;
    }
```

提示

　　使用 CSS 简写时，不需要的参数可以使用 normal 代替，也可以直接去掉整个
参数，因为在 CSS 中，各个属性的值的写法不是都相同，因此直接去掉某个参数不
会影响顺序和值的关系。但是本例中的 font-size（字号）和 line-height（行高）使
用的是同一计量单位，为了保证 CSS 对两个值所对应的属性一致，在缩写时必须使
用反斜线来分割两个数值。

　　对于字体样式的简写来说，只要使用 font 作为属性名称，后接各个属性的值，
各个属性值之间用空格分开。

简写如下：

```
.font_01 {
    font: italic normal bold 12px/20px 宋体;
}
```

字体颜色不可同字体样式一起缩写，如果要加入字体的颜色，颜色样式应为：

```
.font_01 {
    font: italic normal bold 12px/20px 宋体;
    color: 000000;
}
```

14.4.2　color 样式简写

CSS 对于颜色代码也提供了简写模式，主要是针对十六进制颜色代码。十六进制代码的
传统写法一般使用#ABCDEF，ABCDEF 分别代表 6 个十六进制数。CSS 的颜色简写必须符合
一定的要求，当 A 与 B 数字相同，C 与 D 数字相同，E 与 F 数字相同时，可使用颜色简写，
例如：

```
#000000 可以简写为: #000
#2233dd 可以简写为: #23d
```

14.4.3　background 样式简写

背景简写主要用于对背景控制的相关属性进行简写，格式如下：

```
background: background-color         （背景颜色）
background-image                     （背景图像）
background-repeat                    （背景重复）
background-attachment                （背景附件）
background-position                  （背景位置）
```

例如下面一段背景控制 CSS 代码：

```
#box {
    background-color: #FFFFFF;
    background-image: url(images/bg.gif);
    background-repeat: no-repeat;
    background-attachment: fixed;
    background-position: 20% 30px;
}
```

可对背景样式代码进行简写，简写后的代码如下：

```
#box {
    background: #FFF url(images/bg.gif) no-repeat fixed 20% 30px;
}
```

14.4.4 margin 和 padding 样式简写

margin 和 padding 都是盒模型中两个重要的概念，也是制作页面布局时常用到的两个 CSS 属性，它们都有上、下、左、右 4 个边的属性值，通常的写法如下：

```
#top {
    margin-top: 100px;
    margin-left: 20px;
    margin-right:70px;
    margin-bottom:50px;
}
#main{
padding-top: 100px;
padding-left: 20px;
padding-right:70px;
padding-bottom:50px;
}
```

在 CSS 简写中，可用以下的简写格式：

```
margin: margin-top margin-right margin-bottom margin-left
padding: padding-top padding-right padding-bottom padding-left
```

CSS 简写如下：

```
#box {
    margin: 100px 70px 50px 20px;
}
#main{
    padding: 100px 70px 50px 20px;
}
```

 margin 和 padding 的简写在默认状态下都要提供 4 个参数值，按照顺序分别是上、右、下、左。

如果元素上、右、下、左 4 个边的边界或者填充都是相同值，可单独使用一个参数值进行定义，简写为：

```
#box {
    margin: 20px;
}
```

如果元素上、下边界或者填充是相同的值，左、右边界或者填充的值都相同，可以用两个参数值进行定义，分别表示上下和左右，简写为：

```
#box {
    margin: 20px 10px;
}
```

如果元素的左右边界或者填充是相同的值，其他边界或者填充的值不相同，可以用 3 个参数进行定义，分别表示上、左右和下，简写为：

```
#box {
    margin: 20px 10px 50px;
}
```

margin 属性和 padding 属性的完整写法都是 4 个参数，分别表示上、右、下、左 4 边的边距或填充，即以顺时针方向进行设置。

14.4.5 border 样式简写

border 对象本身是一个非常复杂的对象，包含了 4 条边的不同宽度、不同颜色和不同样式，所以 border 对象提供的缩写形式相对来说要复杂很多。不仅仅可对整个对象进行 border 样式简写，也可以单独对某一边进行样式缩写。对于整个对象而言，简写格式如下：

```
border: border-width border-style color
border 对于 4 个边都可单独应用简写样式，格式如下：
border-top: border-width border-style color
border-right: border-width border-style color
border-bottom: border-width border-style color
border-left: border-width border-style color
```

例如，设置 menu 层的 4 个边均为 2px 宽度、实线、红色边框，样式表可简写为：

```
#menu {
    border: 2px solid red;
}
```

如果设置 menu 层的上边框为 2px 宽度、实线、蓝色边框，左边框为 1px 宽度、虚线、红色边框，样式表可简写为：

```
#menu {
    border-top: 2px solid blue;
    border-left: 1px dashed red;
}
```

除了对于边框整体及 4 个边框单独的缩写之外，border 还提供了对于 border-style、border-width 以及 border-color 的单独简写方式，语法格式如下：

```
border-style: top right bottom left;
border-width: top right bottom left;
border-color: top right bottom left;
```

例如，设置 top 层的 4 个边框的宽度分别为上 1 px、右 2 px、下 3 px、左 4 px，而颜色分别为蓝、白、红、绿 4 种颜色，边框的风格上下为单线，左右为虚线。与 margin 属性和 padding 属性的简写一样，所有参数的顺序都是上右下左的顺时针顺序，而且支持 1~4 个参数不同的编写方式，样式表可简写为：

```
#top{
    border-width: 1px 2px 3px 4px;
    border-color: blue white red green;
    border-style: solid dashed;
}
```

14.4.6　list 样式简写

list 样式简写是针对 list-style-type、list-style-position 等用于 ul 的 list 属性，简写格式如下：

```
list-style: list-style-type list-style-position list-style-image
```

例如，设置 li 对象，类型为圆点，出现在对象外，项目符号图像为无，CSS 样式如下：

```
li {
    list-style-position: outside;
    list-style-image: none;
    list-style-type: disc;
}
```

样式表可缩写为：

```
li {
    list-style: disc outside none;
}
```

　　CSS 提供的简写形式相当丰富，灵活运用简写能够消除大量多余的代码，节省大量字节数及开发和维护时间。

14.5 课堂练习——制作教育类网站页面

本章详细介绍了 HTML 5.0 的基本属性与 CSS 一些属性的缩写，使读者对 HTML 5.0 的属性进行全面的了解，将 CSS 一些属性缩写可以减少 CSS 代码的冗余。接下来通过案例的实际操作来对知识点进行巩固。

视频位置：
光盘\视频\第 14 章\14-5-1.swf
源文件位置：
光盘\素材\第 14 章\14-5-1.html

14.5.1 设计分析

本案例通过插入 DIV 并在内部添加<span>标签制作导航菜单与页面底部信息。

14.5.2 制作步骤

（1）新建 HTML 与 CSS 文件，分别保存为"光盘\素材\第 14 章\14-5-1.html"与"光盘\素材\第 14 章\css\14-5-1.css"，如下图所示。

（2）打开"CSS 设计器"面板，在"源"选项下用鼠标单击"添加 CSS 源"按钮，在下拉菜单中选择"附加现有的 CSS 文件"选项，在弹出的对话框中单击"浏览"按钮，然后在弹出的对话框中选择要附加的 CSS 文件，如下图所示。

（3）切换到 CSS 文件，创建如下左图所示的 CSS 样式。返回设计视图，选择"插入→DIV"命令，插入名称为 bg 的 DIV，如下右图所示。

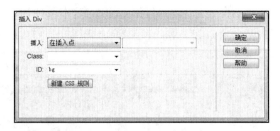

```
4  *{
5      margin:0px;
6      padding:0px;
7      border:0px;
8  }
9  body{
10     font-family:"宋体";
11     font-size:12px;
12     color:#565656;
13     background-image:url(../images/14501.jpg);
14     background-repeat:repeat-x;
15 }
```

（4）在 CSS 文件中创建名称为#bg 的 CSS 样式，如下左图所示。返回设计视图，在名称为 bg 的 DIV 内插入名称为 box 的 DIV，如下右图所示。

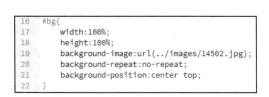
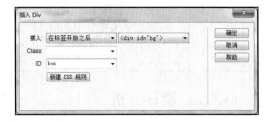

```
16 #bg{
17     width:100%;
18     height:100%;
19     background-image:url(../images/14502.jpg);
20     background-repeat:no-repeat;
21     background-position:center top;
22 }
```

（5）切换到 CSS 文件，创建名称为#box 的 CSS 样式，如下左图所示。继续在名称为 box 的 DIV 内插入名称为 top 的 DIV，如下右图所示。

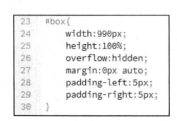

```
23 #box{
24     width:990px;
25     height:100%;
26     overflow:hidden;
27     margin:0px auto;
28     padding-left:5px;
29     padding-right:5px;
30 }
```

（6）在 CSS 文件内创建名称为#top 的 CSS 样式，如下左图所示。返回设计视图，在名称为 top 的 DIV 内插入名称为 language 的 DIV，如下右图所示。

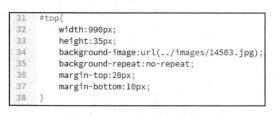
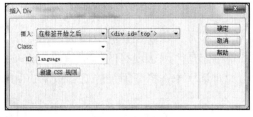

```
31 #top{
32     width:990px;
33     height:35px;
34     background-image:url(../images/14503.jpg);
35     background-repeat:no-repeat;
36     margin-top:20px;
37     margin-bottom:10px;
38 }
```

（7）继续在 CSS 文件中创建名称为#language 的 CSS 样式，如下图所示。在名称为 language 的 DIV 内输入文字。

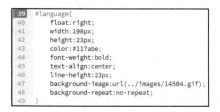

```
39 #language{
40     float:right;
41     width:198px;
42     height:23px;
43     color:#117abe;
44     font-weight:bold;
45     text-align:center;
46     line-height:23px;
47     background-image:url(../images/14504.gif);
48     background-repeat:no-repeat;
49 }
```

```
36 <div id="language">中文|英文|法语|德语</div>
```

（8）切换到代码视图，为字符添加<span>标签。继续切换到 CSS 文件，创建名称为.a 的类样式，如下左图所示。选中字符，在属性面板选择名称为 a 的类，如下右图所示。

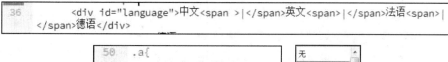

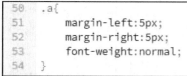

（9）在名称为 top 的 DIV 后插入名称为 menu 的 DIV，如下左图所示。鼠标在 DIV 内单击，选择"插入→图像→鼠标经过图像"命令，如下中图所示，插入鼠标经过时变换的图像，如下右图所示。

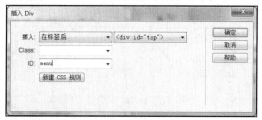

（10）在名称为 menu 的 DIV 后插入名称为 main 的 DIV，如下左图所示。切换到 CSS 文件，创建名称为#main 的 CSS 样式，如下右图所示。

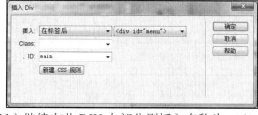

```
62    #main{
63        width:990px;
64        height:211px;
65    }
```

（11）继续在此 DIV 内部分别插入名称为 main_top、main_left 和 main_right 的 DIV，并切换到 CSS 文件，创建名称为#main_top、#main_left 和#main_right 的 CSS 样式，如下图所示。

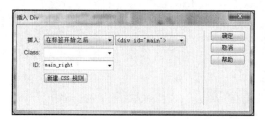
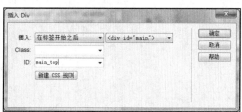

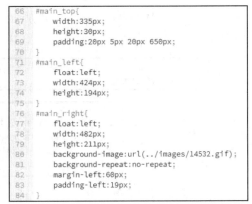

（12）在名称为 main 的 DIV 后插入名称为 flash 的 DIV，切换到 CSS 文件，创建名称为 #flash 的 CSS 样式，如下图所示。

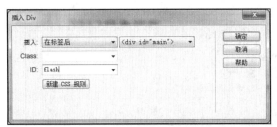

（13）在 DIV 内单击鼠标，选择"插入→媒体→Flash SWF"命令，在弹出的"选择 SWF"对话框中选择需要的文件，如下图所示。

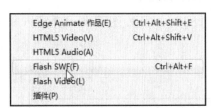

（14）使用相同的方法制作出网页底部的部分，如下图所示。

（15）保存文件，按快捷键 F12 浏览页面，效果如下图所示。

14.5.3 案例总结

通过本案例的学习，读者已经详细掌握了 HTML 5.0 与 CSS 的高级运用，望在今后的学习与实践中得到广泛的应用。

14.6 课堂讨论

对 HTML 5.0 和 CSS 的掌握将很有利于网页设计和制作，它们的高级运用向读者讲述了其属性更深层的内容。下面来回答两个问题。

14.6.1 问题 1——CSS 1、CSS 2 和 CSS 3 分别有哪些特点

CSS 1 主要定义了网页的基本属性，如字体、颜色和空白边等。CSS 2 在此基础上添加了一些高级功能，如浮动和定位，以及一些高级选择器，如子选择器和相邻选择器等。CSS 3 开始遵循模块化开发，这将有助于理清模块化规范之间的不同关系，减少完整文件的大小。以前的规范是一个完整的模块，太过于庞大，而且比较复杂，所以新的 CSS 3 规范将其分成了多个模块。

14.6.2 问题 2——什么是 CSS 选择符

选择符也称为选择器，HTML 中的所有标签都是通过不同的 CSS 选择符进行控制的。选择符不只是 HTML 文档中的元素标签，它还可以是类（class）、id（元素的唯一标记名称）或是元素的某种状态（如 a:hover）。根据 CSS 选择符用途，可以把选择符分为标签选择器、类选择器、全局选择器、id 选择器和伪类选择器。

14.7 课堂练习——制作电子产品购物网站

利用本章与前面学到的知识完成本节课后练习的网页制作。

源文件地址：光盘\素材\第 14 章\14-7-1.html
视频地址：光盘\视频\第 14 章\14-7-1.swf

（1）新建文件，插入 Flash，制作出图所示的效果。

（2）在 Flash 下制作出导航菜单。

（3）制作商品介绍页面以及最新动态页面。

（4）使用相同的方法完成底部部分，保存并浏览页面。

PART 15

第 15 章
制作野生动物园网站页面

本章简介：

　　本章以案例制作来向读者详细讲解网页的设计与制作。本章制作了一个野生动物网站页面，页面中应用了读者前面学习的相关知识。通过本网站页面的制作，可以加深读者对所学知识点的巩固。

学习重点：

- 设计分析
- 布局分析
- 制作流程
- 制作步骤

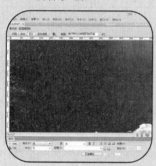

视频位置：
光盘\视频\第 15 章\15-1.swf
素材位置：
光盘\素材\第 15 章\15-1.html

15.1　设计分析

　　本案例设计并制作一个野生动物园网站页面，以简单的 DIV+CSS 实现网页的布局，同时插入了很多的图片，使页面变得不再单一。虽然网站页面有很多板块，但是每一个板块的排版都很清晰整齐，同时应用了大量的 CSS 样式规则，使得板块与板块之间都有所差别。

15.2　布局分析

　　本案例大体分为上中下的布局格式，top 就是导航条；中间又分为若干个小板块，其中有 pic、main、link、content，main 被分为 member 和 news，而 content 继续被分为 3 部分，分别为 left、center、right。接下来是下部分，此部分内容将会使用<p>和<span>标签将文字分割，同时应用定义好的类样式实现最终效果。

top		
pic		
member	news	
link		
left	center	right
bottom		

15.3 制作流程

在本案例的制作过程中，根据页面的特点，首先使用 DIV 搭建出页面的整体布局，再分别完成各部分 DIV 中的具体内容，最后保存文件并浏览页面效果。

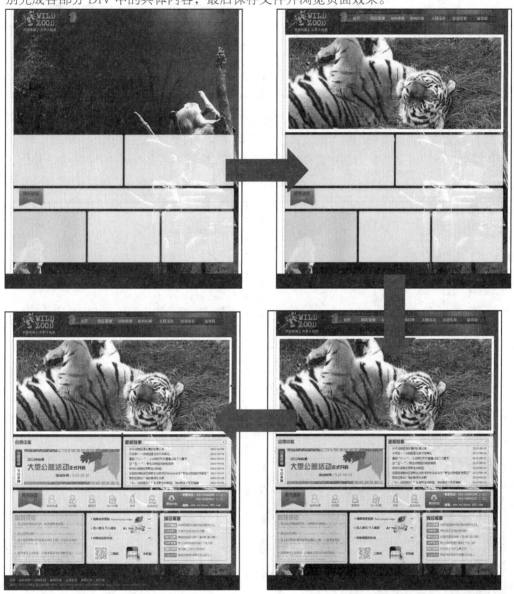

15.4 制作步骤

（1）选择"文件→新建"命令，弹出"新建文档"对话框，设置如下左图所示。单击"创建"按钮，新建一个空白文档，将该页面保存为"光盘\素材\第 15 章\15-1.html"。用相同的方法新建一个 CSS 样式表文件，将其保存为"光盘\素材\第 15 章\css\15-1.css"，如下右图所示。

（2）单击"CSS 设计器"面板的"源"选项上的"添加 CSS 源"按钮，选择"附加现有的 CSS 文件"选项，弹出"使用现有的 CSS 文件"对话框，设置如下左图所示。单击"确定"按钮，切换到 15-1.css 文件中，创建名为*的通配符 CSS 规则和名为 body 的标签 CSS 规则，如下右图所示。

（3）返回到设计视图，页面效果如下左图所示。将光标放置在页面中，插入名为 box 的 DIV，切换到 15-1.css 文件中，创建名为#box 的 CSS 规则，如下右图所示。

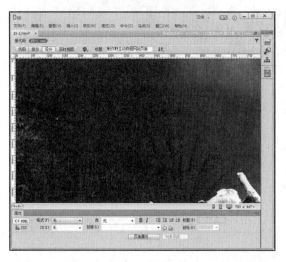

（4）返回到设计视图，页面效果如下左图所示。将光标移至名为 box 的 DIV 中，将多余文字删除，插入名为 top 的 DIV。切换到 15-1.css 文件中，创建名为#top 的 CSS 规则，如下右图所示。

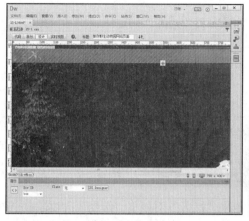

```
26   #top{
27        width:743px;
28        height:99px;
29        background-image:url(../images/1502.png);
30        background-repeat:no-repeat;
31        background-position:40px center;
32        padding-left:240px;
33   }
```

（5）返回到设计视图，页面效果如下左图所示。将光标移至名为 top 的 DIV 中，将多余文字删除，插入名为 menu 的 DIV。切换到 15-1.css 文件中，创建名为#menu 的 CSS 规则，如下右图所示。

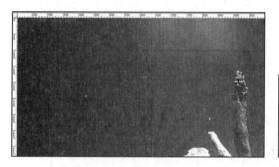

```
34   #menu{
35        width:685px;
36        height:56px;
37        background-image:url(../images/1503.png);
38        background-repeat:no-repeat;
39        padding-left:18px;
40   }
```

（6）返回到设计视图，页面效果如下左图所示。将光标移至名为 menu 的 DIV 中，将多余文字删除，插入名为 language 的 DIV。切换到 15-1.css 文件中，创建名为#language 的 CSS 规则，如下右图所示。

```
#language{
     width:225px;
     height:22px;
     color:#695a58;
     font-weight:bold;
     margin-left:25px;
     line-height:22px;
}
```

（7）返回到设计视图，页面效果如下左图所示。将光标移至名为 language 的 DIV 中，将多余文字删除，输入相应的文字，如下右图所示。

（8）切换到 15-1.css 文件中，创建名为.span 和.font 的类 CSS 样式，如下左图所示。返回到设计视图，为相应文字应用该样式，如下右图所示。

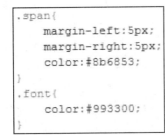

（9）将光标移至名为 language 的 DIV 后，单击"插入"面板上"常用"选项卡中"图像"按钮旁的倒三角按钮，在弹出的菜单中选择"鼠标经过图像"选项，如下左图所示。在弹出的"插入鼠标经过图像"对话框中，设置参数如下右图所示。

（10）设置完成后，单击"确定"按钮，即可在光标所在位置插入鼠标经过图像，如下左图所示。将光标移至该图像后，用相同的方法完成其他鼠标经过图像的制作，页面效果如下右图所示。

（11）在名为 top 的 DIV 后插入名为 pic 的 DIV，切换到 15-1.css 文件中，创建名为#pic 的 CSS 规则，如下左图所示。返回到设计视图，页面效果如下右图所示。

```
#pic{
    width:979px;
    height:422px;
    margin:10px auto;
}
```

（12）将光标移至名为 pic 的 DIV 中，将多余文字删除，插入图像"光盘\素材\第 15 章\images\1518.png"，如下左图所示。在名为 pic 的 DIV 后插入名为 main 的 DIV，切换到 15-1.css 文件中，创建名为#main 的 CSS 规则，如下右图所示。

```
#main{
    width;979px;
    height:220px;
}
```

（13）返回到设计视图，页面效果如下左图所示。将光标移至名为 main 的 DIV 中，将多余文字删除，插入名为 member 的 DIV。切换到 15-1.css 文件中，创建名为#member 的 CSS规则，如下右图所示。

```
66    #member{
67        float:left;
68        width:475px;
69        height:205px;
70        background-image:url(../images/1519.png);
71        background-repeat:no-repeat;
72        margin-right:4px;
73        padding-left:10px;
74        padding-top:15px;
75    }
```

（14）返回到设计视图，页面效果如下左图所示。将光标移至名为 member 的 DIV 中，将多余文字删除，插入图像"光盘\素材\第 15 章\images\1520.png"，如下右图所示。

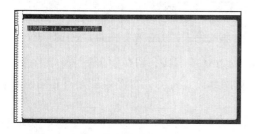

（15）将光标移至图像后，插入名为 member_pic 的 DIV，切换到 15-1.css 文件中，创建名为#member_pic 的 CSS 规则，如下左图所示。返回到设计视图，页面效果如下右图所示。

```
#member_pic{
    width:47px;
    height:152px;
    background-image:url(../images/1521.jpg);
    background-repeat:no-repeat;
    background-position:40px center;
    margin-top:20px;
    padding-right:428px;
}
```

（16）将光标移至名为 member_pic 的 DIV 中，将多余文字删除，依次插入相应的图像，如下左图所示。在名为 member 的 DIV 后插入名为 news 的 DIV，切换到 15-1.css 文件中，创建名为#news 的 CSS 规则，如下右图所示。

```
85  #news{
86      float:left;
87      width:475px;
88      height:205px;
89      color:#3f2314;
90      background-image:url(../images/1519.png);
91      background-repeat:no-repeat;
92      margin-left:4px;
93      padding-left:10px;
94      padding-top:15px;
95  }
```

（17）返回到设计视图，页面效果如下左图所示。将光标移至名为 news 的 DIV 中，将多余文字删除，插入名为 news_title 的 DIV。切换到 15-1.css 文件中，创建名为#news_title 的 CSS 规则，如下右图所示。

```
96   #news_title{
97       width:450px;
98       height:17px;
99       background-image:url(../images/1524.png);
100      background-repeat:no-repeat;
101      background-position:right center;
102  }
```

（18）返回到设计视图，页面效果如下左图所示。将光标移至名为 news_title 的 DIV 中，将多余文字删除，并插入相应的图像，如下右图所示。

（19）在名为 news_title 的 DIV 后插入名为 news_text 的 DIV，切换到 15-1.css 文件中，创建名为#news_text 的 CSS 规则，如下左图所示。返回到设计视图，页面效果如下右图所示。

```
#news_text{
    width:450px;
    height:170px;
    line-height:21px;
    margin-top:10px;
}
```

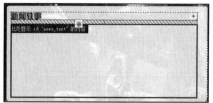

（20）将光标移至名为 news_text 的 DIV 中，将多余文字删除，输入相应的文字，如下上图所示。切换到代码视图，为文字添加相应的标签代码，如下下图所示。

新闻轶事	+
关于动物园停车费的收费公告	2012-09-05
开学季——动物园里也有开学典礼	2012-08-29
喜迎"六·一"，小动物们欢欢喜喜过起了儿童节	2012-06-01
迎"五·一"，野生动物园旧貌换新颜	2012-05-01
稀有白袋鼠安家野生动物园	2012-04-23
我园熊虎散放区被野生动物保护协会命名为"野生动物园优秀展区"	2012-04-14
散放区乘车广场的新候车长廊	2012-03-20
"Hi，动物朋友！"走进野生动物园，和动物来个亲密接触	2012-03-03

```
<div id="news_text">
  <dl>
    <dt>关于动物园停车费的收费公告</dt><dd>2012-09-05</dd>
    <dt>开学季——动物园里也有开学典礼</dt><dd>2012-08-29</dd>
    <dt>喜迎"六·一"，小动物们欢欢喜喜过起了儿童节</dt><dd>2012-06-01</dd>
    <dt>迎"五·一"，野生动物园旧貌换新颜</dt><dd>2012-05-01</dd>
    <dt>稀有白袋鼠安家野生动物园</dt><dd>2012-04-23</dd>
    <dt>我园熊虎散放区被野生动物保护协会命名为"野生动物园优秀展区"</dt><dd>2012-04-14</dd>
    <dt>散放区乘车广场的新候车长廊</dt><dd>2012-03-20</dd>
    <dt>"Hi，动物朋友！"走进野生动物园，和动物来个亲密接触</dt><dd>2012-03-03</dd>
  </dl>
</div>
```

（21）切换到 15-1.css 文件中，创建名为#news_text dt 和#news_text dd 的 CSS 规则，如下左图所示。返回到设计视图，页面效果如下右图所示。

```
#news_text dt{
    float:left;
    width:365px;
    height:21px;
    background-image:url(../images/1526.gif);
    background-repeat:no-repeat;
    background-position:4px center;
    padding-left:18px;
}
#news_text dd{
    float:left;
    width:60px;
    height:21px;
}
```

新闻轶事	+
关于动物园停车费的收费公告	2012-09-05
开学季——动物园里也有开学典礼	2012-08-29
喜迎"六·一"，小动物们欢欢喜喜过起了儿童节	2012-06-01
迎"五·一"，野生动物园旧貌换新颜	2012-05-01
稀有白袋鼠安家野生动物园	2012-04-23
我园熊虎散放区被野生动物保护协会命名为"野生动物园优秀展区"	2012-04-14
散放区乘车广场的新候车长廊	2012-03-20
"Hi，动物朋友！"走进野生动物园，和动物来个亲密接触	2012-03-03

（22）用相同的方法完成其他相似内容的制作，页面效果如下左图所示。在名为 center 的 DIV 后插入名为 right 的 DIV，切换到 15-1.css 文件中，创建名为#right 的 CSS 规则，如下右图所示。

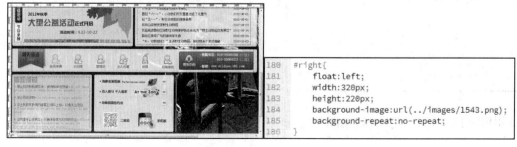

```
180  #right{
181      float:left;
182      width:320px;
183      height:220px;
184      background-image:url(../images/1543.png);
185      background-repeat:no-repeat;
186  }
```

（23）返回到设计视图，页面效果如下左图所示。将光标移至名为 right 的 DIV 中，将多余文字删除，插入名为 right_text 的 DIV。切换到 15-1.css 文件中，创建名为#right_text 的 CSS 规则，如下右图所示。

```
187  #right_text{
188      width:280px;
189      height:170px;
190      background-image:url(../images/1545.png);
191      background-repeat:no-repeat;
192      padding-top:20px;
193      margin:15px 20px;
194      line-height:19px;
195  }
```

（24）返回到设计视图，页面效果如下左图所示。将光标移至名为 right_text 的 DIV 中，将多余文字删除，并输入相应的文字，如下右图所示。

（25）切换到 15-1.css 文件中，创建名为.b、.c、.d、.e、.f 和.g 的类 CSS 样式，返回到设计视图，依次为每行文字应用该样式，如下图所示。

```
196  .b{
197      background-image:url(../images/1546.png);
198      background-repeat:no-repeat;
199      padding-left:62px;
200      margin-top:8px;
201      margin-bottom:8px;
202  }
203  .c{
204      background-image:url(../images/1547.png);
205      background-repeat:no-repeat;
206      padding-left:62px;
207      margin-top:8px;
208      margin-bottom:8px;
209  }
```

```
224  .f{
225      background-image:url(../images/1550.png);
226      background-repeat:no-repeat;
227      padding-left:62px;
228      margin-top:8px;
229      margin-bottom:8px;
230  }
231  .g{
232      background-image:url(../images/1551.png);
233      background-repeat:no-repeat;
234      padding-left:62px;
235      margin-top:8px;
236      margin-bottom:8px;
237  }
```

```
210  .d{
211      background-image:url(../images/1548.png);
212      background-repeat:no-repeat;
213      padding-left:62px;
214      margin-top:8px;
215      margin-bottom:8px;
216  }
217  .e{
218      background-image:url(../images/1549.png);
219      background-repeat:no-repeat;
220      padding-left:62px;
221      margin-top:8px;
222      margin-bottom:8px;
223  }
```

（26）用相同的制作方法完成其他部分内容的制作，页面效果如下图所示。选择"文件→保存"

命令，保存该页面，按 F12 键即可在浏览器中预览该页面，效果如下下图所示。

15.5　案例小结

本案例制作的是一个野生动物园网站页面，该页面中的图片以及整体的背景都是以绿色为主色调进行展示的，这样不仅体现出了网站的主体内容，并且在视觉上给人一种自然、清爽的感觉。该页面两处运用了鼠标经过图像的方式进行展示。需要注意的是，在页面中插入鼠标经过图像之前，应保证用来制作鼠标经过图像的两张图像的宽度和高度一致，否则便无法实现鼠标经过图像的效果。

15.6　课堂讨论

通过前面的学习和本章节以案例的形式向大家讲解制作网页的全部过程，想必读者已经掌握了一些网页制作的要素和方法。下面一起来回答两个问题。

15.6.1　问题 1——CSS 样式的主旨是什么

在 Dreamweaver 中，CSS 样式的主旨就是将格式和结构分离。因此，使用 CSS 样式可以将站点上所有的网页都指向单一的一个外部 CSS 样式文件。当修改 CSS 样式文件中的某一个属性设置时，整个站点的网页便会随之修改。

15.6.2　问题 2——类 CSS 样式的名称前为什么要加"."符号

在新建的类 CSS 样式中，默认的类 CSS 样式名称前有一个"."。这个"."说明了此 CSS 样式是一个类 CSS 样式（class）。根据 CSS 规则，类 CSS 样式（class）可以在一个 HTML 元素中被多次调用。

15.7 课后练习——制作滑动图像页面

通过本章案例练习的操作和前面知识的学习，相信读者已经掌握了如何制作一个完美的网站页面，那接下来就独自完成这节的练习操作吧。

源文件地址：光盘\素材\第 15 章\15-7.html
视频地址：光盘\视频\第 15 章\15-7.swf

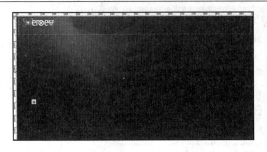

（1）新建并保存文件，制作出图所示的页面效果。

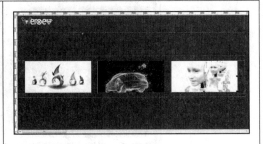

（2）插入图片，完成主体内容。

```javascript
30  <script type="text/javascript">
31  (function(){
32      var vari={
33          width:960,
34          pics:document.getElementById("pics"),
35          prev:document.getElementById("prev"),
36          next:document.getElementById("next"),
37          len:document.getElementById("pics").getElem
38          intro:document.getElementById("pics").getElem
39          now:1,
40          step:5,
41          dir:null,
42          span:null,
43          span2:null,
44          begin:null,
45          begin2:null,
46          end2:null,
47          move:function(){
48              if(parseInt(vari.pics.style.left,10)>vari
49                  vari.step=(vari.step<2)?1:(parseInt(va
50                  vari.pics.style.left=parseInt(vari.pi
51              }
52              else if(parseInt(vari.pics.style.left,10)
53                  vari.step=(vari.step<2)?1:(-vari.dir*
54                  vari.pics.style.left=parseInt(vari.pi
55              }
56              else{
57                  vari.now=vari.now-vari.dir;
58                  clearInterval(vari.begin);
59                  vari.begin=null;
60                  vari.step=5;
61                  vari.width=960;
62              }
63          },
64          scr:function(){
65              if(parseInt(vari.span.style.top,10)>-31){
66                  vari.span.style.top=parseInt(vari.span
67              }
68              else{
69                  clearInterval(vari.begin2);
70                  vari.begin2=null;
71              }
72          },
73          stp:function(){
74              if(parseInt(vari.span2.style.top,10)<0){
75                  vari.span2.style.top=parseInt(vari.sp
76              }
77              else{
78                  clearInterval(vari.end2);
79                  vari.end2=null;
80              }
81          }
82      };
83      vari.prev.onclick=function(){
84          if(!vari.begin&&vari.now!=1){
85              vari.dir=1;
86              vari.begin=setInterval(vari.move,20);
87          }
88          else if(!vari.begin&&vari.now==1){
89              vari.dir=-1;
90              vari.width*=vari.len-1;
91              vari.begin=setInterval(vari.move,20);
92          };
93      };
94      vari.next.onclick=function(){
95          if(!vari.begin&&vari.now!=vari.len){
96              vari.dir=-1;
97              vari.begin=setInterval(vari.move,20);
98          }
99          else if(!vari.begin&&vari.now==vari.len){
100             vari.dir=1;
101             vari.width*=vari.len-1;
102             vari.begin=setInterval(vari.move,20);
103         };
104     };
105     for(var i=0;i<vari.intro.length;i++){
106         vari.intro[i].onmouseover=function(){
107             vari.span=this.getElementsByTagName("span")[0];
108             vari.span.style.top=0+"px";
109             if(vari.begin2){clearInterval(vari.begin2);}
110             vari.begin2=setInterval(vari.scr,20);
111         };
112         vari.intro[i].onmouseout=function(){
113             vari.span2=this.getElementsByTagName("span")[0];
114             if(vari.begin2){clearInterval(vari.begin2);}
115             if(vari.end2){clearInterval(vari.end2);}
116             vari.end2=setInterval(vari.stp,5);
117         };
118     }
119 })();
120 </script>
```

（3）添加图所示的代码。

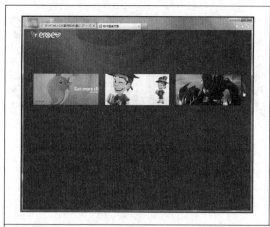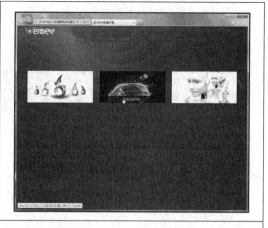

（4）保存文件并浏览页面。

PART 16

第 16 章
制作餐饮类网站页面

本章简介：

　　餐饮类网站一般采用清新自然的色彩，营造出一幅美好、清新的画面。该网站页面在布局结构上以公司食品展示为主，充分吸引浏览者的目光，勾起浏览者极大的食欲，达到很好的宣传效果。

学习重点：

- 设计分析
- 布局分析
- 制作流程
- 制作步骤

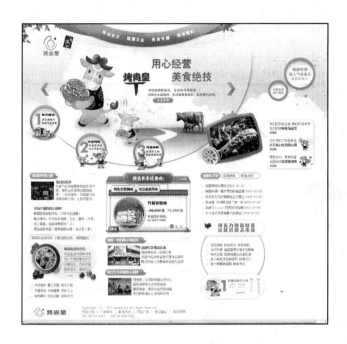

视频位置：
光盘\视频\第 15 章\15-1.swf
素材位置：
光盘\素材\第 15 章\15-1.html

16.1　设计分析

本案例制作的是餐饮类的网站页面，开头以一个卡通插画展示，让浏览者感到休闲自在，不会带来浏览负担。该网页整体色调运用清新的淡绿色，充分体现了该产品无污染、环保自然的特色，并使用两个 Flash 动画来丰富和活跃画面氛围，使得页面更加富有生机。

16.2　布局分析

本网站页面利用 DIV+CSS 的布局方式制作，分为上、中、下 3 个部分，中间的部分又划分为多个小部分，整个页面看起来内容丰富而不杂乱，浏览者可以清晰地浏览到想要浏览的内容。

top:flash01		top:top_right	
center:left	center:middle		center:right
bottom			

16.3　制作流程

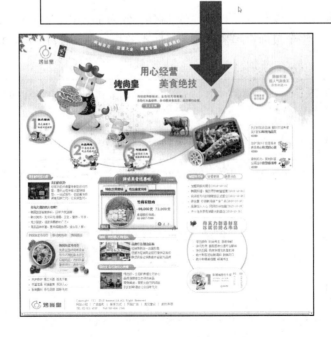

16.4 制作步骤

（1）选择"文件→新建"命令，弹出"新建文档"对话框，设置如下左图所示。单击"创建"按钮，新建一个空白文档，将该页面保存为"光盘\素材\第16章\16-1.html"。用相同的方法新建一个CSS样式表文件，并将其保存为"光盘\素材\第16章\css\16-1.css"，如下右图所示。

（2）单击"CSS设计器"面板上的"源"选项上的"添加CSS源"按钮，选择"附加现有的CSS文件"选项，弹出"使用现有的CSS文件"对话框，设置如下左图所示。单击"确定"按钮，切换到16-1.css文件中，创建名为*的通配符CSS规则和名为body的标签CSS规则，如下右图所示。

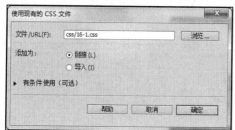

（3）返回到设计视图中，可以看到页面效果，如下左图所示。将光标移至页面中，插入名为box的DIV，切换到16-1.css文件中，创建名为#box的CSS规则，如下右图所示。

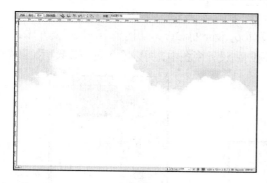

（4）返回到设计视图中，页面效果如下左图所示。将光标移至名为box的DIV中，删除多余文字，插入名为top的DIV，切换到16-1.css文件中，创建名为#top的CSS规则，如下右图所示。

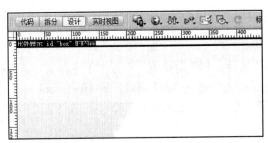

（5）返回到设计视图中，页面效果如下左图所示。将光标移至名为 top 的 DIV 中，删除多余文字，插入名为 flash01 的 DIV，切换到 16-1.css 文件中，创建名为#flash01 的 CSS 规则，如下右图所示。

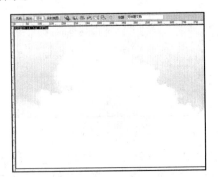

（6）返回到设计视图中，可以看到页面效果，如下左图所示。将光标移至名为 flash01 的 DIV 中，将多余文字删除，插入 Flash 动画"光盘\素材\第 16 章\images\main.swf"，页面效果如下右图所示。

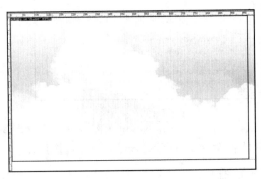
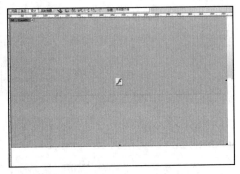

（7）在名为 flash01 的 DIV 后插入名为 top_right 的 DIV，切换到 16-1.css 文件中，创建名为#top_right 的 CSS 规则，如下左图所示。返回到设计视图中，可以看到页面效果，如下右图所示。

（8）将光标移至名为 top_right 的 DIV 中，将多余文字删除，插入图像"光盘\素材\第 16
章\images\9901.png"，如下左图所示。将光标移至图像后，插入名为 list 的 DIV，切换到 16-1.css
文件中，创建名为#list 的 CSS 规则，如下右图所示。

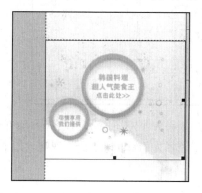

```
#list {
    width: 189px;
    height: 192px;
    background-image: url(../images/bg9902.png);
    background-repeat: no-repeat;
    margin-top: 35px;
    margin-left: 5px;
}
```

（9）返回到设计视图中，可以看到页面效果，如下左图所示。将光标移至名为 list 的 DIV
中，将多余文字删除，插入名为 list01 的 DIV，切换到 16-1.css 文件中，创建名为#list01 的
CSS 规则，如下右图所示。

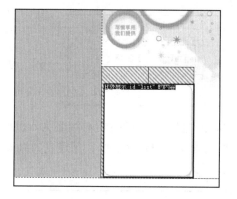

```
#list01 {
    width: 181px;
    height: 55px;
    padding-top: 8px;
    padding-left: 9px;
    border-bottom: solid 1px #ebf0d2;
    color: #717171;
    line-height: 17px;
}
```

（10）返回到设计视图中，可以看到页面效果，如下左图所示。将光标移至名为 list01 的
DIV 中，将多余文字删除，输入段落文字并插入相应的图像，如下右图所示。

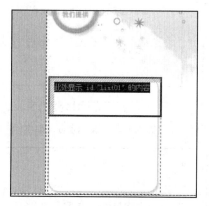

（11）切换到 16-1.css 文件中，分别创建名为#list01 img 的 CSS 规则和.font 的 CSS 样式，
如下左图所示。返回到设计视图中，为相应的文字应用样式，页面效果如下右图所示。

```
#list01 img {
    margin-top: 3px;
}
.font {
    color: #53741d;
    font-weight: bold;
}
```

（12）用相同的方法可以完成相同部分的制作，页面效果如下左图所示。在名为 top 的 DIV 后插入名为 center 的 DIV，切换到 16-1.css 文件中，创建名为#center 的 CSS 规则，如下右图所示。

```
#center {
    width: 970px;
    height: 100%;
    overflow: hidden;
}
```

（13）返回到设计视图中，可以看到页面效果，如下左图所示。将光标移至名为 center 的 DIV 中，将多余文字删除，插入名为 left 的 DIV，切换到 16-1.css 文件中，创建名为#left 的 CSS 规则，如下右图所示。

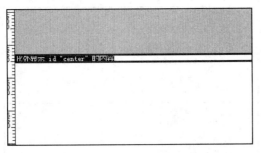

```
#left {
    width: 270px;
    height: 100%;
    overflow: hidden;
    float: left;
    margin-top: 10px;
    margin-left: 30px;
}
```

（14）返回到设计视图中，可以看到页面效果，如下左图所示。将光标移至名为 left 的 DIV 中，插入名为 title 的 DIV，切换到 16-1.css 文件中，创建名为#title 的 CSS 规则，如下右图所示。

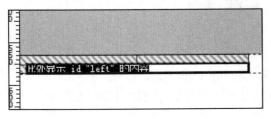

```
#title {
    width: 261px;
    height: 24px;
    color: #FFF;
    background-image: url(../images/bg9903.jpg);
    background-repeat: no-repeat;
    line-height: 24px;
    font-weight: bold;
    padding-left: 9px;
}
```

（15）返回到设计视图中，将光标移至名为 title 的 DIV 中，将多余文字删除，输入相应的文字，页面效果如下左图所示。在名为 title 的 DIV 后插入名为 news 的 DIV，切换到 16-1.css 文件中，创建名为#news 的 CSS 规则，如下右图所示。

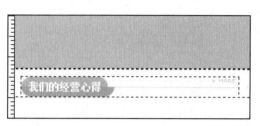

```
#news {
    width: 265px;
    height: 80px;
    color: #696969;
    line-height: 16px;
    padding-left: 5px;
    padding-top: 5px;
    padding-bottom: 10px;
    border-bottom: dashed 1px #add152;
}
```

（16）返回到设计视图中，可以看到页面效果，如下左图所示。将光标移至名为 news 的 DIV 中，将多余文字删除，插入图像"光盘\素材\第 16 章\images\9905.jpg"并输入文字，页面效果如下右图所示。

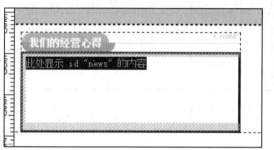

（17）切换到 16-1.css 文件中，创建名为#news img 的 CSS 规则，如下左图所示。返回到设计视图中，为文字应用相应的样式，页面效果如下右图所示。

```
#news img {
    margin-right: 8px;
    margin-top: 5px;
    float: left;
}
```

（18）在名为 news 的 DIV 后插入名为 news01 的 DIV，切换到 16-1.css 文件中，创建名为 #news01 的 CSS 规则，如下左图所示。返回到设计视图中，可以看到页面效果，如下右图所示。

```
#news01 {
    width: 265px;
    height: 99px;
    margin-top: 8px;
    color: #696969;
    line-height: 20px;
    padding-left: 5px;
}
```

（19）将光标移至名为 news01 的 DIV 中，删除多余文字，插入图像并输入文字，然后为

相应的文字应用相应的样式,页面效果如下左图所示。在名为 news01 的 DIV 后插入名为 title01 的 DIV,切换到 16-1.css 文件中,创建名为#title01 的 CSS 规则和.font01 的类 CSS 样式,如下右图所示。

后顾之忧,让投资盈利。
市场火爆的四大保障!
· 韩国宫廷秘制拌料,口味为我独尊。
· 韩式烤肉,无污染无油烟,卫生、营养、环保。
· 老少皆宜,适宜消费群体广泛。
· 菜品种丰富,营养搭配合理,适合各人群。

```
#title01 {
    width: 262px;
    height: 17px;
    background-image: url(../images/bg9904.jpg);
    background-repeat: no-repeat;
    margin-top: 10px;
    color: #ef9453;
    font-weight: bold;
    padding-left: 8px;
    padding-top: 8px;
}
.font01 {
    color: #a29988;
}
```

（20）返回到设计视图中,将光标移至名为 title01 的 DIV 中,将多余文字删除,输入相应的文字,并为相应的文字应用该类样式,页面效果如下左图所示。在名为 title01 的 DIV 后插入名为 news02 的 DIV,切换到 16-1.css 文件中,创建名为#news02 的 CSS 规则,如下右图所示。

· 老少皆宜,适宜消费群体广泛。
· 菜品种丰富,营养搭配合理,适合各人群。
韩国泡菜寿司卷 韩式烤肉串 韩国甜点

```
#news02 {
    width: 270px;
    height: 157px;
    border-bottom: solid 1px #f3dfcc;
}
```

（21）返回到设计视图中,可以看到页面效果,如下左图所示。将光标移至名为 news02 的 DIV 中,将多余文字删除,插入名为 pic 的 DIV,切换到 16-1.css 文件中,创建名为#pic 的 CSS 规则,如下右图所示。

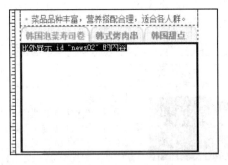

```
#pic {
    width: 140px;
    height: 157px;
    float: left;
}
```

（22）返回到设计视图中,可以看到页面效果,如下左图所示。将光标移至名为 pic 的 DIV 中,将多余文字删除,插入图像“光盘\素材\第 16 章\images\9906.jpg”,页面效果如下右图所示。

（23）在名为 pic 的 DIV 后插入名为 text 的 DIV，切换到 16-1.css 文件中，创建名为#text 的 CSS 规则，如下左图所示。返回到设计视图中，可以看到页面效果，如下右图所示。

```
#text {
    width: 130px;
    height: 135px;
    float: left;
    background-image: url(../images/bg9905.jpg);
    background-repeat: no-repeat;
    padding-top: 22px;
    line-height: 19px;
    color: #9e7232;
}
```

（24）将光标移至名为 text 的 DIV 中，将多余文字删除，输入文字并插入相应的图像"光盘\素材\第 16 章\images\bg9904.png"，如下左图所示。切换到 16-1.css 文件中，分别创建名为#text img 的 CSS 规则和名为.a 和名为.font02 的类 CSS 样式，如下右图所示。

```
#text img {
    margin-top: 10px;
    margin-left: 5px;
}
.a {
    width: 110px;
    border-bottom: solid 1px #9e7232;
}
.font02 {
    font-weight: bold;
}
```

（25）返回到设计视图中，为相应的文字应用该类 CSS 样式，页面效果如下左图所示。在名为 news02 的 DIV 后插入名为 news03 的 DIV，切换到 16-1.css 文件中，创建名为#news03 的 CSS 规则，如下右图所示。

```
#news03 {
    width: 270px;
    height: 60px;
    margin-top: 3px;
    color: #696969;
    line-height: 20px;
}
```

（26）返回到设计视图中，可以看到页面效果，如下左图所示。将光标移至名为 news03 的 DIV 中，将多余文字删除，输入段落文字并为文字创建项目列表，切换到代码视图中，可以看到代码效果，如下右图所示。

```
<div id="news03">
    <ul>
        <li>木炭烤炉  精工利器  战无不胜</li>
        <li>丰富菜品  长袖善舞  俘获人心</li>
        <li>秘制蘸料  华龙点睛  回味无穷</li>
    </ul>
</div>
```

（27）切换到 16-1.css 文件中，创建名为#lnews03 li 的 CSS 规则，如下左图所示。返回到设计视图中，可以看到页面效果，如下右图所示。

```
#news03 li{
    list-style:none;
    background-image:url(../images/bg9905.png);
    background-repeat:no-repeat;
    background-position:5px center;
    padding-left:20px;
    border-bottom:#f3dfcc 1px solid;
}
```

（28）在名为 left 的 DIV 后插入名为 middle 的 DIV，切换到 16-1.css 文件中，创建名为#middle 的 CSS 规则，如下左图所示。返回到设计视图中，可以看到页面效果，如下右图所示。

```
#middle {
    width: 341px;
    height: 100%;
    overflow: hidden;
    float: left;
    margin-top: 10px;
    margin-left: 34px;
}
```

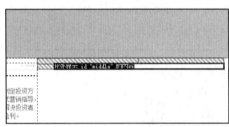

（29）将光标移至名为 middle 的 DIV 中，将多余文字删除，插入图像"光盘\素材\第 16 章\images\9907.jpg"，页面效果如下左图所示。用相同的方法完成其他内容的制作，页面效果如下右图所示。

（30）在名为 news06 的 DIV 后插入名为 right_pic 的 DIV，切换到 16-1.css 文件中，创建名为#right_pic 的 CSS 规则，如下左图所示。返回到设计视图中，可以看到页面效果，如下右图所示。

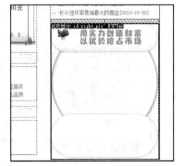

```
#right_pic {
    width: 260px;
    height: 311px;
    background-image: url(../images/bg9908.jpg);
    background-repeat: no-repeat;
    margin-top: 10px;
}
```

（31）将光标移至名为 right_pic 的 DIV 中，将多余文字删除，插入名为 news07 的 DIV，切换到 16-1.css 文件中，创建名为#news07 的 CSS 规则，如下左图所示。返回到设计视图中，可以看到页面效果，如下右图所示。

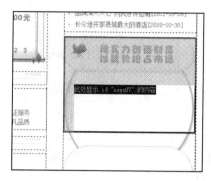

```
#news07 {
    width: 240px;
    height: 90px;
    padding-top: 90px;
    padding-left: 20px;
    color: #696969;
    line-height: 18px;
}
```

（32）将光标移至名为 news07 的 DIV 中，将多余文字删除，输入段落文字，并为文字创建项目列表。切换到代码视图中，可以看到代码效果，如下左图所示。切换到 16-1.css 文件中，创建名为#news07 li 的 CSS 规则，如下右图所示。

```
<div id="news07">
  <ul>
    <li>绿色烧烤 时尚养生 新奇新鲜</li>
    <li>休闲方便 超高应用价值尽在眼前</li>
    <li>特色区隔 烧烤新理念执掌乾坤</li>
    <li>树十种宫廷秘制调料 鲜美可口</li>
    <li>数十种精美搭配 鲜美养生</li>
  </ul>
</div>
```

```
#news07 li {
    list-style-type:none;
    background-image: url(../images/bg9906.png);
    background-repeat: no-repeat;
    background-position: 5px center;
    padding-left: 20px;
}
```

（33）返回到设计视图中，可以看到页面效果，如下左图所示。在名为 news07 的 DIV 后插入名为 flash02 的 DIV，切换到 16-1.css 文件中，创建名为#flash02 的 CSS 规则，如下右图所示。

```
#flash02 {
    width: 260px;
    height: 105px;
    margin-top: 27px;
}
```

（34）返回到设计视图中，可以看到页面效果，如下左图所示。将光标移至名为 flash02 的 DIV 中，将多余的文字删除，插入 Flash 动画"光盘\素材\第 16 章\images\bn.swf"，页面效果如下右图所示。

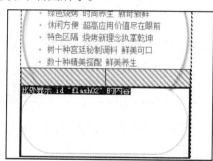

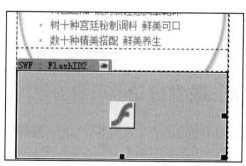

（35）单击选中刚插入的 Flash 动画，在属性面板上对相关选项进行设置，如下左图所示。在名为 center 的 DIV 后插入名为 bottom 的 DIV，切换到 16-1.css 文件中，创建名为#bottom 的 CSS 规则，如下右图所示。

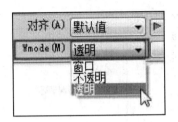

```
#bottom {
    width: 940px;
    height: 54px;
    overflow: hidden;
    margin-top: 20px;
    margin-left: 30px;
    line-height: 16px;
    color: #787878;
}
```

（36）切换到 16-1.css 文件中，创建名为#bottom 的 DIV 内插入图片，切换到 16-1.css 文件中，创建名为#bottom img 的 CSS 规则，如下左图所示。返回到设计视图中，可以看到页面效果，如下右图所示。

```
#bottom img {
    margin-left: 10px;
    margin-right: 50px;
    float: left;
    border-left: solid 1px #c1c1c1;
    border-right: solid 1px #c1c1c1;
}
```

（37）选择"文件→保存"命令，保存该页面，在浏览器中预览页面效果，如下图所示。

16.5   案例小结

通过本案例的制作，读者应掌握如何对图像与文字进行适当的排版，以及使用 DIV+CSS 布局的知识点制作网页，为以后制作出更加美观、丰富多彩的网页打下坚实基础。

16.6   课堂讨论

通过本书前面的学习和本章节的实际操作过程，相信读者已经熟练掌握了网页制作的过程和一些相关内容的属性，那么接下来思考一下下面的问题。

16.6.1 问题 1——在网页中插入多媒体对象后，在 HTML 中会生成 什么标签

当在网页中插入多媒体对象后，HTML 中会生成<embed>标签；另外，若在网页中插入一些特殊对象，HTML 中会生成<object>标签。多媒体对象插入标签<embed>的基本语法是<embed src=#></embed>，其中"#"代表 URL 地址。

16.6.2 问题 2——在什么情况下才能够通过属性面板为文字创建项 目列表

若想通过单击属性面板上的"项目列表"按钮生成项目列表，则所选中的文本必须是段落文本，Dreamweaver 才会自动将每一个段落转换成一个项目列表。

16.7 课后练习——制作社区类网站

通过本章案例的实际操作，想必读者已经熟练掌握了网站页面的制作，接下来继续独自完成下面的课后练习吧。

源文件地址：光盘\素材\第 16 章\16-7.html
视频地址：光盘\视频\第 16 章\16-7.swf

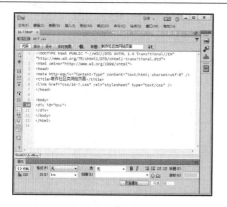

（1）新建 HTML 空白页面和 CSS 样式文件，保存并链接外部样式文件。

（2）插入 Flash 动画，产生图所示的效果。

（3）插入图片，输入文字，并设置样式。

（4）完成页面的制作，保存并浏览页面。